教育部碳中和能源管理课程
虚拟教研室推荐用书

碳管理学

主　编　李彦斌

副主编　王　辉　张　硕　李　赟

编　写　王　歌　张　峰　薛晓达

　　　　张　玥　陈思源

中国电力出版社

CHINA ELECTRIC POWER PRESS

内 容 提 要

为了更好地服务国家"双碳"战略，普及碳管理学的相关知识，支撑社会各界碳管理的实践需求，作者探索性地搭建了碳管理学的基本框架，明确了碳管理学的主要内容。

全书包含概述、碳排放的核算、碳资产管理、碳排放权交易、碳排放的治理、碳排放的监管、低碳文化建设、典型行业的碳管理等八章内容，从历史—现状—前沿、国家—行业—企业、技术—政策—文化等多重维度对碳管理学进行阐述，力求具有开创性与融合性、理论性与实践性、系统性与发展性。

本书可作为高等院校相关专业的教学用书，也可作为社会各界"双碳"知识学习的培训教材，还可作为知识科普的通识读物，帮助读者了解碳管理学的知识脉络。

图书在版编目（CIP）数据

碳管理学/李彦斌主编. —北京：中国电力出版社，2023.8（2025.5重印）
ISBN 978-7-5198-8004-0

Ⅰ．①碳⋯ Ⅱ．①李⋯ Ⅲ．①二氧化碳－节能减排－研究 Ⅳ．①X511

中国国家版本馆 CIP 数据核字（2023）第 134891 号

出版发行：中国电力出版社
地　　址：北京市东城区北京站西街 19 号（邮政编码 100005）
网　　址：http://www.cepp.sgcc.com.cn
责任编辑：张　瑶（010-63412503）
责任校对：黄　蓓　常燕昆
装帧设计：赵姗姗
责任印制：石　雷

印　　刷：三河市万龙印装有限公司
版　　次：2023 年 8 月第一版
印　　次：2025 年 5 月北京第二次印刷
开　　本：787 毫米×1092 毫米　16 开本
印　　张：15.25
字　　数：357 千字
印　　数：5001—10000 册
定　　价：88.00 元

碳是人类生命之本，人类通过利用碳元素步入了快速发展的工业时代。但工业化进程带来的过度碳排放也导致了地球碳循环的失衡，日益严峻的气候问题反噬着人类社会经济的可持续发展。为了应对全球气候危机，越来越多的国家提出了不同程度的碳中和目标。我国作为发展中国家，积极践行人类命运共同体理念，主动彰显负责任的大国担当，于2020年9月做出"二氧化碳排放力争于2030年前达到峰值，努力争取2060年前实现碳中和"的重要承诺。

实现碳达峰、碳中和目标是一场广泛而深刻的经济社会系统性变革，并衍生了完善"双碳"知识体系，培养"双碳"专门人才的迫切需求。2022年4月，教育部印发了《加强碳达峰碳中和高等教育人才培养体系建设工作方案》，明确提出要"加快建设碳金融、碳管理和碳市场等紧缺教学资源"。为了进一步贯彻方案精神，服务国家"双碳"战略，我们撰写了《碳管理学》一书。

本书共分为八章。第一章为概述，介绍了碳的相关知识及碳与人类的深刻关系，并探索性地界定了碳管理的概念与框架。第二章为碳排放的核算，分析了不同尺度碳排放核算的方法，并辅以案例进行应用说明。第三章为碳资产管理，从企业微观视角阐述了碳资产管理的概念、内容及其衍生服务。第四章至第七章分别从市场、技术、政策和社会四个维度介绍了碳管理的工具，包括碳交易市场、碳治理技术、碳排放监管及低碳文化的国内外发展现状、作用原理与前景展望。第八章选取能源、交通、钢铁及建筑四个典型行业，深入探讨了不同行业碳管理的流程方法、实施路径以及对其他行业碳管理的借鉴价值。

本书在探索性搭建碳管理学基本框架与知识体系的过程中，试图体现以下三个特点：

一是兼具开创性与融合性。碳管理学的著作和相关文献现在尚不多见，本书一方面通过梳理人类治理碳排放、应对气候变化的实践探索，并融合既有研究成果，引导读者掌握碳管理相关学科的发展脉络。另一方面，通过归纳碳管理的基本原理，明确碳管理的前沿热点，力争给读者提供更具开创性与前瞻性的理论知识和研究视角。

二是兼具理论性与实践性。碳管理不仅是培养"双碳"人才紧缺的理论支撑，同时也是实现"双碳"目标亟需的实践探索。本书一方面在整体设计上涵盖了理论性章节与实践性章节，介绍了碳核算、碳资产、碳交易、碳减排技术等碳管理的方法原理以及典型行业碳排放治理的实践路径。另一方面，在理论性章节的分析中同样注重融合大量实践案例，以期帮助读者实现学以致用。

三是兼具系统性与发展性。本书一方面力求从"历史—现状—前沿、国家—行业—企业、技术—政策—文化"等多重维度对碳管理的原理性、规律性知识进行全面阐释与翔实介绍，建立系统的碳管理学体系。另一方面，考虑到碳管理的相关知识与实践呈现百花齐放、日新月异的发展态势，本书对存在不确定性领域的着墨进行了适当精简，留给读者自由探索的空间。

本书的编写人员为从事碳管理相关领域研究的教师，包括李彦斌、王辉、张硕、李赟、王歌、张峰、薛晓达、张玥、陈思源等。在撰写过程中，我们得到了许多专家的悉心指导，参考了大量学者的研究成果，在此致以诚挚的谢意。此外，由于碳管理的理论与实践发展迅速，本书当前难免存在不足之处，也将在后续修订中不断更新前沿动态、完善内容体系，敬请广大读者和同行专家不吝赐教。

编　者

2023 年 7 月

目录

前言

第一章 概　　述

碳既是人类生命之本，也是人类利用最早的化学元素，碳与气候变化及人类社会经济的发展息息相关。人类通过对碳的使用顺利步入了文明时代，但工业化的快速推进也导致地球原有的碳循环被破坏，使人类面临前所未有的生存危机。实施碳管理、实现碳减排能够恢复碳循环，是保卫地球家园的关键途径。本章主要介绍碳的相关概念、分布及循环，并从气候、经济与未来三个维度阐释了碳与人类的关系，在此基础上，明确碳管理的概念、价值与框架。

第一节　碳

碳是一种很常见的元素，以多种形式广泛存在于大气、地壳和生物之中。本节内容主要介绍碳的概念、碳的分布与碳的循环。

一、碳的概念

碳是一种非金属元素，以单质和化合物两种形式存在。按照不同维度可以将碳分别划分为有机碳与无机碳，褐碳、黑碳、绿碳和蓝碳等类型。本节主要对碳的本质、碳的形式与碳的分类进行介绍。

1. 碳的本质

碳是构成生物体的基本元素，也是人类最早利用的元素之一。

碳的化学符号为 C，位于元素周期表的第二周期ⅣA 族，可以石墨或活性炭的形式安全地提取。碳的主要性质包括：

（1）可燃性。碳能够与氧气发生化学作用。在氧气充分时，碳充分燃烧生成二氧化碳（CO_2）；在氧气量不足时，碳不充分燃烧产生一氧化碳（CO）。

（2）还原性。碳作为还原剂拥有和氢气（H_2）、一氧化碳相似的化学性质（但生成物不同），都可以从金属氧化物中还原出金属单质。

（3）稳定性。碳在常温下具有稳定性，常温下碳受日光照射或与空气、水分接触，都不易发生化学反应。

2. 碳的形式

碳能够以单质和化合物两种形态存在。碳单质主要包括金刚石、石墨、C_{60} 等，它们是碳的同素异形体。以化合物形式存在的碳有煤、石油、天然气、动植物体、石灰石、白云石、二氧化碳等。

3. 碳的分类

（1）有机碳和无机碳。碳分为有机碳和无机碳。按照来源划分，有机碳包括植物有机碳和微生物。植物有机碳可分为脂类、角质+软木脂、木质素；微生物则分为活体微生物和微生物残体。按粒级划分，有机碳可分为颗粒有机碳和矿物结合态有机碳。按活性划分，有机碳可分为活性有机碳、中间碳、惰性有机碳。按照密度划分，有机碳包括轻组有机碳和重组有机碳。

碳的化合物中的无机物包括碳的氧化物、碳化物、碳酸及其盐、氰及其无机衍生物。

（2）褐碳、黑碳、绿碳、蓝碳、灰碳。化石燃料、生物燃料、林木燃烧生成的和其他人为排放的温室气体，如 CO_2 统称为褐碳。黑碳是指燃烧不纯物质所产生的如烟尘和粉尘等颗粒，其往往会在大气中停留数天或者数周。绿碳指陆地上的绿色植物通过光合作用固定空气中二氧化碳的过程。蓝碳指海洋中，利用海洋活动及海洋生物吸收大气中的 CO_2，并将其固定、储存在海洋的过程、活动和机制。

蓝碳这一概念最早由联合国环境规划署、联合国粮农组织和联合国教科文组织政府间海洋学委员会在 2009 年发表的《蓝碳：健康海洋固碳作用的评估报告》里正式提出。海洋中的蓝碳主要通过红树林、盐沼、海草和其他藻类的光合作用来捕获碳，以生物量和生物沉积的形式储存在海底。其中，红树林、海草床和滨海盐沼并称为"三大滨海蓝碳生态系统"。和绿碳相比，蓝碳有明显的优势：一是固碳量高，单位海域中生物固碳量是森林的10 倍，是草原的 290 倍；二是存储量大，海洋碳库里包含全球 93%的 CO_2，据估算约为40 万亿吨，分别是大气和陆地碳存量的 50 倍和 20 倍；三是效率高，海洋每年可清除 30%以上排放到大气中的 CO_2，对减少大气 CO_2、缓解全球气候变暖起到至关重要的作用。

我国约有 300 万 km^2 的主张管辖海域和 1.8 万 km 的大陆海岸线，是世界上少数几个同时拥有海草床、红树林和盐沼这三大蓝碳生态系统的国家之一。按全球平均值估算，我国三大滨海蓝碳生态系统的年碳汇量约为 126.88 万～307.74 万 t。

发展绿碳和蓝碳是应对气候变化的重要途径，有利于分担和缓解碳排放压力，是"减排"之外的另一条可行路径。因此，为了更好地发挥绿碳和蓝碳在实现"碳中和"过程中的作用，需要保护、发展绿色和蓝色碳汇。

二、碳的分布

站在物质循环链的不同方位描述碳的暂存场所，可以提出一对相对的概念——碳源与碳汇。碳源指的是碳储库中向大气释放碳的过程、活动或机制，如毁林、煤炭燃烧发电等过程。与碳源相反，碳汇是指通过种种措施吸收大气中的二氧化碳，从而减少温室气体在大气中浓度的过程、活动或机制。地球系统中，碳存在于大气、海洋和陆地三个碳库中，不同碳库中碳的存在形式与储量各不相同。同时，伴随着人类社会的发展，碳在不同行业、不同区域的分布也具有明显的差异性。本节将从自然界、行业、地区三个维度出发，介绍碳的分布。

1. 碳在自然界的分布

自然界中的碳主要存储在大气、海洋和陆地这三个碳库中。具体而言，目前，大气碳库中存储的碳总量超过 8600 亿 t，主要以 CO_2 气体的形态存在。大气中 CO_2 浓度不断升高，其推动因素主要是化石燃料燃烧、土地利用等人为活动产生的 CO_2 排放。研究表明，1959～2017 年，由于人类活动向大气中排放的 CO_2 估计值为（4300±450）亿 t，其中通过化石燃料燃烧及水泥生产等向大气中排放的 CO_2 约为（3500±200）亿 t，通过改变土地利用情况（主要包括林业、农业、畜牧业等）向大气中排放的 CO_2 约为（800±400）亿 t。

海洋中的碳储量约 387000 亿 t，是地球系统中的重要碳库之一。在海洋中，CO_2 的主要存在形式是溶解无机碳（Dissolved Inorganic Carbon，DIC），主要包括了碳酸、碳酸氢根离子和碳酸根离子，这些物质均与海洋生物化学过程关系密切。

陆地碳库包括土壤碳库和生物碳库。土壤碳库是陆地生态系统中最大的碳库，是生物碳库的 3.8 倍，是大气碳库的 3 倍，在全球碳循环过程中起着非常关键的作用。其中，湿地系统土壤中的碳储量大约在 3000～7000 亿 t，冻土区域（近地面土壤温度低于或等于零度并至少维持 24 个月，主要分布在高纬度地区和青藏高原地区）土壤中的碳储量约有 17000 亿 t。土壤碳库主要包括土壤有机碳库和土壤无机碳库两大部分：土壤有机碳库主要由土壤植物残体、植物分泌物、土壤微生物、土壤动物及其分泌物组成；土壤无机碳库主要包括土壤中沉积的含碳酸根的盐类，其多以结核状、菌丝状存在于土壤剖面。相对于土壤有机碳库来说，土壤无机碳库在土壤碳库中的比例较小，然而土壤无机碳库在整个土壤系统中的重要作用却不可忽视。碳汇与碳源不是固定不变的，两者在一定条件下可以互相转化。随着近年来人们对土壤干预的不断增多，土壤有机碳和无机碳储量不断变化，这种土壤碳的变化促使森林生态系统、农业生态系统和草地生态系统发生碳汇和碳源的相互转变。

碳元素在生物体内主要以有机物的形式存在。生物体内绝大多数分子都含有碳元素，通过在自然界中的物质循环和能量流动，在生物群落内部以碳的化合物储存下来。生物碳库中，植被每年对 CO_2 净吸收约达到 4 亿 t，吸收的碳主要存储在植被体内的有机化合物及地表枯枝落叶层和土壤里的有机物之中。

2. 碳在不同行业的分布

碳在不同行业的分布情况通常用碳排放量来表示。碳排放是关于温室气体排放的一个总称或简称。温室气体中最主要的气体是 CO_2，因此用碳排放来代指温室气体排放。碳排放量是指在生产、运输、使用及回收某产品时所产生的平均温室气体排放量。

据国际能源署（International Energy Agency，IEA）统计，2019 年，全球电力和热力生产行业二氧化碳排放量约为 140 亿 t，占比约 42%。美国、欧洲的电力和热力生产行业二氧化碳排放量分别为 18.5 亿 t、14.1 亿 t，占美国、欧洲二氧化碳排放量之比分别为 37.6%、35.3%。全球工业和交通运输业二氧化碳排放量分别为 61.6 亿 t 和 82.6 亿 t，占比分别为 18.4% 和 24.6%。其中，美国工业 4.6 亿 t，占美国碳排放的 9.3%；美国交通运输 17.6 亿 t，占美国碳排放的 35.8%。欧洲工业 5.5 亿 t，占欧洲碳排放的 9.3%；欧洲交通运输 11.1 亿 t，占欧洲碳排放的 27.9%[1]。

我国作为第一大碳排放国家，不同产业及行业的碳排放量也显示出较为明显的差异。首先，第二产业碳排放量在总体碳排放量中始终占据较大比重。2011～2018 年第二产业碳排放量平均占比约为 70%。2018 年工业领域碳排放量约为 76 亿 t，占总排放量的 65.93%，其中制造业和电力热力碳排放量约占 94%。碳排放量最多的前三个行业依次是：黑色金属冶炼及压延加工业（占比约为 13.2%）、化学原料及化学制品制造业（占比约为 10.87%）、非金属矿物制品业（占比约为 6.95%）。其次，第三产业逐渐成为碳排放增量的主要"贡献者"。从碳排放增长率来看，第三产业增速明显。2011~2018 年第一产业碳排放增幅为 14.41%，第二产业增幅为 12.58%，第三产业增幅为 50.43%。其中居民服务业增加约 52.68%，交通运输、仓储和邮政业增加约 46.89%。2011~2018 年第三产业碳排放增量占总增量约 57%，是碳排放增量的主要"贡献者"[2]。

3. 碳在不同地区的分布

高耗能行业等工业部门是各省 CO_2 的主要排放来源，因此区域碳排放强度可能与工业发达程度和高耗能行业发达程度相关。通常来说工业部门越发达（第二产业占比越高），则碳排放强度越大；高耗能行业工业总产值增速越高，则碳排放增速也越高。

根据中国碳核算数据库（China Emission Accounts and Datasets，CEADs）统计的 2019 年碳排放数据为例，我国山东、江苏、河北和内蒙古是碳排放总量最高的四个省，分别为 9.37 亿 t、8.05 亿 t、9.14 亿 t 和 7.94 亿 t；海南、青海和北京的碳排放总量最低，分别为 0.43 亿 t、0.52 亿 t 和 0.89 亿 t。从排放强度（即单位 GDP 所排放的二氧化碳量）来看，宁夏、内蒙古、新疆和山西的碳排放强度较高，分别为 5.7 万 t/亿元、4.6 万 t/亿元、3.3 万 t/亿元和 3.3 t/亿元。北京、广东、上海和福建等东部省市碳排放强度最低，分别为 0.25 万 t/亿元、0.53 万 t/亿元、0.51 万 t/亿元和 0.66 万 t/亿元[1]。

宁夏和内蒙古是二氧化碳、人均二氧化碳年复合增长率最高的两个省份。1997~2019 年宁夏的二氧化碳、人均二氧化碳年复合增长率分别为 12% 和 11%；内蒙古的二氧化碳、人均二氧化碳年复合增长率分别为 10% 和 9.5%。而北京碳减排效果显著，二氧化碳、人均二氧化碳年复合增长率均是最低的，分别为 1.6% 和 –0.9%。

三、碳循环

地球上的碳含量是一个有效常数，碳在自然界中的流动构成了碳循环，即碳元素在地球上的生物圈、岩石圈、水圈及大气圈中交换，并随地球的运动循环不止的现象。碳循环可分为无机碳循环、短期有机碳循环、长期有机碳循环 3 种过程，这 3 种过程往往相互交叉同时进行。

1. 无机碳循环

无机碳循环主要是无机碳在大气圈碳库、海洋圈碳库和岩石圈碳库的闭环循环过程，一个循环经历时间跨度在百万年至数千万年，使地球维持在一个较为稳定的温度区间。大气中的二氧化碳溶于雨水，通过化学风化侵蚀陆地岩石或被海洋直接吸收，在海底形成碳酸盐沉积物，历经沉积成岩作用，形成碳酸盐岩。洋壳与陆壳的俯冲碰撞，使碳酸盐岩被融化为岩浆，发生脱气作用，再次转化为二氧化碳回到大气圈。

2. 短期有机碳循环

短期有机碳循环主要是发生在大气圈碳库和生物圈碳库之间的闭环循环过程，一个循环周期约为数十年甚至数百年。植物作为初级生产者，通过光合作用，借助叶绿素吸收太阳能使低能量的二氧化碳和水转化为高化学能的糖类，无机碳以有机碳的形式，进入生物圈。而作为消费者的生物，通过食物链来获得能量维持生命，动植物的遗体和排出物被微生物分解，并释放出二氧化碳。

3. 长期有机碳循环

长期有机碳循环主要是发生在大气圈碳库、生物圈碳库和岩石圈碳库之间的闭环循环过程，一个循环周期在数千万年以上。初期的过程与短期有机碳循环类似，但动植物的遗体在被微生物分解之前，被掩埋至地层深处，历经漫长的物理化学过程，转变为煤炭、石油和天然气等化石燃料。然后，在自然条件下，它们需要经历数千万年的板块运动方能重回大气，或是抬升至地表，被自然之火燃烧，或是俯冲至软流圈，随岩浆一同喷出。

第二节 碳 与 人 类

碳既是人类生命的基本组成单元，也是人类社会发展演化的核心要素。本节主要从气候、经济、未来三个方面介绍碳与人类的关系。

一、碳与气候

1. 碳对气候变化的影响

现代科学认为，气候的定义指气候系统的状态，包括平均气候状态和气候变化率。气候系统的概念包括大气圈、水圈、冰冻圈、岩石圈和生物圈，这 5 大圈层的相互作用成为气候变化的重要驱动因素。气候变化是指气候平均值（通常使用 30 年平均）和气候距平（相对于气候平均值的偏差）出现了统计意义上的显著变化。气候平均值的变化表征气候系统平均状态发生了变化，气候距平的变化表明气候系统状态不稳定性的增加，偏离平均状态的值越大表明气候异常越显著[3]。

在不同时间尺度下，气候变化的内容、表现形式和主要影响因子都存在明显差异。通常而言，气候变化可按照时间尺度分为地质时期的气候变化、历史时期的气候变化和现代气候变化。自人类文明产生以来，气候变化主要经历了历史时期的气候变化和现代气候变化两个阶段。现代气候变化通常是指 1850 年开始出现气候测量工具后，有气候数据记录的阶段。近几十年来，人类最为关心的气候变化，主要是指 20 世纪 50 年代开始的全球变暖问题。全球变暖的主要原因是工业革命以来，人类生产活动向大气中排放了过量的温室气体。

地球从寒冷无比的状态，变得温暖有生命，归功于太阳光辐射，太阳的短波辐射可以透过温室气体到达地球表面，地表在吸收短波辐射后升温，并向大气释放长波辐射，而温室气体可以吸收长波辐射的热量，使地球表面的大气温度升高。这种增温效应类似于栽培植物的玻璃温室，因此被称为"温室效应"。正是得益于这种天然的温室效应，地球表面没有出现过度的季节温差与昼夜温差，平均温度维持在适宜人类生存的 15℃。而温室气体主要包括二氧化碳、甲烷、氧化亚氮、氢氟碳化物、水汽等，其中二氧化碳占比达 74.4%，甲烷次之，占比为 17.3%，且两者的主要成分均为碳。由此可见，碳在温室效应中的作用举足轻重。

碳作为人类利用最早的元素之一，在原始文明时代，受限于人类数量和用火规模，排出的二氧化碳可以快速被地球碳循环调节。进入农业文明时代以后，随着农耕技术的发展、人口的增加，一方面对薪柴的使用，使本该在生物圈存留数百年的碳被提前终止循环，排放到大气圈；另一方面人类砍伐树木造成森林面积的减少，使森林碳库的储碳能力减弱。一万三千多年前，大气圈中的二氧化碳浓度开始上升，达到 280μL/L 后维持不变，并没有对地球碳循环造成不利影响。自 18 世纪人类进入工业文明时代以来，化石能源的大量使用加速了地层深部有机碳的释放，大量二氧化碳进入地球系统，但森林只能吸收人类排放二氧化碳的 30%左右，海洋也只能吸收约 30%的二氧化碳，剩余 40%的二氧化碳进入大气，短期内不参与碳循环，导致 2021 年大气层中的二氧化碳含量较 1760 年（第一次工业革命时期）提高了 51.4%。据联合国政府间气候变化专门委员会（Intergovernmental Panel on Climate Change，IPCC）第六次评估报告显示，2020 年人类活动导致排放的主要温室气体如二氧化碳、甲烷浓度分别达到了 413.2μL/L 和 1.889μL/L。

碳排放的急剧增加，使温室效应持续加强，导致全球平均气温不断攀升。IPCC 在第六次评估报告中明确指出："毋庸置疑人类活动引起了全球气候变暖"。如图 1-1 所示（数据来源：《中国气候变化蓝皮书（2020）》），1880 年以来的全球平均气温观测数据显示，1880～1930 年，全球平均气温变化值平稳，在 0℃上下浮动；1930～1980 年，全球平均气温变化值缓慢上升，浮动值为 0.1～0.5℃；1980～2020 年，全球平均气温上升速率加大，浮动值为 0.5～1.2℃，意味着 70%的温度增长发生在过去的 40 年，地球地表温度比过去 140 年的任何时候都要高，不可逆转的气候变化风险也日益增加。

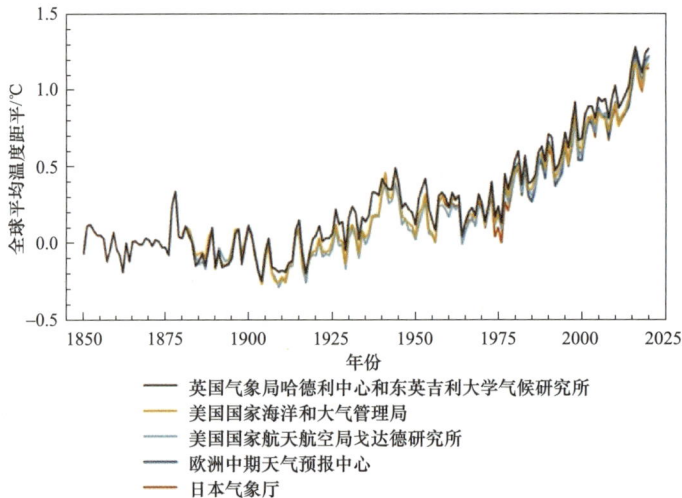

图 1-1　世界不同机构观测全球平均温度结果

2. 气候变化带来的危害

气候变化的影响首先通过自然系统各圈层表现出来，进而进入社会经济系统，并对社会经济系统不同领域产生程度各异的影响。根据 IPCC 评估，过去 40 年里，极端低温、极端高温、极端干旱、极端降水、火山喷发等极端事件呈现增多增强的趋势。

（1）气候变化对陆地生态系统的危害。气候变暖导致热量资源增加、降水格局改变、极端气候增多，进而改变了陆地生态系统的多样性与群落结构，对陆地生态系统的结构、功能与生态平衡带来危害。目前,受气候变化的影响,许多动植物物种的分布范围、丰度、季节性活动都已经发生改变。自 20 世纪中期以来,许多鸟类、昆虫和植物物种不断向高纬度、高海拔地区移动,且植被覆盖、生产力、物候和优势物种群已经发生变化。此外,气候变化还改变了生态系统的干扰格局,导致外界干扰超过了陆地生态系统的自适应能力,使生态系统结构、组成和功能发生改变,增加了陆地生态系统的脆弱性。2021 年全球爆发了约 190 次极端天气事件,"地球之肺"亚马孙雨林已逼近生态崩溃的临界点,正从碳汇转变成碳源。

此外,随着温度升高,陆地冰冻圈退缩,陆地生态系统发生演替的概率增加,物候提前,并对生态系统功能造成影响。例如,北极多年冻土对变暖异常敏感,当全球温升超过 2℃时,北极夏季多年冻土解冻范围将大大增加。若全球温升达到 3℃,多年冻土可能会彻底崩溃、不可恢复,大量的有机碳排放将给全球气候系统造成致命性的破坏。

(2)气候变化对海洋生态系统的危害。过去 100 多年来,海洋对二氧化碳的吸收使海水发生了快速酸化,全球开阔海洋表面酸碱度(pH 值)下降为 2.6 万年以来最低值,海洋碳库吸收二氧化碳能力随之降低,从根本上改变了海洋生态系统。例如,各种高营养水平生物的分布正在向两级和更深的层次转移,季节性生物事件的时间每 10 年提前了 4 天以上,81%物种的物候、分布和丰度都发生了变化,不同海洋生物对气候变化的不同反应可能会威胁整个海洋生态系统的稳定性。

此外,海水热膨胀和陆地冰融化造成全球海平面快速上升,1993～2002 年全球海平面平均每年上升 2.1mm,2013～2021 年平均每年上升 4.4mm,增加了 1 倍多。由于相对海平面的上升,海岸带生态系统和低洼地区正经历着越来越多的洪水淹没、极端潮位和海岸侵蚀,并承受着由此带来的不利影响。预计全球绝大部分区域平均相对海平面将在整个 21 世纪继续上升。上升的相对海平面一方面将使沿海低洼地区洪水时间和大部分砂质海岸的侵蚀更加频繁和严重;另一方面,叠加风暴潮将更易出现极值海水位事件,一些热带滨海旅游国家和岛屿国家不仅要遭受海平面上升和极端气候事件的直接影响,还要承受因海岸带生态系统退化而导致的旅游收入减少的影响。

(3)气候变化对人类健康的危害。气候变化通过一系列复杂途径和过程影响到人群健康,其影响途径主要包括:①通过热浪、干旱和暴雨等极端天气事件频率的变化,直接影响人类健康;②以自然生态系统为中介,通过传播有害致病微生物和过敏原、加重空气和水污染等,间接影响人类健康;③通过以人类社会经济系统为中介,影响食物生产和分配等造成人类健康水平的不断恶化。

近年来,持续的气温升高造成高温热浪、强降水等极端气候事件频繁出现,增加了与热事件相关的死亡率。在一些区域,变暖已经导致与炎热有关的死亡率增加,与寒冷有关的死亡率下降,且高温热浪会随着空气湿度的增加和城市空气污染而进一步加剧。全球变暖还会改变一些传染病的传播媒介、流行范围和严重程度,局部地区气温和降水的变化已经改变了一些水源性疾病和疾病虫媒的分布,进而改变了传染病的地理分布和染病时节。此外,气候变化对人群健康的影响将呈现不平衡特征,发展中国家的人群,特别是岛屿、干旱和高山地区、人口密集的沿海地区受到影响将更为显著,导致疾病增加。

IPCC 提出"气候临界点"的概念,用来衡量全球或者某个区域的气候从一种稳定的状态转变为另一种稳定状态的关键指标。尽管发生概率较小，但气候临界点一旦被突破，就可能造成破坏性影响，灾害性后果包括冰原崩溃、海洋环流突变、复杂的极端天气事件和远超预估的全球变暖幅度。截至目前，全球 15 个"气候临界点"已被激活了 9 个，极端天气有可能加速并引发地球系统的"多米诺骨牌"效应，从而以自然灾害、疾病等直接或者间接形式影响人类的生存与可持续发展。未来，全球气候变化引发的极端天气将给地球系统带来更多不确定性。为避免极端天气带来的威胁，到 21 世纪末，人类不仅要关掉持续排放温室气体的"水龙头"，实现"净零排放"，还需要打开清除历史累积温室气体的"排水阀"，消除人类历史已排放的 CO_2，实现"净负排放"。

3. 碳减排与气候治理

为了有效应对与日俱增的碳排放带来的气候变化，1979 年，世界气象组织（World Meteorological Organization，WMO）召开了第一次世界气候变化大会，呼吁保护全球气候。1992 年，154 个国家及欧洲共同体的元首或高级代表在联合国环境与发展大会上签署通过了《联合国气候变化框架公约》（简称《公约》），将应对气候变化目标商定为"将大气温室气体的浓度稳定在防止气候系统受到危险的人为干扰的水平上，这一水平应当在足以使生态系统能够可持续进行的时间范围内实现"。《公约》奠定了世界各国紧密合作应对气候变化的国际制度基础，但其缺乏法律约束力，实施效果也难以保障。基于此，1997 年在日本京都召开的《公约》第三次缔约方大会达成了具有里程碑意义的《〈联合国气候变化框架公约〉京都议定书》（简称《京都议定书》），首次为发达国家与经济转型国家规定了具有法律约束力的定量减排目标。

2015 年 12 月 12 日，《公约》的 178 个缔约方在巴黎气候变化大会上签署《巴黎协定》，明确了"将全球平均气温较前工业化时期上升幅度控制在 2℃以内，并努力将温度上升幅度限制在 1.5℃以内"的长期目标。在此基础上，其推动各方以"自主贡献"的方式参与全球气候治理，并鼓励发达国家通过技术、经济支持等国际合作行为，带动发展中国家绿色转型，进而推动所有缔约方共同履行减排责任。

随着《巴黎协定》的全面实施，碳中和成为国际社会关注的焦点。越来越多的经济体宣布碳中和目标，采取更严格的减排措施，国际碳中和行动的规模和影响日益扩大。目前，越来越多的国家把碳中和作为扩大国际政治影响、提高经济竞争力、实现绿色复苏的重要抓手，全球已经有 140 多个经济体提出了不同程度的碳中和目标。但各经济体之间尚存在较大政策和认知鸿沟，碳中和行动的不对称和不平衡性依然突出，各国内部也面临政治经济及技术等诸多挑战。部分国家过于激进的减排目标和气候问题政治化倾向，引发了国际能源价格飙升、绿色贸易保护主义及地缘竞争加剧等一系列问题。

欧洲国家是碳中和行动的主要推动者，碳达峰、碳中和等概念也都起源于欧洲，《巴黎协定》也由欧洲最先发起。2018 年 11 月 28 日，欧盟委员会发布欧洲气候中立战略愿景文件，提议到 2050 年推动欧洲实现气候中立。2019 年 12 月，欧盟委员会公布"绿色协议"，提出要努力实现欧盟 2050 年净零排放目标。2020 年 3 月，欧盟向联合国提交长期战略，进一步确认建立"碳中和大陆"的宏伟目标。但随着俄乌战争的爆发，欧洲能源供应出现巨大缺口，能源价格飙升，德国、奥地利、荷兰、法国等欧洲国家于 2022 年夏季纷纷宣布重启燃煤发电或推迟退煤进程，欧洲各国的碳中和进程面临严峻考验。

美国于 2017 年 6 月 1 日宣布退出《巴黎协定》，将全球气候治理拖入低潮。尽管拜登担任总统后，着力扭转特朗普时期消极的气候政策，宣布重返《巴黎协定》，并在华盛顿气候峰会上提出 2030 年比 2005 年碳排放水平降低 50%～52% 的新减排目标，但美国的碳减排决心仍远低于国际社会对美国的预期。此外，2022 年 6 月，美国最高法院在一则裁决中，限制了国家环境保护局（Environmental Protection Agency，EPA）根据《清洁空气法》对现有燃煤和燃气发电厂温室气体排放进行监管的权力。美国作为全球第一经济体与碳排放大国，其减碳决心仍有待验证。

2020 年 9 月 22 日，国家主席习近平在第七十五届联合国大会上宣布，中国力争 2030 年前二氧化碳排放达到峰值，努力争取 2060 年前实现碳中和目标。发达国家大多已在 1990 年左右实现碳达峰，相比之下，我国在 2030 年左右才能达峰。为了在 2060 年实现碳中和，我国必须用 30 年时间完成发达经济体 60 年完成的任务，体现了我国应对气候变化的大国担当与真诚决心。我国碳中和承诺将为全球抗击气候变化作出巨大贡献。作为全球最大可再生能源投资国，我国将带动全球清洁技术平均成本持续下降，使更多发展中国家走上低碳发展道路。碳中和将倒逼我国生产生活方式转变，引领全球生态文明建设。据测算，我国碳中和将使全球温升幅度降低 0.2～0.3℃，还可能使全球碳中和提前 5～10 年。

"双碳"目标将带来广泛而深刻的社会经济变革，将涉及包括能源、工业、交通运输、城乡建设等多个行业领域的转型发展，以及科技支撑、能源保障、碳汇能力、财政金融价格政策、标准计量体系、督察考核等机制不断完善。考虑到我国当前的经济结构与碳排放水平，未来我国实现碳中和将面临重大挑战。首先，我国是典型的"富煤、贫油、少气"国家，煤炭占能源总消耗的 57.7%，即使煤炭消费量占比到 2025 年有望下降到 52%，以煤炭为主的能源结构仍无法在短时间内发生根本转变。未来，我国要实现碳中和，必然要加速能源转型，将承受转型过程中能源供给不足与结构调整的阵痛。其次，我国城镇化率为 60.6%，低于发达国家 80% 以上的水平，未来城镇化的加速必然带来大量基础设施建设需求和碳排放压力。此外，我国碳中和进程还将面临巨大资金缺口挑战，据测算，实现碳中和目标，未来 30 年我国能源系统需要新增投资约 100 万亿～138 万亿元。政府预算只能满足很小部分的需求，必须以市场化方式动员公共和私人资金投入。

"十四五"时期，我国生态文明建设进入以降碳为重点战略方向、推动减污降碳协同增效、促进经济社会发展全面绿色转型、实现生态环境质量改善由量变到质变的关键时期。我们要深刻把握坚持绿色发展是发展观的深刻革命，加快推动生产方式、生活方式、思维方式和价值观念的全方位、革命性变革，着力推动产业结构、能源结构、交通运输结构等的调整和优化，大力推动生态产品价值实现，把碳达峰碳中和纳入生态文明建设整体布局和经济社会发展全局，让绿色成为普遍形态，以高水平保护促进高质量发展、创造高品质生活。

二、碳与经济

碳排放的快速上升与人类工业化生产对煤炭、石油、天然气等化石能源的大量消耗密不可分。自 20 世纪 70 年代至今，全球碳排放与全球经济发展基本呈现出正相关关系。经济增长加大了各经济部门对电力、石油等能源的需求，而电力生产、石油、天然气等化石能源使用都会产生大量碳排放。而经济衰退时期，能源使用量下滑，碳排放量也同样出现阶段性下滑，如 2008 年经济危机、2020 年新冠疫情，都带来了阶段性的碳排放量下降。而从排放总量和增速来看，全球碳排放量与经济总量呈现同步上升趋势，但增速近年来有所放缓。据国际能源署（International Energy Agency，IEA）发布的《CO_2 Emissions in 2022》报告显示，2022 年，全球能源领域二氧化碳排放量达到历史新高的 368 亿 t，同比增长 0.9%。

在全球范围内，碳排放量分布呈现高度集中特征。如图 1-2 所示（数据来源：Our World in Data 世界银行），2019 年，中国、美国、印度、俄罗斯、日本二氧化碳排放量排名前 5 位国家的碳排放全球占比高达 58.3%。也就是说，全球近 60% 的二氧化碳排放量来自上述 5 个国家[4]。

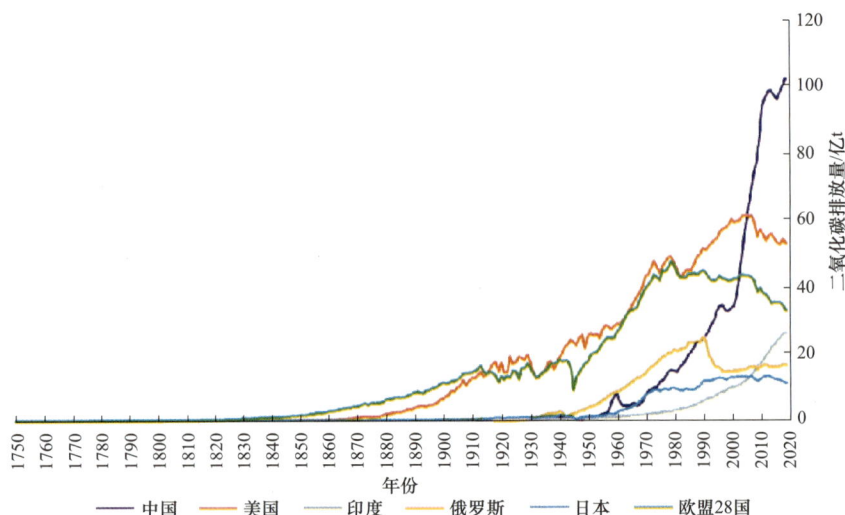

图 1-2　世界主要国家二氧化碳排放量（1750～2019 年）

此外，二氧化碳排放量在不同富裕程度国家间的分布也呈现明显差异。如图 1-3 所示（数据来源：Our World in Data 世界银行），1960～2016 年，高收入国家、中高等收入国家、中低等收入国家、低收入国家的累计排放量分别为 6359.38 亿 t、4730.66 亿 t、998.11 亿 t、93.01 亿 t，分别占全球累计排放总量的 52.21%、38.84%、8.19%、0.76%。近年来，高收入国家碳排放量呈现下降趋势，而中等收入国家和低收入国家的碳排放正在增加，且中等收入国家的碳排放量于 2004 年反超发达国家[4]。

从发达国家发展过程中碳排放量"先增后减"的趋势中可以看出，工业化国家经济发展与碳排放之间往往存在"倒 U 形"关系，即在工业化初期，经济发展将带来碳排放的大量增加，随着经济转型的推进，发达国家逐步实现为以高科技为生产力的经济增长，碳排放量随之到达峰值，即实现碳达峰。此后，经济发展将与碳排放脱钩，加之碳治理手段的实施，碳排放总量会随着经济发展呈现下降趋势。

然而，在考虑碳排放强度时，各国的排名发生了巨大变化。如图 1-4 所示（数据来源：

Our World in Data，世界银行），美国、欧盟、日本等发达国家和地区的碳排放强度均低于世界平均水平，而中国、印度、俄罗斯等发展中国家的碳排放强度明显高于全球平均水平[4]。下面从工业化程度、城市化水平以及人均 GDP 三个角度出发，分析碳排放与经济发展的相关关系。

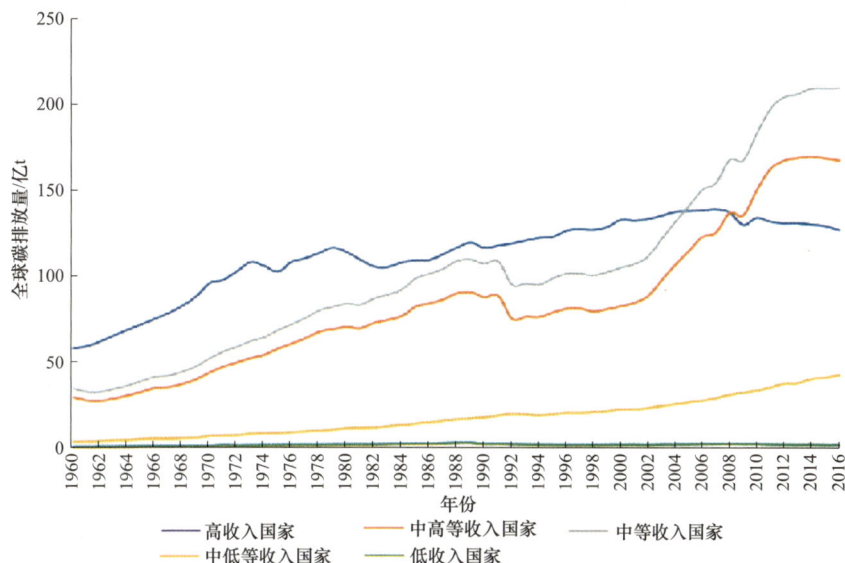

图 1-3　按收入分类的全球碳排放量（1960～2016 年）

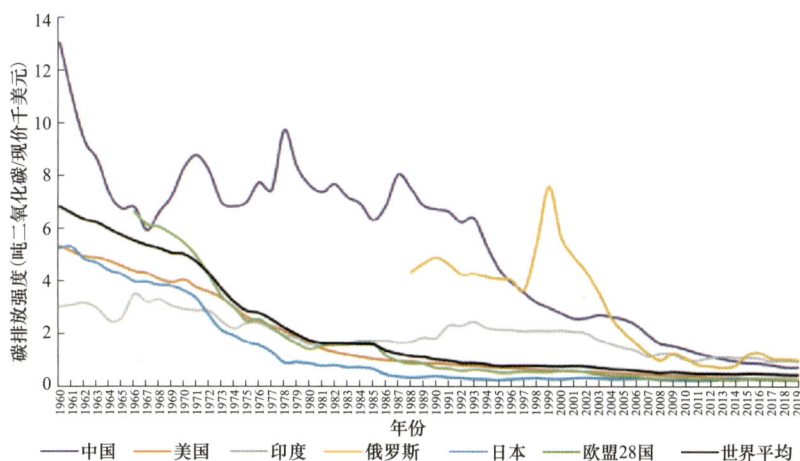

图 1-4　世界主要国家碳排放强度（1960～2019 年）

1. 碳排放量与工业化程度

工业化即国民收入中工业产值所占比例提高，或工业从业人员增加的过程，是社会发展的重要表现。但工业化进程也将不可避免地增加化石能源消耗，进而产生大量碳排放。2019 年新冠疫情爆发导致全球能源的生产、供应和消费受到全面影响，2020 年全球石油消费大幅下降约 8.6%，煤炭消费下降约 4%，其中石油的年度减排量是有史以来最大的，使全球碳排放量减少了约 1100 万 t[4]。

随着工业化进程的演进，人类社会经济增长对电力、钢铁等行业的依赖性逐步提高。而电力生产供应业、钢铁和重化工业等工业部门是能源消费和碳排放的重要来源，碳排放与工业部门所占比例整体呈正向关系，在产业结构中工业行业所占比例越高，碳排放量也相应越高。

此外，现有研究发现，随着碳排放的累积增加，工业产值占 GDP 的比例就会形成先增加后降低的特点，这种变化规律符合环境库兹涅茨曲线。在工业化建设的初期，人类通过工业生产实现 GDP 的增长，同时也带来碳排放量的急剧上升。当碳排放达到一定程度的时候，工业化也基本完成，发达国家开始经济转型，通过第三产业的兴起，降低工业产值比重，各个国家的国情差异会使得工业化程度达到峰值的时间点不同，对应人均碳排放量也有很大的不同。其中，发达国家人均碳排放随着产业比重的下降逐渐降低，而发展中国家的产业比重处于逐渐上升的阶段，相对于已经完成了工业化发展的发达国家而言，发展中国家还需要工业化发展来推动本国的经济发展。且从人均二氧化碳排放量来看，中国同样也不是碳排放最大的"贡献者"。到 2020 年，中国人均二氧化碳排放量为 7.4t，依然远低于美国的 14.2t、俄罗斯的 10.8t、日本的 8.1t。

2. 碳排放量与能源消费结构

能源消费为碳排放的主要来源，也是目前碳排放量数据的计算依据。如图 1-5 所示（数据来源：国际能源署），在 20 世纪 60 年代末至 21 世纪初的近 40 年时间内，石油燃烧所产生的二氧化碳始终大于煤炭燃烧的排放量，但是在 2003～2005 年前后，煤炭成为化石能源碳排放中最大的排放源。其中实线代表 IEA 估计数据，虚线代表全球碳项目（Global Carbon Project，GCP）估计数据。

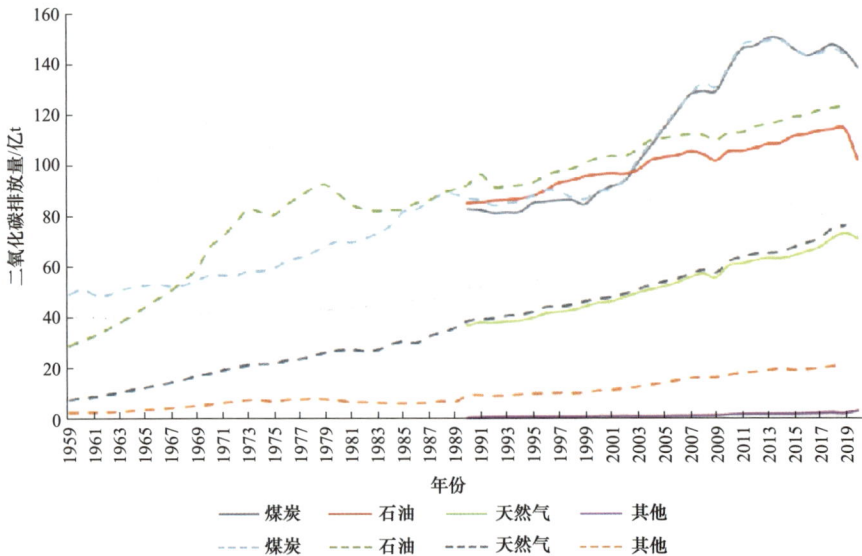

图 1-5　全球按燃料类型分的二氧化碳排放量（1959～2020 年）

数据显示，能源消费大国均为碳排放大国。如，2021 年，能源消费前五位的国家为中国、美国、印度、俄罗斯、日本，其碳排放量也均出于世界前列。全球碳排放与能源消费高度正相关，能源消费量越高的国家，碳排放量、碳排放强度与人均碳排放量等也会较高。且由于碳排放的主要来源是化石能源的燃烧，碳排放与清洁能源消费占比整体呈负向关系，能源消费结构中化石能源所占比重越低，清洁能源所占比重越高，碳排放量、碳排放强度和人均碳排放量也就越低。

3. 碳排放与人均 GDP

人均 GDP 与国家经济发展水平紧密挂钩，体现着一个国家的富裕程度。人均 GDP 的增长不可避免地会产生大量的能源消耗，从而造成更多的碳排放。通过对世界发达国家和发展中国家实行对比发现，人均历史累计的碳排放越高的国家，其 GDP 也越高，且由于各个国家的发展进程不同，其人均 GDP 和人均碳排放也具有明显的差异性。通过对全世界发达国家与发展中国家的对比发现，当前阶段等量碳排放对国家的经济推动力并不相同。发达国家在与发展中国家产生同量的碳排放时，GDP 增长的速度却要高于发展中国家，这主要得益于发达国家的基础工业水平要比发展中国家的先进。因此，为使发展中国家的碳排放降低或减缓，发达国家必须要在技术和资金上予以支持，以提高发展中国家的能源利用率，降低碳排放。

当前，碳排放量与人均 GDP 之间仍然呈现出正相关关系，其或许与世界经济格局分化日益严重有关，虽然高收入国家的碳排放量随经济增长先达峰后下降，但是绝大多数中等收入国家和低收入国家仍然处于碳排放量与人均 GDP 的同步上升通道之中。因此，碳排放量与人均 GDP 之间的"倒 U 形"关系需要进一步在国家异质性的角度下进行考察。而与碳排放量存在差异，碳排放强度与人均 GDP 之间已呈现明显的"倒 U 形"关系，表明碳排放强度与人均 GDP 之间的确存在"环境库兹涅茨曲线"，当人均收入水平较低时，碳排放强度随人均收入的增长而提高；当越过拐点后，碳排放强度则随人均收入水平的增长而下降[4]。

三、碳与未来

美国能源信息署（Energy Information Administration，EIA）发布的《International Energy Outlook 2021》中预测，根据现行的政策趋势，未来 30 年全球能源相关的二氧化碳排放量将继续增加。在 2020～2050 年，预计经合组织国家（经济增长缓慢的国家）与能源相关的二氧化碳排放总量将增加 5%，非经合组织国家（经济增长迅速的国家）将增加 35%（80亿 t）。IPCC 预测，到 2100 年，大气中的二氧化碳浓度仍将持续上升。截至 21 世纪中期（2041～2060 年），全球表面温度仍将持续上升。

参照 IPCC 2020 年发布的共享社会经济路径（Shared Socioeconomic Pathways，SSP）设置不同碳排放情景，相比工业化前（1850～1900 年），21 世纪中期，全球平均温度将在中等碳排放情境（SSP2-4.5）、高碳排放情境（SSP3-7.0）和极高碳排放情境下（SSP5-8.5）快速升高 2.0℃、2.1℃和 2.4℃，并达到或超过 2℃的阈值。在低碳排放情景（SSP1-2.6）与极低碳排放情境（SSP1-1.9）下，全球表面平均温度将升高 1.7℃和 1.6℃。在 21 世纪中期到 21 世纪末的阶段，在低碳排放情景和极低碳排放情境下，全球表面平均温度上升将有所下降，而在中等碳排放、高碳排放和极高碳排放情境下，地球表面温度将继续上升。

受到全球表面平均温度上升的影响，到 21 世纪中期，在不同碳排放情境下，陆地降水将增加 2.6%～4.0%；到 21 世纪末期，陆地降水的降幅将为–0.2%～4.7%。且降水变化将表现出明显的季节和区域差异。高纬度地区和热带海洋的降水量很可能增加，但亚热带大部分地区的降水量却会减少。全球平均海平面将在 2050 年上升 0.18～0.23m，到 2100 年上升 0.38～0.77m，沿海地区海平面的持续上升，将导致低洼地区发生更频发和更严重沿海洪水，并将导致海岸收到侵蚀。同时，全球变暖还将加剧多年冻土的融化，全球温升每增加 1℃，多年冻土上层的体积将减少 25%，北半球春季积雪的覆盖度将减少 8%。此外，全球气候变暖将给人类社会带来更严重的风险，一些并发和复合型事件，如高温热浪及干旱并发，风暴潮等极端海平面和强降水的叠加造成复合型洪涝事件等的发生频率可能进一步增加，影响人类的健康生活与经济社会发展。

因此，应对气候变化已经成为人类发展面临的最大挑战，采取积极措施应对气候变化已经成为全人类的共识。越来越多的国家和地区加入碳减排阵营，相继发布碳中和目标，积极调整气候政策，并催生了新一轮的科学技术、生活方式及治理体系的变革。

1. 碳与未来科学技术变革

经济社会发展既要保障能源资源安全，满足可持续发展目标，又要实现减碳目标，因此，必须实现区域、行业和整体的系统优化与集成，经济增长与碳排放的脱钩。为了应对气候变化，世界各国都在积极推进低碳转型，低碳核心技术研发能力与储备、产业结构绿色转型是判断一国核心竞争力的关键。目前，西方发达国家在碳中和的相关技术领域积极布局，提高了全球贸易市场的准入门槛。我国在碳达峰、碳中和目标下，碳排放空间被大幅度压缩，无法再走高消耗、高排放的传统工业化道路，坚持创新驱动战略，依靠科技创新发展低碳经济，转变经济发展方式，大力发展技术密集型低碳产业，对传统高碳产业进行升级改造，使经济发展模式由要素驱动向创新驱动转变。

全球碳中和目标的实现，将对脱碳、零碳和负碳排放技术提出巨大需求。一是零碳能源技术将成为碳减排的核心。提高非化石能源在一次能源结构中的比重，通过构建水、风、光等资源利用—可再生能源发电—终端用能优化匹配的技术体系，推进化石能源制氢、可再生能源发电制氢技术的研发与推广，降低能源领域的碳排放水平。二是节能节材技术与资源产品循环利用技术将得到快速发展。积极研发新材料、新技术，推动现有节能技术与设备的不断升级，提高能源的精细化管理水平及能源利用效率，并推进电能、氢能替代，加速以二氧化碳为原料的化学品合成技术开发。三是增汇技术和负碳排放技术将成为碳中和的重要保障。农业、林业草原减排增汇技术，海洋、土壤等碳储技术，以及碳捕集、利用与封存技术（Carbon Capture, Utilization and Storage, CCUS）、生物质能—碳捕集与封存技术（Bio-Energy with Carbon Capture and Storage, BECCS）、直接空气捕集技术将成为技术创新的热点领域。

2. 碳与未来生活方式变革

完成碳达峰、碳中和目标，需将碳减排理念融入人们的日常生活，改变生活方式与消费行为。根据国际能源署的统计数据，在居民日常生活的碳排放中，交通运输占比 30%、家庭生活占比约为 22%、餐饮占比 17%。因此，随着全球碳减排的深入，人们的出行、家居与餐饮将迎来绿色变革。

一是绿色出行。在经济较为发达的大城市，机动车排放已成为城市空气污染的第一大污染源。乘坐地铁、城铁和公共汽车等公共交通工具的绿色出行方式，不仅能改善交通环境，还能够有效降低城市交通的碳排放水平。二是绿色家居。通过房屋节能改造、垃圾分类与减少外包装消费、产品回收利用等绿色家居活动，降低家庭生活的碳排放量。三是绿色餐饮。据研究，通过膳食结构的优化调整，到 2030 年，仅饮食习惯就可以减少约 6621 万 t 碳排放，此外，还要杜绝餐饮中的浪费行为。

3. 碳与未来治理体系变革

碳减排作为既典型又特殊的公共物品供给，是一项会引起社会经济系统的整体性变化和极具挑战性的系统工程，需要从顶层设计上构建国家低碳治理体系，以更低的社会经济转型成本、更强的技术创造能力和绿色增长效应来实现产业兴替和技术更迭。低碳治理体系不是孤立的系统，而是国家治理体系的有机组成部分，同时还要与国际低碳治理体系进行有效衔接。在这个过程中，尤其要处理好中央与地方关系、地方与地方间关系、政府管理与社会治理关系。

随着从"化石燃料工业文明时代"进入"生态文明和生物圈时代"，经济社会将面临涉及通信、能源、运输和建筑等各类社会基础设施的大转型。而国家低碳治理体系将在这个过程中面临"要我低碳"逻辑向"我要低碳"逻辑的变化。前者指由政府主导的全社会的低碳转型，而后者是指当技术、市场和社会转型到一定阶段后，民众会主动创新甚至引领低碳行动。而"要我低碳"向"我要低碳"逻辑的转变，对低碳治理体系的具体内容提出了动态变化的要求，需要在协调、强制或激励等机制和制度内容上体现治理体系的适应性和韧性。国家低碳治理体系四个层面的具体内容分别是：一是要面向国内外建构低碳治理价值理念；二是要创新低碳治理的激励、约束和协同治理机制；三是要推动低碳治理的政策体系建设和协同创新；四是要推动低碳治理的监管体制改革和技术创新。

第三节　碳　管　理

碳管理作为一门新兴理论，本质上是围绕碳减排目标而进行的一系列活动过程。本节内容主要介绍碳管理的概念、碳管理的价值和碳管理学的框架。

一、碳管理的概念

从国外研究来看，碳管理作为一种新的管理理论，学者们尚未达成一致观点。目前，对碳管理研究主要有政府（公共部门）视角与企业（私营部门）视角，形成的具有代表性的观点包括：第一种观点，碳管理是一种使组织利用与气候变化相关的机会以减少风险的系统方法；第二种认为，碳管理是产品中的碳和能源的利用和管理，涉及几个不同系统的多角度交互性（包括生物地球化学和国际经济学）；第三种观点，有效的碳管理是一种评估方法和过程的改变，它贯穿于整个价值链中，描述和执行能源成本削减活动，融合了包括公司和外部协调与合作、供应者和顾客最大化影响的合作内在变化[5]。

结合当前国内外学者的研究成果，本书给出碳管理的定义：碳排放管理者通过对碳排放主体实施行政管理、市场管理、技术管理、激励管理等职能，实现减少碳排放水平的活动过程。

1. 碳管理的主体

（1）政府。政府是环境管理的重要主体，也是碳管理的责任主体，作为环境保护的管理者和监督者，政府的管理体制机制是碳管理的重要保障。我国现阶段应对气候变化的工作机制由国家应对气候变化领导小组统一领导、国家发展和改革委员会进行管理、各相关责任部门分工合作、社会各界力量广泛参与，并针对不同省份、城市的特点，因地制宜地设立了若干职能机构。政府还应通过法律、行政和税收等形式在低碳发展问题上对社会各界提出严格的要求，制定严格的发展低碳经济和有效利用能源的法律体系，及时出台相关的优惠激励措施，鼓励和引导企业、公众积极践行低碳理念和活动，加强监督检查，建立以低碳发展、能源合理利用、经济环境和谐为管理目标的职能部门[6]。

（2）企业。在碳管理中，企业既是碳排放主体，也是重要的碳排放管理者。一方面，企业是社会经济活动的主体，其在生产过程中，必然会产生一定的碳排放量。随着环境问题的日益凸现，企业履行生态环保责任与日俱增。企业在生产建设、追求经济利益的过程中，遵循低碳理念、节约资源、循环利用、减排增效，要将低碳环保理念作为企业文化的重要组成部分。另一方面，企业可通过制定碳中和行动白皮书、碳减排方案、引入节能减排技术等措施，对企业的生产经营活动实施碳管理。

（3）社会组织。碳管理中的社会组织是指独立于政府和市场主体之外，以保护环境为主要活动宗旨的社会志愿者组织。它具有组织性、非营利性、非政府性、自治性和志愿性等特征。目前我国大约有2000多个环保类社会组织，逐渐成为生态环境治理的新兴力量，发挥着越来越重要的作用，如中国低碳经济发展促进会、中国低碳行动联盟等为积极促进企业碳减排提供了实践途径。

2. 碳管理的职能

（1）行政管理职能。碳管理中的行政管理职能是指国家和地方机构，根据国家行政法规所赋予的相应权力，以命令、规定等方式对碳排放主体进行有效管理，具有权威性、具体性、强制性、见效快等特点。我国现阶段国情决定了行政管理职能在碳管理初期发挥着基础性作用。政府可以对碳排放主体进行行政指导、现场调查，确认碳排放状况，要求碳排放主体制定碳减排行动方案等，着力推动全社会的低碳转型。

（2）市场管理职能。碳管理中的市场手段是指以减少碳排放量和经济发展相协调为目标，根据市场价值规律，运用经济杠杆，影响或调节有关当事人经济活动的政策措施。市场手段具有利益性、间接性等特点，可以有效激发碳排放主体的减碳积极性、创造性，提高配置资源效率。目前，我国在碳管理过程中市场管理职能主要体现在碳排放权交易市场、电力市场、用能权交易市场及绿证交易市场等方面。政府的各类市场手段举措都将通过企业的运营状况体现出来，完善各个市场的运行机制，推进各市场主体平等、有效地参与市场竞争，能够高效地助力我国实现"双碳"目标。

（3）技术管理职能。技术管理职能是碳排放管理者引导企业运用节能减排技术实现碳减排目标。节能减排技术手段主要包括促进环境与经济协调发展的新材料、新工艺以及碳治理的新技术。先进技术的实施有利于提高能源利用效率、降低碳排放强度，是保护环境、提升碳管理水平的重要支撑。

此外，碳管理的阶段是循序渐进的，但碳管理职能的实施并不是单一的，每个碳管理阶段都需要行政管理职能、市场管理职能、技术管理职能相辅相成，互为补充。

3. **碳管理的环节**

（1）碳排放核算。碳排放核算是有效开展各项碳减排工作、促进经济绿色转型的基本前提，是积极参与应对气候变化国际谈判的重要支撑。碳核算可以直接量化碳排放规模，还可以通过分析各环节碳排放的数据，找出潜在的减排环节和方式，对碳中和目标的实现、碳交易市场的运行至关重要。目前，主流的碳排放核算方法包括排放因子法、质量平衡法、实测法。

碳排放核算是一项复杂而庞大的系统工程，涉及多个层级、多类主体、多种维度。不同对象、不同用途的碳排放核算边界和方法也不同。为了保证碳排放核算工作始终服务"双碳"工作大局，必须用统一的规范确保碳排放核算体系指向明确、导向一致、权责清晰、程序规范。需要由国家统一制定全国及省级地区碳排放统计核算方法，明确有关部门和地方对能源活动、工业生产过程、排放因子、电力输入输出等相关基础数据的统计责任，组织开展全国及各省级地区年度碳排放总量核算。此外，还需要组织制修订电力、钢铁、有色、建材、石化、化工、建筑等重点行业碳排放核算方法及相关国家标准，并研究制定重点行业产品的原材料、半成品和成品的碳排放核算方法。

（2）碳排放治理。碳排放治理是碳管理的核心环节，直接决定碳减排目标的达成效果。碳排放治理主要是通过碳排放核算找出排放的关键环节，并有针对性地采取多种措施，以减少碳排放量。通常而言，碳排放治理方法主要包括基于能源替代的减排方法，基于碳捕获、利用与封存（Carbon Capture，Utilization and Storage，CCUS）技术的固碳方法，基于碳汇手段的降碳方法三类。

基于能源替代的减排方法主要是指通过风、光、水等清洁能源替代传统的煤炭、石油、天然气等化石能源的方式，不断提高非化石能源消费比重，从而实现清洁生产，减少 CO_2 的排放。基于 CCUS 技术的固碳方法是指运用 CCUS 技术把生产过程中排放的 CO_2 进行提纯，继而投入到新的生产过程中，从而实现碳的循环再利用，减少碳排放量。基于碳汇手段的降碳方法是指利用植树造林、林地恢复、高产森林经营、采伐管理、森林防火和病虫害防治等陆地生态系统增加陆地生态系统的碳吸收，可以减少碳排放，增加森林碳汇。

（3）碳排放监管。构建碳排放的长效监管机制，有利于加大环境保护力度，建设低碳生态环境新格局。碳排放监管，主要是指政府综合运用法律、经济和行政等方面的规制手段，充分发挥市场在温室气体排放资源配置中的决定性作用，对企业及个人的碳排放行为进行监督和管理。精确地披露碳排放信息，公平合理地分配碳排放权配额是碳排放监管的目的。碳排放监管的主体包括国家监管机关、经国家备案的审核机构、社会公众等，监管的主要内容涉及碳减排项目审定与核证、碳排放审计、碳排放履约信用监管等。

4. **碳管理的特性**

碳管理的目标在于减少碳排放水平，其具有以下特性：

（1）长期性。碳管理的长期性是由碳排放主体的广泛性、复杂性及碳排放的连续性等特点决定的。碳管理是一项漫长的、涉及多部门、多系统的复杂工程，不仅在空间上涉及面广，时间跨度也很长。

（2）环节性。广义上的环节性是指碳管理的内容及管理方式需要根据国家、地区、企业的碳排放阶段进行相应的调整；狭义上的环节性是指碳排放的核算、治理及监管等环节需要分别建立一套完整的体系，从而保证最终碳管理目标的实现。

（3）强制性。碳管理的强制性特点是指其依据法律或行政法规，必须贯彻执行的一种属性。在碳管理过程中，政府起到主导作用，通过行政手段、市场手段、技术手段和激励手段对高碳排放问题进行统一治理。

二、碳管理的价值

结合碳与气候变化、经济增长与未来发展的关系，以及碳管理的基本概念，可以进一步从应对全球气候变化、提升国家政治影响力、推动经济转型发展、提升企业市场竞争力及培育全民低碳文化 5 个方面揭示碳管理的重要价值。

1. 有利于应对全球气候变化

气候变化的影响主要是指极端天气等气候事件以及气候变化对自然和人类系统的作用。人类活动引起全球气候变暖，而气候变化带来的影响在气候系统各个圈层中都已广泛存在并迅速发展。21 世纪以来，全球气候变化已成为人类的严重威胁。人口规模的持续增长和社会的高速发展，使人类圈规模已逐渐接近地球环境容量上限。截至 2022 年 1 月，全球 230 个国家人口总数为 75.97 亿人，其中发展中国家人口约占 80%。未来几十年，人口持续增长且更多发展中国家人口转向现代化生活方式。如果不加以管理，世界温室气体排放将在 510 亿 t/年的基础上持续增长，导致地球系统能量收支不平衡，极端天气事件和流行性疾病日趋频繁，人类的可持续发展面临前所未有的挑战。

通过碳管理手段来控制温室气体的排放，将大气中温室气体的浓度稳定在防止气候系统受到危险的人为干扰的水平上，有助于减少人类对化石能源的依赖，加速实现 2℃的全球温控目标，保证气候变化在一定时间段内不威胁生态系统、粮食生产、经济社会的可持续发展，保卫人类赖以生存的地球家园。

2. 有利于提升国家政治影响力

控制温室气体排放不仅是全球关注的气候问题，也是国际性的政治博弈问题。在欧盟的推动下，1992 年联合国通过《联合国气候变化框架公约》，1997 年《京都议定书》达成，使温室气体减排成为发达国家的法律义务。在这些文件中，环境问题转化为气候问题并进而在技术上转化为 CO_2 的排放，从而在法律上产生各国围绕"碳排放权"展开的全球政治博弈，由此形成全新的"碳政治"。得益于更早完成工业化进程，欧盟目前已经取得全球"碳政治"的领导权，并通过明确总量目标的方式，直接将减碳压力转移到发展中国家。

我国秉持着公平公正的原则，提出了我国"碳达峰、碳中和"目标，并积极参与到应对气候变化国际合作当中，取得了明显成效。碳管理直接有利于我国推动节能减排、高质量实现"双碳"目标，体现我国构建人类命运共同体的大国担当。同时，促进我国在"碳政治"的博弈过程中抓住机遇，在全球新型治理体系中占据主动地位，提高我国的政治影响力。

3. 有利于推动经济转型发展

我国完成了工业化进程，而且建成了全球唯一的全产业链工业体系，2021 年制造业产值高达 4.86 万亿美元，并在节能降耗、发展可再生能源、增加碳汇等方面已做出很多努力，取得了很多成绩。但经济社会发展沿着高碳发展模式前进的格局并未根本扭转，支撑我国经济发展所需要的能源需求面临化石能源枯竭的威胁，粗放的发展方式和高碳的能源结构导致我国二氧化碳排放巨大，我国已经建成和正在加速建设的能源系统和各种基础设施系统，有被现有高碳技术和消费模式锁定的极大风险。

国家实施碳管理，将控制碳排放作为经济社会发展的约束条件，将加快绿色转型进程，对于推动我国发展方式与消费模式转变、调整产业结构、促进经济发展从粗放到集约、内涵式发展具有重要意义。从长远看，加速低碳转型不仅不会影响经济增速，还能促进经济高质量增长。加速低碳转型可以促进能源互联网、储能、电动汽车、新能源组件制造等新技术快速发展和大规模利用，也有助于生物、信息、新材料、新能源汽车、高端装备制造等产业更快发展。根据经济模型测算，在加速低碳转型情景下，到 2035 年和 2050 年，我国 GDP 总量将比常规情景提升约 0.3% 和 0.7%，为经济持续增长提供新动能。

4. 有利于提升企业市场竞争力

从顶层设计开始推动的"双碳"目标体现了我国走绿色与可持续发展道路的信心和决心，也是倒逼产业转型升级，提高经济增长质量，推动我国制造业尤其是初级制造业向绿色低碳转型的旗帜和号角。绿色低碳经济与加速推进的数字经济相碰撞，为新发展格局的构建指明了新方向，也对企业的高质量可持续发展提出了新要求。"双碳"将重塑所有行业、所有业务，并融入企业产业链和产品价值链的全生命周期。谁拥有领先的碳减排能力，谁就将形成新的竞争优势。随着碳交易市场的逐步形成，未来碳排放配额将和数据一样，成为企业的重要资产。

企业作为碳管理与碳排放的重要主体，实施碳管理一方面有助于企业摆脱资源密集型发展模式，转而追求创新驱动的生态优先、高质量发展道路。以创新驱动、自主知识产权研发、自有品牌建设推动为出发点和落脚点，抢占中高端制造业转型和第三产业发展先机。另一方面，企业还可通过碳资产管理提高企业自身的经营能力和发展能力，通过创造价值共享的机会，为自身带来社会价值和商业价值的共赢，推动企业可持续发展。

5. 有利于培育全民低碳文化

公众行为改变是温室气体减排不可或缺的一部分，社会全面动员、企业积极行动、全民广泛参与是实现生活方式和消费模式绿色转变的重要推动力。通过对公众实施碳管理，广泛宣传绿色低碳基础知识，能够充分调动广大人民群众参与碳达峰碳中和的积极性，塑造全社会低碳文化。一方面，大力推进全民绿色低碳行动，引导全民自觉节水节电、践行低碳出行、杜绝粮食浪费，以更低的能耗和碳排放水平实现更高质量的经济增长。另一方面，公众消费偏好对企业生产行为具有重要的导向作用，绿色生活方式将反向推动生产方式转变。引导公众广泛认知、践行绿色低碳理念，将有力推动能源开发、工业生产、交通运输、城乡建设各领域发展方式转换，也是助推可再生能源开发、新能源车船替代、低碳建筑发展等减碳政策落地的关键。

三、碳管理学的框架

碳中和背景下，全球将掀起新一轮社会经济发展的革命。碳管理学将作为新兴的理论体系，支撑政府、市场、企业以及个体深入推进碳减排工作。本书从碳管理的理论基础、管理体系及关键路径三个维度出发，对碳管理的知识框架进行系统介绍，为我国高质量实现"双碳"目标提供有效支撑，如图1-6所示。

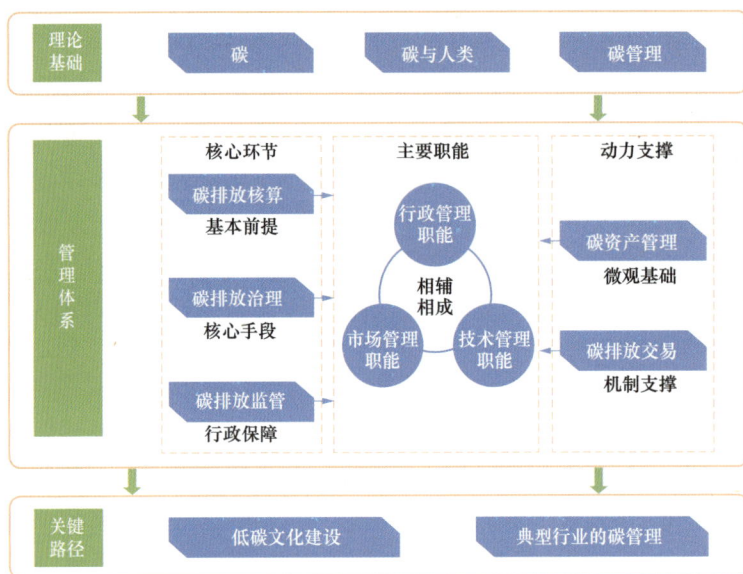

图1-6　碳管理学的基本框架

首先，本书从碳的本质入手，对碳的概念、分布与循环等基本概念进行介绍，引导读者认识"什么是碳"。在此基础上，从气候、经济、未来三个维度出发，详细介绍碳与人类的关系，帮助读者体会"碳的影响"。最后，介绍碳管理的概念内涵与价值，引导读者认识"什么是碳管理"以及"为什么要进行碳管理"。

在此基础上，按照"碳排放核算→碳资产管理→碳排放交易→碳排放治理→碳排放监管"的思路，系统介绍了碳管理学的核心框架。其中，碳排放核算是碳管理的首要环节，是开展碳减排工作的基本前提，介绍了碳排放核算的基本概念、标准以及理论框架和方法体系。碳资产管理从微观企业角度出发，介绍了企业作为碳管理与碳排放的重要主体，如何平衡企业发展与节能减排之间的关系，实现企业价值的最大化。碳排放交易既是国家碳减排的重要政策工具，同时也是碳管理的重要职能之一，紧扣国家建立全国碳排放权交易市场的任务要求，对碳排放权交易的机制与体系进行了系统介绍。碳排放治理主要从碳管理的技术职能角度，对基于能源替代的减排方法、基于CCUS技术的固碳方法、基于碳汇手段的降碳方法进行了对比分析。碳排放监管是碳管理行政职能的重要体现，同时也是碳管理体系有效运作的政策保障，对碳排放监管的内涵、内容、体系与工具进行了分析。

最后，结合我国实际情况，明确了我国碳管理的实践路径。具体而言，一方面是要推动全社会低碳文化建设，明确低碳文化的内涵与价值，以及塑造低碳文化的重要举措。另一方面是加强典型行业的碳排放管理，针对我国碳排放的重要行业，明确典型行业碳排放的关键路径，从而为我国实现"双碳"目标提供参考。

综上所述，本书紧密围绕碳管理的核心内涵与我国实现碳达峰、碳中和目标的任务要求，构建了包含理论基础、管理体系与关键路径的碳管理学框架。为政府、企业以及社会组织开展碳减排工作提供了有效的理论支撑，助力我国社会经济的低碳转型，从而积极应对全球气候变化，保卫美好的地球家园。

本 章 知 识 结 构 图

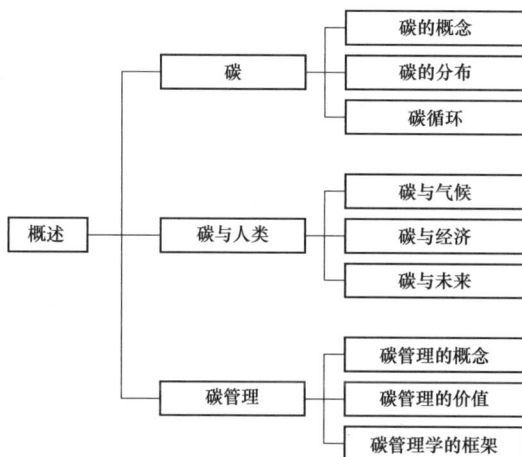

思 考 题

1. 碳的分布特征是什么？
2. 人类活动对碳循环造成了什么影响？
3. 碳排放是如何影响气候变化的？
4. 碳排放和经济发展之间存在什么关系？
5. 碳排放对人类未来有什么影响？
6. 全球各个国家/地区对控制碳排放做出了哪些努力？
7. 碳管理的基本内涵是什么？
8. 为什么要进行碳管理？
9. 碳排放包含哪些职能？
10. 碳管理的流程是什么？

第二章 碳排放的核算

当前全球气候呈持续变暖趋势，科学研究表明，人类生产活动导致的碳排放是其主导因素。在此形势下，采取积极的碳减排措施来应对气候变化，已成为全人类的共识。目前，越来越多的国家和地区开启气候应对和环境治理行动。全面、准确地评估人类生产活动造成的碳排放，是制定碳减排战略的重要基础。本章主要介绍碳排放核算的概述、内容和方法，并结合具体案例说明如何进行碳核算。

第一节 碳排放核算概述

碳排放核算是一项复杂且庞大的系统工程，针对不同层面的核算对象开展碳排放统计核算，其工作目标不同，具体工作侧重、要求和方法也不同。本节主要从概念、标准和现状三个方面对碳排放核算进行概述。

一、碳排放核算的概念

人类生产活动导致的大量温室气体排放，是当前气候变化的主要原因。科学研究已表明，全球气候系统变暖毋庸置疑，气候变化已经对可持续发展和生态系统形成持久、有害的影响。世界气象组织发布了《2021 年全球气候状况报告》，显示全球平均温度比工业化前（1850～1900 年期间）约高 1.1℃，其中 2020 年是有记录以来气温最高的 3 个年份之一，并且 2015～2021 年是有记录以来气温最高的 7 年。而气候变化产生的原因可分为自然因素和人为因素两大类。前者包括太阳活动的变化、火山活动，以及气候系统内部变化等；后者包括人类燃烧化石燃料及毁林导致的大气温室气体浓度的增加、大气中气溶胶浓度的变化、土地利用和陆面覆盖的变化等。当前研究已经表明，人类活动是导致气候变化的主要原因。IPCC 的历次评估报告，深入研究全球气候变化、大气温室气体浓度和人类活动产生的碳排放之间的关系，对"人类活动引起气候变化"这一结论的可信度持续提高。

因此，为有效开展应对气候变化工作、实现"碳中和"目标，首先需要系统、精准地核算人类生产活动造成的碳排放。只有建立科学、统一和规范的碳排放统计核算体系，健全碳排放统计工作机制，才能精准掌握和科学分析碳排放的情况，从而有针对性地制订碳减排策略，为统筹有序做好"碳中和"工作、促进经济社会全面发展绿色低碳转型，提供全面可靠的理论和数据支持。

1. 碳排放核算相关概念

碳排放核算，也称作温室气体排放清单编制，是指在定义的空间和时间边界内，以政府、企业等为单位计算其在社会和生产活动中各环节直接或间接排放的温室气体[7]。碳循环是地球物理、化学循环的一部分，自然科学领域早已对地球上的碳排放、传输、沉淀/吸收等循环过程开展研究。但是，从经济学和社会学的视角开展碳排放核算研究才逐渐兴起，聚焦人类生产活动产生的碳排放核算，促进人类通过改变生产和生活方式来降低碳排放[8]。碳排放核算是摸清碳排放家底的过程，当前国内外已有多套较为成熟的碳排放核算标准体系，涉及不同主体（如国家、省份、城市、行业、企业和产品等）的碳排放量核算。本章的碳排放核算对象是人类生产和活动相关的碳排放产生量和清除量，包含能源活动、工业生产过程、农业、林业和土地利用、废弃物处理等产生和吸收的碳排放。

当前碳排放核算体系中纳入的温室气体种类主要为《京都议定书》中规定控制的 6 种温室气体：二氧化碳（CO_2）、氧化亚氮（N_2O）、甲烷（CH_4）、六氟化硫（SF_6）、氢氟碳化物（HFC）和全氟化碳（PFC）。其中，二氧化碳、甲烷和氢氟碳化物在全球暖化中起主要作用。为统一核算不同温室气体的排放量，将二氧化碳当量排放（CO_2 equivalent emission，简称 CO_2-eq）规定为度量温室效应的基本单位。温室气体二氧化碳当量是指在 100 年时间范围内，通过温室气体排放量乘以全球增暖潜势（Global Warming Potential，GWP）得出，其作用在于使不同温室气体的辐射强度有了规范、统一和可比的度量方法。对于多种温室气体，二氧化碳当量总排放是每一种气体的二氧化碳当量排放之和。其中，全球变暖趋势指某一温室气体在一定时间积分范围内与二氧化碳相比得出的相对辐射影响值，用来评估不同温室气体对温室效应贡献的相对能力。二氧化碳是在衡量其他温室气体时所参照的基准气体，因此其全球变暖趋势值为 1（见表 2-1）；虽然二氧化碳的全球变暖趋势值最小，但是其总体排放量较大，对温室气体的总增温效应最大，成为最主要的温室气体。因此，本章中将"温室气体排放"简称为"碳排放"，将"温室气体排放核算"简称为"碳排放核算"。

表 2-1　　　　　　　　　　　不同温室气体的全球变暖趋势值

温室气体种类		IPCC 第二次评估报告	IPCC 第四次评估报告
二氧化碳（CO_2）		1	1
氧化亚氮（N_2O）		310	298
甲烷（CH_4）		21	25
六氟化硫（SF_6）		23900	22800
全氟化碳（PFC）	CF_4	6500	7390
	C_2F_6	9200	9200
氢氟碳化物（HFC）	HFC-23	11700	14800
	HFC-32	650	675
	HFC-125	2800	3500
	HFC-134a	1300	1430

续表

温室气体种类		IPCC 第二次评估报告	IPCC 第四次评估报告
氢氟碳化物（HFC）	HFC-143a	3800	4470
	HFC-152a	140	124
	HFC-227ea	2900	3220
	HFC-236fa	6300	9810
	HFC-245fa	—	1030

此外，不同温室气体产生的来源不同：能源活动、工业生产过程和废弃物处理是二氧化碳排放的主要来源；林业和土地利用变化是二氧化碳吸收的主要过程；能源活动、废弃物处理、农业活动、林业和土地利用变化是甲烷排放的主要来源；工业生产过程是六氟化硫、氢氟碳化物和全氟化碳排放的主要来源。因此，在实际核算过程中，需要考虑不同主体的生产和排放特征，以及数据获得的难易程度，确定主要的碳排放源、排放过程和核算气体种类[9]。

碳排放核算主要遵循以下原则：

（1）相关性。根据碳排放核算主体的排放特征，选择相关的温室气体核算种类、核算方法。

（2）完整性。考虑核算边界内所有相关温室气体的排放和移除。

（3）一致性。核算体系保持一致，使核算结果具有可比性。

（4）准确性。尽可能降低核算偏差和不确定性。

（5）透明性。相关核算结果可以重复论证。

2. 碳排放核算的意义

碳排放核算是一项复杂和庞大的系统工程，分别针对区域层面（国家和地方）、行业企业层面和产品层面开展碳排放统计核算，是制定政策、推动工作、开展考核、谈判履约的重要依据。

（1）在区域层面：①通过开展区域碳排放核算，编制区域碳排放清单，可以准确地掌握区域碳排放结构和组分，辨识碳排放量及其排放特征，跟踪碳排放变化及发展趋势，预测未来碳排放情况；②有利于各级政府针对不同部门、行业的排放特征制定切合实际的、有针对性的碳减排目标和任务措施，促进区域的低碳化发展进程；③基于不同年份碳排放变化，评估碳减排政策的效果，有助于及时总结经验，调整碳排放控制的相关政策和行动。

当前，我国面临更为严格的碳排放约束，而碳排放目标制定与考核、碳交易市场建立都需要精确和完备的数据支撑，都依赖于碳排放清单编制这项基础工作。为保障应对气候变化政策的有效实施，有必要在基本事实和科学数据的基础上，开展碳减排工作，即建立与排放主体相关的碳核算体系。因此，碳排放核算是做好"碳达峰"与"碳中和"工作的重要基础。同时，碳排放清单是碳排放总量目标制定，以及分批分段地将重点排放行业纳入碳排放交易体系的数据基础。

（2）在行业企业层面：①开展碳排放核算，企业可以精确量化碳排放量，其结果直接影响企业碳配额的发放，并决定企业形成的是碳资产还是碳负债；②摸清企业碳排放的主要来源，有助于企业全面掌握各时期、各工序的碳排放量，为其制定具有针对性和可行性的碳减排策略提供数据支持；③符合国内外政策法规的要求，履行贯彻国家节能减排的日常工作，以及满足相关碳减排法规的要求。

（3）在产品层面：①有助于帮助企业发现高碳排的生产环节，采取措施进行改善，达到节能减排的目的；②通过发布产品碳标签，有助于企业实行差异化的产品策略，引导消费者转向绿色低碳产品的消费；③通过产品碳标签，展现企业在低碳方面做出的努力，提高企业的社会声誉和形象。

二、碳排放核算的标准

1. 国际碳排放核算标准

碳排放核算是碳减排量计算、碳减排战略制定和碳排放权交易的基础。目前国际上已有较为成熟的碳排放核算标准，涵盖区域（国家和城市）、行业企业和产品等不同主体层次。

（1）区域层面。当前国际上通用的区域层面的碳排放核算标准是 IPCC 制定的。IPCC 组织科学家对有关气候变化的现有科学、技术和社会经济信息进行评估与总结，并向全世界发布报告结果，包括气候变化的趋势和影响等。在碳排放领域，IPCC 提出和构建碳排放量核算的方法与框架，发布温室气体排放源的指导性清单并给出计算方法，这些研究成果影响甚广。

IPCC 发布了一系列的温室气体排放清单编制指南：①1996 年编制出版了《1996 年 IPCC 国家温室气体清单指南》；②在综合国际使用该指南积累的经验和优良做法的基础上，2000 年和 2003 年分别出版了《国家温室气体清单优良做法和不确定性管理》和《土地利用、土地利用变化和林业优良做法指南》两份特别报告；③2006 年编制出版了《2006 年 IPCC 国家温室气体清单指南》；④2013 年针对湿地出版了《2006 年 IPCC 国家温室气体清单增补报告：湿地》，进一步完善了温室气体排放计算；⑤2019 年再次对《2006 年 IPCC 国家温室气体清单指南》进行了修订、完善和更新，出版了《2006 年 IPCC 国家温室气体清单指南 2019 修订版》。

其中，《2006 年 IPCC 国家温室气体清单指南》属于国家层面的核算指南，是各国计算温室气体清单的主要方法，适用性比较广泛，也成为城市、企业、项目等不同核算对象编制温室气体排放清单的指南和标准。目前，世界各国在制定本国的温室气体核算体系大多都以《2006 年 IPCC 国家温室气体清单指南 2019 修订版》为准，为各国制定碳减排政策和应对气候变化行动，做出较大的贡献。

《2006 年 IPCC 国家温室气体清单指南 2019 修订版》一共五卷，涵盖二氧化碳（CO_2）、氧化亚氮（N_2O）、甲烷（CH_4）、氢氟碳化物（HFC）和全氟化碳（PFC）等。其中，第一卷是综合指导，属于一般性指导意见，提供了清单编制的总体思路，包括从初始的数据收集到最终的报告形成，为每个步骤的质量控制提出指导意见。指南充分考虑了部门之间的交叉、重复，给出了解决跨部门的交叉、重复的方法，从而避免了重复计算和遗漏；在第二卷至第五卷，具体阐述四个不同经济部门清单编制方法，属于详细指导，包括能源，工业过程和产品使用，农业、林业和其他土地利用，废弃物（见图 2-1）。因此，第一卷与其余四卷形成交叉参照、互为补充的关系。

IPCC 指南主要通过排放因子法进行碳排放量核算。采集的数据主要包括活动水平数据和相应的排放系数两种。通过活动水平数据和相应的排放系数的乘积，得到某一主体生产活动导致的碳排放量。IPCC 提供了不同排放源的排放系数默认值（即缺省值）。并且，各国可以通过国内的调查研究或者利用模型，给出更加精确化的本国特定排放源的排放系数。此外，《京都议定书》关注的是领土内的碳排放，因此在 IPCC 框架下，国家温室气体清单主要聚焦于生产责任的排放核算，考虑主体的直接碳排放，而未纳入因产品消费而导致的间接碳排放。

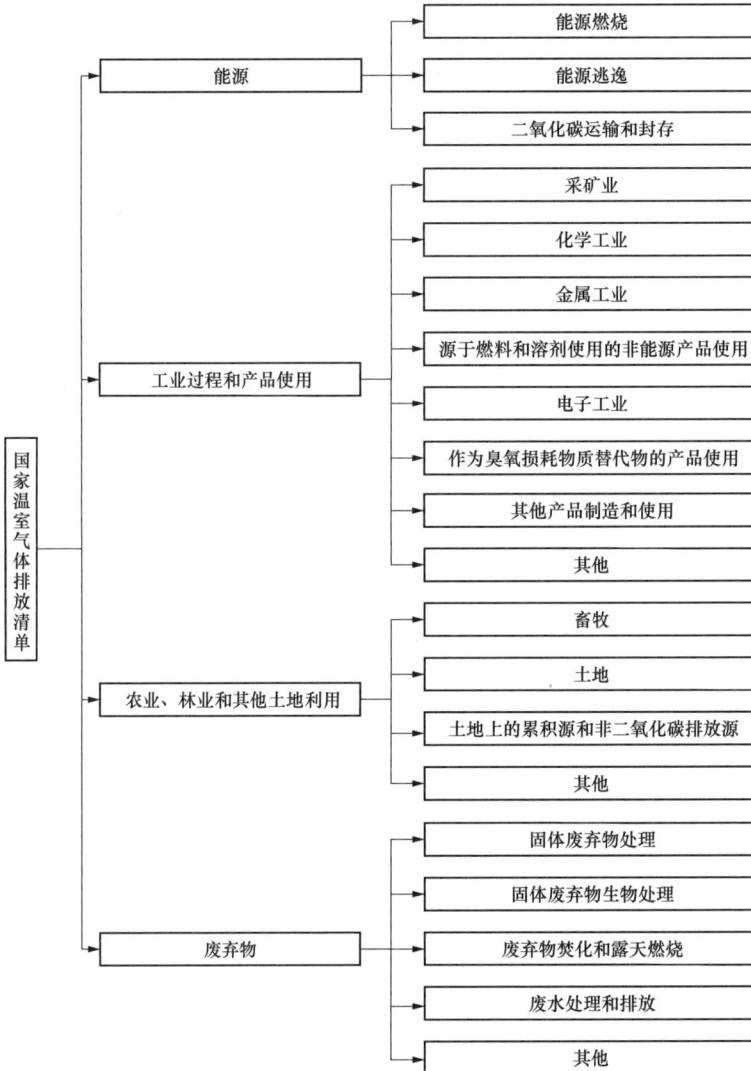

图 2-1　IPCC 国家温室气体排放清单部门划分

（2）行业企业层面。

1）温室气体核算体系。当前国际上较为公认且运用比较广泛的行业企业层面的碳排放核算标准是温室气体核算体系（Greenhouse Gas Protocol），由美国的环境非政府组织世界资源研究所（World Resources Institute，WRI）和位于日内瓦的世界可持续发展工商理事会（World Business Council for Sustainable Development，WBCSD）及众多国际公司联合建立，即该体系是政府、非政府组织及企业等利益相关方达成的一致共识，是全球最早开展的温室气体核算标准制定的项目之一，其宗旨是改善人类社会生存方式和保护环境以满足可持续发展，在世界范围内，围绕气候、能源、森林、粮食、可持续城市目标等，开展可持续发展工作。

温室气体核算体系是针对企业、组织、项目进行温室气体核算的方法体系，包括标准、指南和计算工具，是企业、组织、项目等核算与报告温室气体排放量的基础[8]。温室气体核算体系中包含《京都议定书》中规定控制的二氧化碳（CO_2）、氧化亚氮（N_2O）、甲烷（CH_4）、六氟化硫（SF_6）、氢氟碳化物（HFC）和全氟化碳（PFC）6种温室气体。这套体系能为企业提供标准化、统一化的温室气体核算方法，真实、客观地反映企业的温室气体排放情况，并可以简化和降低核算成本；帮助参加自愿性和强制性碳减排项目的企业提供相关的碳排放信息。

《温室气体核算体系：企业核算与报告标准》（简称《企业标准》）是温室气体核算体系中最主要的标准之一。《企业标准》首先划定企业报告温室气体排放的组织边界：依据财务核算标准，根据一家企业所拥有的不同排放源或设施，认定其排放责任；组织边界具体划分方法包括股权比例法和控制权法，企业可以根据实际需求选择不同的划分依据。在确定报告的组织边界后，需要设定运营边界，识别与其相关的直接碳排放和间接碳排放。《企业标准》出于核算目的在企业维度定义了三种核算范围，包括：

范围1：直接温室气体排放，指在企业实际控制范围之内的排放，包括由企业拥有或者控制的排放源，如锅炉静止燃烧、车辆移动燃烧、化工生产过程，以及逸出源（非意外泄漏）等造成的温室气体排放。生物质燃烧产生的温室气体排放不计入范围1的报告。

范围2：电力产生的间接温室气体排放，指企业外购电量所产生的温室气体排放。虽然这部分温室气体排放产生于电力生产设施，但可认定为购买电力者的间接温室气体排放。此外，蒸汽、加热及制冷方面的外购行为，也一同纳入范围2的报告。

范围3：其他间接温室气体排放，是由企业内活动引起的排放，但不是由企业拥有或控制的排放源。范围3是一项选择性报告，企业可以自由选择是否报告核算，如企业购买的原材料在生产过程和运输途中所产生的温室气体排放，购买的服务、员工通勤、差旅等产生的温室气体排放。这些间接排放所涵盖的范围较广，难以全部精确核算。

《企业标准》的优势在于提出按照不同的核算目的来选取温室气体的核算范围，并且给定的核算范围在不同的主体之间可叠加。这提升了碳排放核算的灵活性，同时也给制定核算体系提供了良好的借鉴思路：在设计温室气体核算体系时，不需要刻意避免重复计算，通过细分明确不同的核算范围，确定可能重复计算的排放源，进而按照不同的需求进行汇总，满足多元化的核算需求和政策要求[8]。

2）ISO 14064系列标准。国际标准化组织（International Organization for Standardization，ISO）于2006年发布了ISO 14064温室气体管理国际标准，旨在推进企业温室气体的核算、监测、报告和核查的标准化，使企业明确本身的排放情况、减排责任和风险，制定符合企业自身的减排计划与行动，有效控制温室气体的排放，同时增加温室气体报告结果的一致性和可信度。ISO 14064包括《ISO 14064-1：温室气体　第一部分　组织层次上对温室气体排放和清除的量化和报告的规范及指南》《ISO 14064-2：温室气体 第二部分 项目层次上对温室气体减排和清除增加的量化、监测和报告的规范及指南》《ISO 14064-3：温室气体 第三部分 温室气体声明审定与核查的规范及指南》三部分。ISO 14064-1、ISO 14064-2 和 ISO 14064-3 适用的对象分别是组织、温室气体项目、核查员，纳入了二氧化碳（CO_2）、氧化亚氮（N_2O）、甲烷（CH_4）、六氟化硫（SF_6）、氢氟碳化物（HFC）和全氟化碳（PFC）6 种温室气体。其中，ISO 14064-1 是指导组织量化和报告温室气体排放与消除的规范，其功能与《企业标准》相似。并且，ISO 14064 的三部标准之间是相互统一的，具有一定的联系：ISO 14064-1 "设计和编制组织温室气体清单" 和 ISO 14064-2 "设计和实施温室气体项目" 是相互平行的两项标准，其针对主体不同；而 ISO 14064-3 是规范组织和项目的温室气体清单审定和核查过程。因此，该三项标准之间存在紧密联系（见图 2-2）。

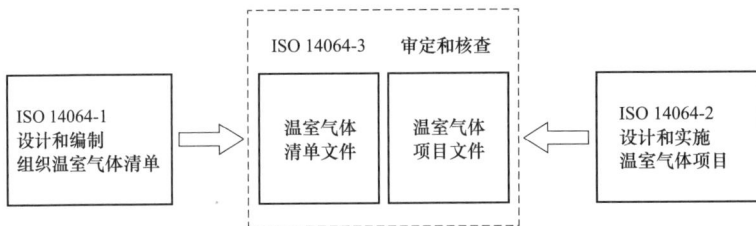

图 2-2　ISO 14064 系列标准框架

ISO 14064 已在国外得到广泛的应用。例如，美国大部分州的企业，以 ISO 14064 标准为指导，实施企业的温室气体方案量化和报告温室气体排放特征，包括自愿碳减排交易标准（Voluntary Carbon Standard）、气候行动储备（Climate Action Reserve，CAR）和美国气候注册（The Climate Registry）等方案。

（3）产品层面。为衡量产品层面上的碳排放，通常要针对产品整个生命周期中的直接碳排放和间接碳排放进行核算，称为产品的 "碳足迹"。已有许多国际组织开发关于量化和通报产品的温室气体排放数据的标准和指南。当前，评估产品全生命周期碳排放的标准体系主要包括《PAS 2050：2011 商品和服务在生命周期内的温室气体排放评价规范》（简称《PAS 2050 标准》）、《温室气体核算体系：产品寿命周期核算与报告标准》和《ISO 14067 产品碳足迹量化需求与指南》。其中，《PAS 2050 标准》是全球首个采用生命周期评价方法的产品碳足迹评估标准，运用较为广泛，于 2008 年由英国标准协会、英国碳信托有限公司和英国环境、食品与农村事务部联合制定。

《PAS 2050 标准》旨在推广一种可核算各种产品在全生命周期内温室气体排放量的统一方法，以满足社会各界进行温室气体管理的需求。《PAS 2050 标准》以供应链碳排放评估为基础，指出产品在全生命周期内的温室气体排放，包括从原材料到生产的各个环节分配、使用和回收处置的温室气体排放。其评估步骤包括（见图 2-3）[8]：①构建全生命周期过程路线图。以生命周期评价方式为基础，把产品的全生命周期分为不同环节，识别各环节的生产投入和过程、存储条件以及运输需求，直至追溯到其所有投入的源头，并且追踪其所有的产出（直至不再产生排放贡献）。②确定边界和优先级，设定测算停止的合理边界。关键是要包含特定产品生产、使用、回收或处置过程中所有的直接碳排放和间接碳排放。③收集数据。与 IPCC 指南相同,产品碳足迹的计算依赖于两类数据:活动水平数据和排放系数。④核算碳足迹。产品的碳足迹核算方法为:加总产品整个生命周期中各个环节的碳排放量(活动水平数据和相关排放系数的乘积)。⑤检验不确定性。在碳足迹核算后,进行不确定性检验和对结果进行验证。

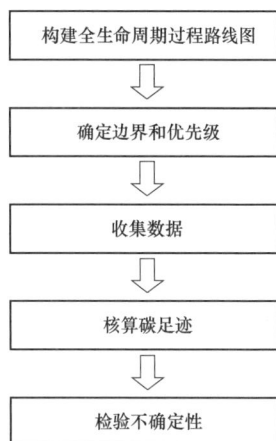

图 2-3 《PAS 2050 标准》核算流程

《PAS 2050 标准》已经较为成熟并得到国际的认可,在全球得到广泛的应用。在全球各国同类型碳足迹核算标准中,《PAS 2050 标准》的使用总数达三分之一,成为应用最多的碳足迹标准。在英国,已经有 20 余家企业共约 80 种产品使用该标准进行碳足迹核算;很多英国以外的企业也使用该标准,如百事可乐、可口可乐等企业。此外,标准实施在引导企业进行温室气体减排、居民转向低碳生活和环境持续改善等方面,都发挥了积极的促进作用。

2. 我国碳排放核算标准

我国正在加快建立统一规范的碳排放统计核算体系。在"双碳"目标提出后,我国加快推进"碳达峰、碳中和"政策体系的顶层设计,2021 年 10 月相继出台《关于完整准确全面贯彻新发展理念做好碳达峰碳中和工作的意见》和《2030 年前碳达峰行动方案》。为贯彻落实两项方案的有关部署,夯实"双碳"工作基础,国家发展改革委、国家统计局、生态环境部于 2022 年 8 月颁布了《关于加快建立统一规范的碳排放统计核算体系实施方案》(简称《方案》)。《方案》提出围绕我国"双碳"工作的阶段特征和目标任务,加快建立统一规范的碳排放统计核算体系,建立科学核算方法,系统掌握我国碳排放总体状况。要求到 2023 年,初步建成统一规范的碳排放统计核算体系;到 2025 年,进一步完善统一规范的碳排放统计核算体系,全面提高数据质量,为"双碳"工作提供全面、科学、可靠的数据支持。

建立碳排放核算体系是一项复杂的系统工程,面向不同层面的碳排放主体,开展核算的重点和方法都不相同。《方案》针对区域层面(国家和地方)、行业企业层面、产品层面三类碳排放核算对象,分别提出工作重点要求。

(1)针对区域层面,提出建立全国及地方碳排放统计核算制度的要求。区域层面的碳排放统计核算主要用于分析区域内的碳排放形势和研究低碳发展路径,为推动区域实现"双碳"目标提供决策支撑。在国家层面,我国尚未推出全国碳排放统计核算体系和指南,主要依据《1996 年 IPCC 国家温室气体清单指南》《国家温室气体清单优良做法和不确定性管理》和《2006 年 IPCC 国家温室气体清单指南》等推荐的方法,进行国家温室气体排放清单编制和报告,包括二氧化碳(CO_2)、氧化亚氮(N_2O)、甲烷(CH_4)、六氟化硫(SF_6)、氢氟碳化物(HFC)和全氟化碳(PFC)六种温室气体,覆盖的排放源包括能源、工业过程和产品使用、农业、林业和其他土地利用、废弃物等五大领域。我国作为《联合国气候变化框架公约》非附件一缔约方,高度重视自己所承担的国际义务,已分别核算并报告了1994 年、2005 年、2010 年、2012 年和 2014 年国家温室气体排放清单,标志着我国温室气体排放透明度和清单编制能力逐步提升。

在省级层面，为进一步加强省级温室气体清单编制能力，国家发展改革委应对气候变化司组织国家发展改革委能源研究所、中国科学院、中国农业科学院、中国环境科学研究院和清华大学等多家单位，在编制国家温室气体清单工作的基础上，参考《IPCC 国家温室气体清单指南》中相关核算理论和方法，于 2011 年共同编制出《省级温室气体清单编制指南》（简称《省级指南》），并在广东、湖北、天津等七个省市进行试点编制。与《IPCC 国家温室气体清单指南》一致，《省级指南》覆盖的排放源包括能源活动、工业和生产过程、农业、土地利用变化和林业、废弃物处理。《省级指南》更适合指导我国开展碳排放核算，其优势在于给出更加符合我国能源消耗结构和排放特征的碳排放因子；促使我国省区层面的碳排放核算更加具有规范性、一致性、科学性和可操作性，为编制方法科学、数据透明、格式一致、结果可比的省级温室气体清单提供有益指导。例如，《省级指南》中不同部门的化石燃料碳氧化率不同，但《IPCC 国家温室气体清单指南》中的碳氧化率则为定值（统一视为完全燃烧的情况），不具针对性。未来随着数据可获得性逐步提高，我国省区层面的碳排放核算将会朝两方面发展：①基于更细的部门分类和能源品种进行核算；②采用本地化的实测碳排放因子，进一步提高碳核算的准确性[9]。

在新形势下，《方案》要求，由国家统计局统一制定全国及省级地区碳排放统计核算方法，明确有关部门和地方对能源活动、工业生产过程、排放因子、电力输入输出等相关基础数据的统计责任，并组织开展全国和各省级地区年度碳排放总量核算。鼓励各地区参照国家和省级地区碳排放统计核算方法，依据数据可得、结果可比和方法可行的原则，制定省级以下地区碳排放统计核算方法。

（2）针对行业企业层面，提出完善碳排放核算机制的要求。为了完善温室气体统计核算制度，构建国家、地方、企业三级温室气体排放核算工作体系，实施重点企业直接报送温室气体排放数据制度，充分反映行业和企业碳排放水平，国家发展改革委在 2013～2015 年先后公布了三批共 24 个行业的企业温室气体排放核算方法与报告指南（见表 2-2）；国家标准化管理委员会在 2015 年发布了《工业企业温室气体排放核算和报告通则》及 10 个重点行业的企业温室气体排放核算和报告相关国家标准（见表 2-3），为企业和相关单位开展温室气体排放量核算、温室气体排放报告编制等工作奠定基础。通过国家核算规范的逐步完善，我国企业碳排放数据的规范性、科学性和完备性均有显著提升[10]。

在新形势下，《方案》对行业企业碳排放核算工作做了进一步部署安排，不断完善碳排放核算机制，切实满足碳排放管理和市场需求。要求组织制修订电力、钢铁、有色、建材、石化、化工、建筑等重点行业碳排放核算方法及相关国家标准，加快建立覆盖全面、算法科学的行业碳排放核算方法体系；企业碳排放核算应依据所属主要行业进行，有序推进重点行业企业碳排放报告与核查机制。

表 2-2 我国温室气体排放核算方法与报告指南

发布时间	文件	行业	名　　称
2013 年 10月 15 日	发改办气候（2013）2526 号	发电	《中国发电企业温室气体排放核算方法与报告指南（试行）》
		电网	《中国电网企业温室气体排放核算方法与报告指南（试行）》
		钢铁	《中国钢铁生产企业温室气体排放核算方法与报告指南（试行）》

续表

发布时间	文件	行业	名　　称
2013 年 10 月 15 日	发改办气候（2013）2526 号	化工	《中国化工生产企业温室气体排放核算方法与报告指南（试行）》
		电解铝	《中国电解铝生产企业温室气体排放核算方法与报告指南（试行）》
		镁冶炼	《中国镁冶炼企业温室气体排放核算方法与报告指南（试行）》
		平板玻璃	《中国平板玻璃生产企业温室气体排放核算方法与报告指南（试行）》
		水泥	《中国水泥生产企业温室气体排放核算方法与报告指南（试行）》
		陶瓷	《中国陶瓷生产企业温室气体排放核算方法与报告指南（试行）》
		民航	《中国民航企业温室气体排放核算方法与报告格式指南（试行）》
2014 年 12 月 3 日	发改办气候（2014）2920 号	石油天然气	《中国石油和天然气生产企业温室气体排放核算方法与报告指南（试行）》
		石油化工	《中国石油化工企业温室气体排放核算方法与报告指南（试行）》
		焦化	《中国独立焦化企业温室气体排放核算方法与报告指南（试行）》
		煤炭	《中国煤炭生产企业温室气体排放核算方法与报告指南（试行）》
2015 年 7 月 6 日	发改办气候（2015）1722 号	造纸	《造纸和纸制品生产企业温室气体排放核算方法与报告指南（试行）》
		其他有色金属	《其他有色金属冶炼和压延加工业企业温室气体排放核算方法与报告指南（试行）》
		电子设备	《电子设备制造企业温室气体排放核算方法与报告指南（试行）》
		机械设备	《机械设备制造企业温室气体排放核算方法与报告指南（试行）》
		矿山	《矿山企业温室气体排放核算方法与报告指南（试行）》
		食品/烟草/酒/饮料/茶	《食品、烟草及酒、饮料和精制茶企业温室气体排放核算方法与报告指南（试行）》
		公共建筑	《公共建筑运营单位（企业）温室气体排放核算方法和报告指南（试行）》
		陆上交通	《陆上交通运输企业温室气体排放核算方法与报告指南（试行）》
		氟化工	《氟化工企业温室气体排放核算方法与报告指南（试行）》
		工业其他行业	《工业其他行业企业温室气体排放核算方法与报告指南（试行）》

表 2-3　　　　　　　　　　　　　我国温室气体排放管理标准

标准号	行业	标　准　名　称
GB/T 32150—2015	—	《工业企业温室气体排放核算和报告通则》
GB/T 32151.1—2015	发电	《温室气体排放核算与报告要求　第 1 部分：发电企业》
GB/T 32151.2—2015	电网	《温室气体排放核算与报告要求　第 2 部分：电网企业》
GB/T 32151.3—2015	镁冶炼	《温室气体排放核算与报告要求　第 3 部分：镁冶炼企业》
GB/T 32151.4—2015	铝冶炼	《温室气体排放核算与报告要求　第 4 部分：铝冶炼企业》
GB/T 32151.5—2015	钢铁	《温室气体排放核算与报告要求　第 5 部分：钢铁企业》
GB/T 32151.6—2015	民用航空	《温室气体排放核算与报告要求　第 6 部分：民用航空企业》
GB/T 32151.7—2015	平板玻璃	《温室气体排放核算与报告要求　第 7 部分：平板玻璃企业》
GB/T 32151.8—2015	水泥	《温室气体排放核算与报告要求　第 8 部分：水泥企业》

标准号	行业	标 准 名 称
GB/T 32151.9—2015	陶瓷	《温室气体排放核算与报告要求　第 9 部分：陶瓷企业》
GB/T 32151.10—2015	化工	《温室气体排放核算与报告要求　第 10 部分：化工企业》

（3）针对产品层面，提出建立健全重点产品碳排放核算方法的要求。目前，我国尚未推出产品碳排放核算的相关标准和指南，进行相关核算时，主要参考国际通用的标准《PAS2050：2011 商品和服务在生命周期内的温室气体排放评价规范》《温室气体核算体系：产品寿命周期核算与报告标准》和《ISO 14067：产品碳足迹量化需求与指南》。产品碳足迹核算需要大量详实的数据支撑，开展产品层面碳排放核算，有助于从全生命周期角度对产品开展低碳评价，促进企业加强碳排放管理，引导消费者进行低碳消费；同时可服务于国内国际双循环，助力我国产品融入国际绿色产业链供应链体系。

在新形势下，《方案》提出要研究制定重点行业产品的原材料、半成品和产品的碳排放核算方法，优先聚焦电力、钢铁、电解铝、水泥、石灰、平板玻璃、炼油、乙烯、合成氨、电石、甲醇及现代煤化工等行业和产品，逐步扩展至其他行业产品和服务类产品。推动适用性好、成熟度高的核算方法逐步形成国家标准，指导企业和第三方机构开展产品碳排放核算。

三、碳排放核算的现状

随着气候变化给人类生活带来了一系列不利影响，各国将视线聚焦于碳排放的相关研究。碳排放核算是准确掌握碳排放变化趋势、有效开展各项碳减排工作、促进经济绿色转型的基本前提。全球不同的研究机构，建立了多维度的碳排放数据库，包含国家、区域、省份、城市、行业、企业和产品等层面，为开展气候变化相关的科学研究提供了坚实的数据支持和理论指导。

1. 联合国气候变化框架公约

1992 年 5 月，联合国政府间谈判委员会通过《联合国气候变化框架公约》，1997 年，第 3 次缔约方大会通过《京都议定书》，首次设立了具有法律效力的温室气体强制限排额度。为考核是否完成减排任务，缔约方需要向《联合国气候变化框架公约》提交国家温室气体排放清单。这些清单按照《IPCC 国家温室气体清单指南》进行编制，格式规范统一。

2. 国际能源署（IEA）

为应对能源危机，IEA 由经济合作发展组织于 1974 年 11 月设立。IEA 致力于促进全球制定合理的能源政策，改进全球的能源供需结构和协调成员国的环境和能源政策。IEA 秘书处已经成为全球能源统计的权威。IEA 数据库包含的温室气体排放信息有总二氧化碳排放量、单位人口二氧化碳排放量、单位 GDP 二氧化碳排放量和能源二氧化碳排放强度等。

3. 世界银行

世界银行归属于联合国，致力于减少贫困、推动共同繁荣、促进可持续发展，是向发展中国家的政府提供资金、政策咨询和技术援助的国际金融机构。世界银行的数据库中包含全球多国的二氧化碳排放量、二氧化碳排放强度、不同燃料（固体燃料、液体燃料和天然气）导致的二氧化碳排放量。

4. 英国石油公司

英国石油公司（British Petroleum，BP）是一家综合性能源企业，向世界提供各种能源产品和服务，并且公开收集包括碳排放数据在内的各类能源相关数据。其中，二氧化碳排放数据自 1965 年起为年度数据，涵盖了全球 92 个国家/地区。

5. 荷兰环境评估机构

荷兰环境评估机构（Netherlands Environmental Assessment Agency）的全球大气研究排放数据库（Emissions Database for Global Atmospheric Research，EDGAR），为科研工作者和决策者提供全球人为排放和排放趋势的独立估计数，包括温室气体、空气污染物和气溶胶的排放。数据库提供了分国家碳排放量、分部门排放量、单位 GDP 排放量及人均排放量，并且所有国家/地区的数据按主要排放源类别提供排放量，在 0.1°×0.1° 的全球网格上进行空间分配。

6. 世界资源研究所（WRI）

WRI 成立于 1982 年，致力于在充分考虑经济发展、自然资源与环境的前提下应对全球的紧迫挑战。数据库提供国家温室气体排放数据和各国的自主贡献（Nationally Determined Contributions，NDCs），可获得国家历年来分部门的温室气体排放、人均温室气体排放、单位 GDP 温室气体排放和国家的 NDCs 等数据。

7. 气候观察

气候观察（Climate Watch）是一个在线平台，使用户能够创建和分享定制的数据可视化，并对国家气候承诺进行比较，提供分国家和分部门的历史温室气体排放量。

8. 全球实时碳数据

全球实时碳数据（Carbon Monitor）包括全球工业、地面运输、航空运输、居民消费等部门排放的高分辨率活动数据，覆盖了日维度的全球二氧化碳排放量，是目前唯一能够提供日维度全球碳排放空间展示的数据平台。

9. 全球碳预算数据库

全球碳预算数据库（Global Carbon Budget）旨在全面刻画全球碳循环的特征，有助于政府和研究机构更深入了解和监测全球碳循环，为不同国家和区域的碳计划提供全球协调平台，有助于加强国家和区域间的碳研究计划合作，为气候政策框架构建提供数据支撑。该数据库每年更新，包含两部分数据：一是全球碳预算，包括人类活动排放到大气中的二氧化碳，以及通过陆地和海洋等吸收（平衡）的二氧化碳；二是国家层面的碳排放清单，包括基于领土的碳排放、基于消费的碳排放和碳排放转移。

10. 美国橡树岭国家实验室二氧化碳信息分析中心

美国橡树岭国家实验室二氧化碳信息分析中心（Carbon Dioxide Information Analysis Centre，CDIAC）提供人为碳排放量、长期气候趋势、陆地生物圈和海洋在温室气体的生物地球化学循环的作用等。CDIAC 数据档案库于 2017 年 9 月结束运营。

11. 中国碳核算数据库

中国碳核算数据库（China Emission Accounts and Datasets，CEADs）由清华大学创建，编制涵盖我国及其他发展中经济体碳核算清单，打造国家、区域、城市、基础设施多尺度统一、全口径、可验证的高空间精度、分社会经济部门、分能源品种品质的精细化碳核算数据平台。

12. 中国多尺度排放清单模型

中国多尺度排放清单模型（Multi-resolution Emission Inventory for China，MEIC）由清华大学自 2010 年起开发并维护,旨在构建高分辨率的中国人为源大气污染物及二氧化碳排放清单，并通过云计算平台向科学界共享数据产品，进而为相关科学研究、政策评估和空气质量管理工作提供基础排放数据支持。

第二节　碳排放核算内容

碳排放核算已成为全球的热点问题，现已初步形成较为完善的碳排放核算体系。本节主要从碳排放核算的体系、主体和质量三个方面，对碳排放核算内容进行介绍。

一、碳排放核算的体系

碳排放核算针对不同层面的核算对象，其核算主体、核算边界和核算方法体系都存在差异。碳排放核算体系存在多种分类标准（见图 2-4）：①按照核算数据的统计方法，可分为自上而下和自下而上的碳排放核算方法；②按照不同的责任分担原则，可分为基于生产责任和基于消费责任的碳排放核算方法。

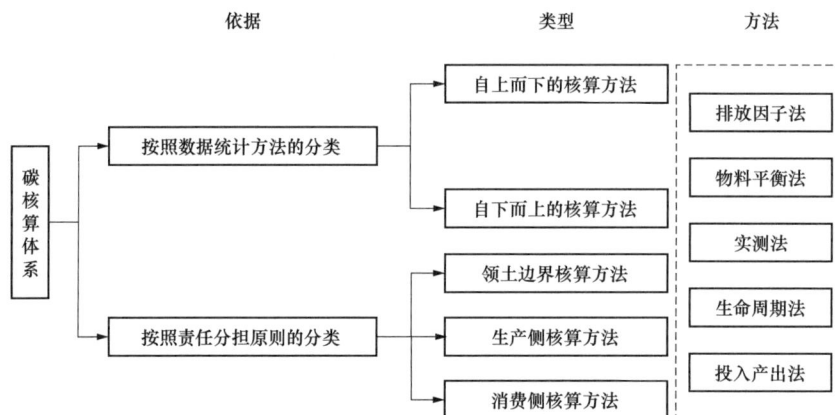

图 2-4　碳核算体系分类

1. 按照数据统计方法分类

碳排放核算的过程中，有效的数据基础是核算的关键，数据的可获得性决定采用核算方法的种类。从数据统计的角度来说，碳排放核算体系可分为自上而下和自下而上的两种碳核算体系。

其中，《IPCC 国家温室气体清单指南》是典型的采用自上而下的核算方法。该指南对国家主要的碳排放源进行多级分类：①划分一级部门，包括能源、工业过程和产品使用、农业、林业和其他土地利用、废弃物等五类；②在一级部门分类下再构建子目录，例如，将能源部门继续细分为能源燃烧、能源逃逸和二氧化碳运输和封存；③直到纳入所有排放源。因此，该指南是采用自上而下的方法，逐层分解来进行碳排放核算。该核算体系具有广泛的一致性，特别在获取国家温室气体排放信息方面具有明显的优势[8]。

自下而上的碳核算体系在企业、产品和项目的核算体系得到了广泛的应用。气候变化压力从政策制定者逐渐向社会个体转移，"双碳"目标的实现，要依靠各类微观排放源进行生产技术改进、能源使用清洁化等方法逐步减少碳排放量。然而，不同行业的生产工艺、产污机理和产污环节均不相同，导致其碳排放特征和相应的管控措施差异较大；同一行业也因生产技术、燃料类别、地区差异和机组规模等不同，导致其碳排放特征差异较大。因此，自下而上的碳核算方式对企业和产品的碳排放核算，精确掌握各类微观排放源（包括企业、组织、项目和消费者）在生产过程或消费过程中的温室气体排放和移除情况，为企业等进行有效的碳资产管理、制定有针对性的碳减排策略，提供了坚实和详细的数据基础。此外，理论上可以通过汇总微观个体的碳排放量，得到一定区域内的碳排放总量。然而现有的自下而上的核算体系，还未全面纳入经济生活的各个方面，不能覆盖所有的产品和企业，只有部分重点企业（如纳入碳排放交易体系的重点控排企业）的信息，无法直接汇总得到区域层面的碳排放总量。同时，在生命周期核算环节、信息报告要求和处理碳抵消活动等方面，现有的标准和体系还有着大量分歧，未来这一领域具有较大的发展空间[8]。

2. 按照责任分担原则分类

经济全球化促进产业分工细化，区域间贸易通常会分割产品的生产和消费环节，导致产品的生产和消费在不同区域进行，即区域贸易不仅仅是产品和服务的交换，同时也是资源和环境的交换。因此，区域间贸易隐含碳排放量的增加，将会导致不同区域在生产责任原则（Production Based Approach，PBA）和消费责任原则（Consumption Based Approach，CBA）下核算的碳排放量的差异逐渐增加。按照不同的责任分担原则，可分为基于生产责任原则和基于消费责任原则的碳排放核算方法。生产侧核算衡量的是一个区域的工业生产和家庭用能过程中产生的碳排放，而消费侧核算则是沿着贸易链追踪产品的最终流向，将生产侧的碳排放量，按照产品中隐含的碳排放转移重新分配给消费者，即核算的是该区域由最终消费导致的碳排放[11]~[13]。其中，基于生产责任原则的碳排放核算方法又可分为领土边界核算方法和生产侧核算方法[7]。

（1）领土边界核算方法，主要以《IPCC 国家温室气体清单指南》为依据，聚焦于本区域内生产侧的碳排放核算，核算部门划分为能源、工业过程和产品使用、农业、林业和其他土地利用、废弃物，主要的核算方法包括排放因子法、物料平衡法和实测法三种方法。

（2）生产侧核算方法，指在领土边界核算方法的基础上，将国际航班和国际邮轮的碳排放量加入核算范围。

（3）消费侧核算方法，指在生产侧核算方法的基础上，将贸易净隐含产生的碳排放量纳入核算范围，一般采用投入产出法进行计算，需要区域间的贸易流动数据和投入产出表数据[11]~[13]。从核算的区域角度来说，领土边界核算方法和生产侧核算方法是针对单一区域内部的碳排放进行核算，而消费侧核算方法针对多个区域间的跨区碳排放进行核算。

二、碳排放核算的主体

本节主要介绍基于领土边界、基于生产侧和基于消费侧的三大碳排放核算体系的核算主体。

进行碳排放核算的首要任务是确定碳核算的边界。只有确定了核算对象的核算边界，才能选择相适应的核算标准和方法，获得计算所需的数据，进而核算出特定主体的碳排放量。WRI 颁布的《温室气体核算体系：企业核算与报告标准》最初在企业维度提出核算范围（Scope）概念，并逐渐应用到不同领域的碳排放核算，其核算范围边界可分为范围 1 排放（Scope 1）、范围 2 排放（Scope 2）和范围 3 排放（Scope 3）[9]，其目的是通过合理划分碳排放源的范围，避免重复计算，同时可以根据核算目的，进行相应的碳排放叠加。

范围 1 是指核算主体边界内所有的直接温室气体排放，主要包括能源、工业过程和产品使用、农业、林业和其他土地利用、废弃物产生的温室气体排放。范围 1 排放包含边界内生产和消费的温室气体排放，以及在边界内生产但在边界外进行消费的温室气体排放。

范围 2 是指能源间接温室气体排放，即发生在核算主体边界外的与能源有关的间接温室气体排放，包含用于边界内生产和消费而外购的电力、加热、制冷等二次能源产生的温室气体排放。虽然这部分温室气体排放产生于电力生产等设施，但可认定为购买电力者的间接温室气体排放。

范围 3 是指其他间接温室气体排放，由核算主体边界内部的生产消费活动引起，产生在边界外，并且未纳入范围 2 的其他间接温室气体排放。例如，在边界外购买的物品，在生产过程、运输途中、使用过程和废弃处理环节所产生的温室气体排放。主要包含不同边界间贸易进口隐含的碳排放，以及边界间的交通碳排放，如国际航班和国际邮轮产生的温室气体排放量。但这些间接温室气体排放所涵盖的范围较广，难以全部精确核算。

由于各维度核算主体（如国家、省份、城市和企业）的生产运营特征、排放特征不同，范围的核算难易程度不同。例如，就跨界交通等活动的归属问题而言，省份和城市的跨界活动比国家间的国际贸易更加频繁，并且区域间未设立类似"海关"的机构，无法记录详细的跨界活动信息；但这部分碳排放对区域层面碳排放核算的准确性有较大影响[14]。因此，应当立足于国情实际和工作基础，在统一规范的碳排放统计核算体系框架下，有序制定各级碳排放统计核算方法并明确核算范围，聚焦核算工作面临的难点（如区域间跨界交通统计的问题），完善相关核算制度和机制，强化各部门工作协调和配合，形成推进合力。

1. 领土边界核算法的核算主体

《联合国气候变化框架公约》所采用的生产者责任原则是目前在全球范围内被各国广泛接受和应用的碳排放责任界定方法。其中，领土边界核算方法基于生产责任原则，对碳排放总量和减排责任进行测度，即一个区域内生产、服务以及出口贸易所导致的所有碳排放。其具体核算部门为能源、工业过程和产品使用、农业、林业和其他土地利用、废弃物，但不包含国际航班和国际邮轮的碳排放。《IPCC 国家温室气体清单指南》推荐的三种具体核算方法包含排放因子法（通过每一种排放源的活动水平数据乘以排放因子来计算碳排放量）、物料平衡法（通过监测过程输入物质与输出物质的含碳量和成分来计算碳排放量）和实测法（通过现场测量和非现场测量来计算碳排放量），具体计算方法，见本章的第三节。

2. 生产侧核算法的核算主体

生产侧碳排放核算，是指核算国家或地区行政边界内因产品或服务生产而产生的直接碳排放，与领土边界的核算方法相同，其核算的碳排放既包含供本地消费的本地区生产过程中产生的碳排放，还包括输出到外地的本地生产过程中产生的碳排放。该方法比基于领土边界的核算方法的范围更广，包括国际交通运输以及国际旅游中的碳排放等[10]。该体系的核算边界和国民经济核算体系（System of National Accounts，SNA）的边界一致，从而能够准确反映经济活动对环境所带来的影响，同时也为从经济活动角度处理环境问题以及分摊环境责任提供数据支持[14]。

由于国际交通运输中能源消耗和碳排放责任难以分配，地域数据难以获得，特别是公海等地属于"公共池塘"，各国碳排放量和责任分担存在争议。根据 SNA 体系，国际交通运输中的碳排放按运营者所属国家算，国际旅游依据居民地址核算，而不按旅游目的地核算。国际交通运输方式主要包括航海和航空两部分，其碳排放的核算方法以排放因子法为基础，但特定活动水平数据会依据交通方式的差异而不同[9]。

3. 消费侧核算法的核算主体

随着全球贸易总量的剧增和产业分工的更加细化，产品的生产和消费通常在不同区域，贸易隐含碳排放量增加。仅从生产侧视角核算碳排放，虽然具备核算步骤简易和数据易得等优点，但是仅考虑了碳排放的生产排放，未纳入生产活动之后的消费活动，不能把碳排放与经济系统进一步结合；并且，忽视贸易对碳排放的影响将会导致碳排放泄漏[15]。与生产责任原则相比，消费责任原则把碳排放责任扩展到不同区域（例如国家、省份和城市）之间，充分考虑区域贸易引致的碳排放，是减轻碳泄漏的合适工具。并且，消费侧碳排放能够反映消费者和贸易受益地区的碳减排责任，不仅能为消费侧减排政策提供数据支撑，而且可以弥补当前单一视角（生产侧或供给侧）减排政策的不足，进而实现发达国家和发展中国家"共同但有区别的责任"。

消费侧的碳排放核算有多种计算方法，其总体思路为"消费侧碳排放量=生产侧碳排放+进口产品的隐含碳－出口产品的隐含碳"。具体核算过程可以基于国际贸易数据和投入产出数据，运用诸如投入产出法、生命周期评价法等经济学方法来计算。投入产出法（Input-Output，I-O）是由里昂惕夫于 1936 年创建的，研究经济系统中的每个部分之间，在产出和投入方面互相依存的经济数量关系。由于该方法直观和简明，被广泛应用于各产业的碳排放量估算，成为当前测算隐含碳的主流方法。当前，投入产出模型可分为单区域投入产出模型和多区域投入产出模型：单区域投入产出模型侧重分析碳排放对一个国家或区域产生的影响，而多区域投入产出模型则侧重于区域间的投入产出关系，用来量化碳排放对多个国家或多区域造成的影响，更符合实际的经济运行；然而，多区域需要以多国的投入产出分析表为基础，给实际操作带来一定的困难性。

生命周期评价法（Life Cycle Assessment，LCA）是用来评估整个生命周期内，不同主体（例如活动、服务、过程或产品）相关的全部产出和投入对环境间接或直接造成影响的方法。当前，已有很多成熟的碳足迹估算方面的标准是基于 LCA 法，例如，《PAS2050：2011 商品和服务在生命周期内的温室气体排放评价规范》《温室气体核算体系：产品寿命周期核算与报告标准》等。

三、碳排放核算的质量

数据质量保证是以数据使用目标为核心，对数据资源本身进行的一系列技术和管理方面的活动总和。碳排放核算涉及的排放主体和气体种类较多，面临的不确定性较大。从控制目标看，质量保证是按照相关需求，契合特定的目标如数据的真实性、公开性、透明度及可重复性等开展的相关行动。从方法技术层面看，校正数据错误和不一致的数据清洗技术，被认为可以解决普遍的质量问题，如重复对象检测、缺失数据处理、异常数据检测、逻辑错误检测、不一致数据处理等。确保得到精确、一致和及时可用的碳排放核算数据。因此，质量保证是实现高质量碳排放核算的关键因素。本节从碳排放核算的不确定性、质量控制和质量保障三方面进行介绍。

1. 不确定性分析

不确定性分析是编制温室气体清单的重要步骤之一。可以通过识别清单不确定性的主要来源，来明确未来清单数据收集和清单质量改进的方向和优先顺序。清单编制不确定性原因为：①缺乏完整性，由于排放机理未被识别，无法获得测量结果；②模型设定误差，精度有限；③缺乏数据，无法获得核算所必需的数据；④数据缺乏代表性，例如只检测了某一特定生产工艺水平下的排放因子，而不同的工艺排放特征差别较大；⑤样品随机误差，与样本数量直接相关；⑥测量误差，例如测量标准和推导资料的偏差等；⑦错误报告或错误分类，造成排放源定义不完整或有错误；⑧丢失数据，例如低于检测最低限度的测量数值[16]。

为降低编制清单不确定性，可按照产生不确定性的原因，从以下几方面入手：①优化模型结构和参数，来降低系统性误差和随机误差；②提高数据的代表性，例如使用烟气排放连续监测系统（Continuous Emissions Monitoring System，CEMS）来监测碳排放数据，得到不同排放源的实时排放数据，可精确刻画其排放特征；③使用更精确的测量方法，确保仪器仪表准确地定位和校准，提高测量的准确度；④增加样本量，降低由随机取样误差导致的不确定性；⑤提高清单编制人员能力，加强对排放源的生产工艺和产污机理的了解[16]。

2. 碳排放核算质量控制

（1）一般质量控制程序。一般质量控制程序包括适用于所有源和汇类别，与计算、数据处理、完整性和归档相关的通用质量检查，一般质量控制活动具体包括：①检查主要参数并归档；②检查数据输入和参考文献中的抄录误差；③检查排放源与吸收汇计算的正确性；④检查是否正确记录了参数、单位及适当的转换系数；⑤检查数据库文件的完整性和一致性；⑥检查排放源、汇类别间数据的一致性；⑦检查处理过程中数据转移的正确性；⑧检查排放和清除的不确定性；⑨检查时间序列一致性；⑩检查完整性。

（2）特定类别质量控制程序。特定类别质量控制是一般质量控制程序的补充，针对个别源或汇类别方法中使用的特定类型的数据。要求明确特定类别、可用数据类型和排放的相关参数，在完成一般质量控制检查后额外执行。特定类别质量控制程序的应用要视具体情况而定，重点放在关键类别和方法学及数据有重大修正的类别。相关的质量控制程序取决于给定类别排放或吸收估算使用的方法。特定类别质量控制活动具体包括：①排放数据的质量控制；②活动水平数据的质量控制；③不确定性估算的质量控制。

3. 质量保证程序

质量保证包括专家同行评审和审计，以评估此次碳排放核算的质量、核算过程程序、文档记录等是否准确、规范，分析需要改进的地方。

专家同行评审主要是通过相关领域专家的评审和研判，确保核算结果和方法科学、合理、准确。评审过程中应加强与核算方法和结果相关的文档记录的评审、查阅。碳排放核算可作为一个整体或部分进行评审。为了进行无偏差评审，需注重评审人技术领域和来源，应选择未参加此次碳排放核算的专家作为评审人，可邀请来自其他机构的独立专家、国内外专家等参加评审。

审计主要是评估碳排放核算人员是否科学合理制定质量控制规范。审计师要尽可能地独立于清单编制者，以便能够对估算过程和数据提供客观评估。审计可以用于核实质量控制步骤是否得到实施、质量控制程序是否已达到数据质量控制目标等，一般不侧重于计算结果的审计。

第三节　碳排放核算方法

碳排放核算方法是在碳排放核算理论基础上形成的针对碳排放数量的计算方法。本节主要介绍基于生产责任原则的三种具体碳排放核算方法，即排放因子法、质量平衡法和实测法。

一、排放因子法

1. 方法概述

排放因子法（Emission-factor Approach），也称作排放系数法，是 IPCC 提出的第一种碳排放核算方法，适用于从生产侧进行碳排放核算，当前已广泛应用于能源、工业过程和产品使用、农业、林业和其他土地利用、废弃物等领域的碳排放核算。排放因子法目前已成为国内外从生产侧编制碳排放清单的主要依据。例如，我国颁布的《省级温室气体清单编制指南》和曼彻斯特大学编制的《温室气体地区清单协定书》都以此为基础。其基本思路是：①将碳排放核算主体进行多级部门分类，划分为不同的碳排放源；②构造每一种碳排放源的活动水平数据（Activity Data）和排放因子（Emission Factor）；③通过活动水平数据和相应的排放因子的乘积，得到每一种排放源生产活动导致的碳排放量。

$$E = A \times EF \qquad (2\text{-}1)$$

式中：E 为温室气体排放量，亿 t，例如二氧化碳、氧化亚氮、甲烷、六氟化硫、氢氟碳化物和全氟化碳等；A 为活动水平数据，TJ，即单个排放源与碳排放直接相关的活动水平信息，可用相应的产品产出量或能源投入量表示；EF 为排放因子，t/TJ，即单个排放源单位产品产量（或能源使用量）导致的碳排放量。

碳排放量主要取决于可获得的活动水平数据和碳排放因子数据。其中，活动水平按照核算主体的不同，可表示国家、区域、行业和企业等维度，其主要来源为国家相关统计数据、排放源普查公报、科学研究报告、组织排放报告和实际监测数据等；碳排放因子获取来源多样（见表 2-4）[17]，例如，IPCC 报告中推荐的缺省值（即根据全球平均水平给出的参考值）和实际监测数据等。

表 2-4   碳 排 放 因 子 来 源[17]

文献类别	出 处	备 注
IPCC 指南	IPCC 网站	提供普适性的缺省因子
IPCC 排放因子数据库（Emission Factors Data Base）	IPCC 网站	提供普适性缺省因子和各国实践工作中采用的数据
国际排放因子数据库：美国环境保护署（USEPA）	美国环保署网站	提供有用的缺省值或可用于交叉检验
EMEP/CORINAIR 排放清单指导手册	欧洲环境机构网站（EEA）	提供有用的缺省值或可用于交叉检验
来自经同行评议的国际或国内杂志的数据	国家参考图书馆、环境出版社、环境新闻杂志、期刊	较为可靠和有针对性，但可得性和时效性较差
其他具体的研究成果、普查、调查、测量和监测数据	大学等研究机构	需要检验数据的标准性和代表性

鉴于碳排放因子的来源众多，IPCC 指南提供了不同碳排放因子的精确程度和选择方法。具体来说，按照精确程度分类：方法 1 使用 IPCC 缺省排放因子；方法 2 使用特定国家或地区的排放因子；方法 3 使用实际测量数据。其中，从方法 1 到方法 3，准确性和精度不断提高：方法 1 准确性最低，指南中的参考值对所有国家均适用，但精确度较低；方法 3 准确度较高，但需要进行大量的监测实验，成本相对较高。不同维度核算主体可按照 IPCC 提供的决策树法选取对应的碳排放因子（见图 2-5）：将最重要的碳排放源定义为关键类别，若碳排放源不属于关键类别，则推荐使用方法 2 或方法 3；若可获取的数据较为详细，则推荐使用方法 3[18]。

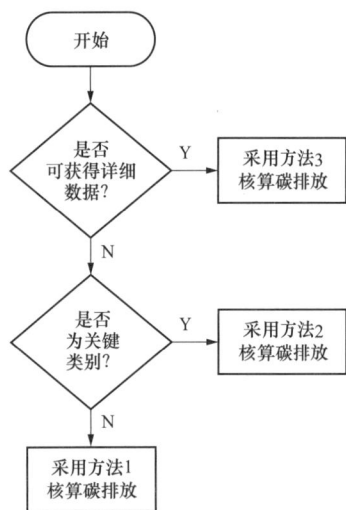

图 2-5 碳排放因子分级方法决策树

2．实际应用

排放因子法是 IPCC 提出的从生产侧核算碳排放量的一种重要方法，该方法以"生产者责任"对碳排放量和减排责任进行测度，目前广泛应用于核算能源、工业过程和产品使用、农业、林业和其他土地利用、废弃物等领域的碳排放。其中，能源活动是经济社会发展的动力，也是碳排放的主要源头。因此，本节分别以宏观维度的省级能源活动碳排放核算和微观维度的电力企业碳排放核算为例，详细介绍如何用排放因子方法进行碳排放核算。

（1）省级能源活动碳排放核算。根据国家发展改革委于 2011 年发布的《省级温室气体清单编制指南》，省级能源活动碳排放核算主体主要包括：化石燃料燃烧活动产生的二氧化碳、甲烷和氧化亚氮排放；生物质燃料燃烧活动产生的甲烷和氧化亚氮排放；煤矿和矿后活动产生的甲烷逃逸排放以及石油和天然气系统产生的甲烷逃逸排放。其中，化石燃料燃烧是最主要的碳排放贡献者，因此，本小节以化石燃料燃烧为例，讲述如何利用排放因子法进行碳排放核算。

1）化石燃料燃烧排放源的界定。化石燃料燃烧碳排放源界定为某一省区市境内不同燃烧设备燃烧不同化石燃料的活动，涉及的温室气体排放主要包括二氧化碳、甲烷和氧化亚氮。

化石燃料可按照不同的标准进行分类。按照部门分类，其排放源可划分为农业部门、工业部门（包括钢铁、有色金属、化工、建材和其他行业等）、交通运输部门（包括民航、公路、铁路和航运等）、服务部门、居民生活部门。

按照技术设备分类，其排放源可划分为固定排放源和移动排放源。固定排放源主要包括发电锅炉、工业锅炉、工业窑炉、户用炉灶、农用机械、发电内燃机、其他设备等（见表2-5）；移动排放源主要包括道路交通、铁路运输、民用航空和水路运输等（见表2-6）。其中，锅炉是一种能量转换设备，将燃料中的化学能、电能，转化成有一定热能的蒸汽、高温水或有机热载体，按照锅炉的用途可分为电站锅炉、工业锅炉和供热锅炉等。工业炉窑是工业生产使用的加热装置，包括燃烧加热装置（火焰炉或燃料炉）和电加热装置（电炉）；其中冶金行业多称为炉，例如烧结炉和加热炉等；硅酸盐行业多称为窑，例如新型干法窑和回转窑等[9]。

表 2-5　　　　　　　　固定源主要排放环节[9]

主 要 排 放 源		主 要 设 备 类 型
固定源	公用电力热力	电站锅炉、供热锅炉等
	钢铁行业	烧结炉、炼焦炉、高炉等
	建材行业	水泥窑、供热锅炉、电站锅炉（自用）等
	化工行业	合成氨造气炉、供热锅炉、电站锅炉（自用）等
	其他行业	供热锅炉、电站锅炉（自用）等
	居民生活	民用炉灶

表 2-6　　　　　　　　移动源主要排放环节[9]

主 要 排 放 源		主 要 设 备 类 型
移动源	道路交通	汽车、电车、拖拉机、助力车等道路移动交通工具
	铁路运输	蒸汽机车、内燃机车和电力机车
	民用航空	民用飞行器
	水路运输	内河、湖泊、远近洋运输的船舶设备等

2）化石燃料燃烧排放特征。

①我国能源消耗量和碳排放量持续增长，已经位于全球第一。能源是经济社会发展的动力，也是碳排放的主要源头。我国能源体系发展的重心主要是围绕经济快速发展的需要，快速实现能源生产与消费规模的增加。随着经济高速发展，我国成为全球最大的能源生产和能源消费国，能源消费结构以煤炭等化石能源为主，导致碳排放量位居全球第一。根据《世界能源统计年鉴》显示，2019 年我国 GDP 占全球比重达 17%，能源消耗量和碳排放量均为全球第一，分别占全球能源总消耗量的 24.2% 和二氧化碳总排放量的 28.6%。我国能源消费量和碳排放量，分别于 2009 年和 2006 年首次超过美国，位居全球第一；2010～2019

年，增长速度分别为 3.5% 和 2.1%，均超过全球平均增速（分别为 1.6% 和 1.0%）。

②高碳化石燃料燃烧是推动碳排放增长的关键因素。我国能源强度持续下降，但与发达国家相比仍然较高。《中国 2060 年前碳中和研究报告》显示，1990～2018 年，我国能源强度快速大幅下降，降幅远超全球平均水平。1978～2018 年，我国能源强度下降驱动二氧化碳减排 65 亿 t，对总减排贡献为 79%。但我国能效水平与发达国家仍有较大差距，我国单位 GDP 能耗是发达国家的 3～4 倍，是美国的 6 倍，日本的 8 倍。相应地，《世界能源统计年鉴》显示我国单位 GDP 二氧化碳排放强度是世界平均水平的 3 倍。

同时，发展不平衡不充分问题依然突出，化石能源为主的能源结构、重型化的产业结构未发生根本性转变，经济发展与碳排放高度耦合。高碳化石能源结构导致碳排量增加。2019 年，我国化石能源占能源消费总量的 84.7%，其中碳强度最大的煤炭占比约 57.7%，呈现"一煤独大"的格局；而清洁能源占一次能源的比重仅为 15.3%，低于全球平均水平。从能源碳排放结构来看，我国的二氧化碳排放量主要来自煤炭燃烧。根据 CEADs 显示如图 2-6 所示（数据来源：CEADs 数据库），2018 年我国煤炭、石油和天然气燃烧的二氧化碳排放量分别占总排放量的 75.6%、13.5% 和 4.2%，煤炭燃烧是最主要的碳排放源。

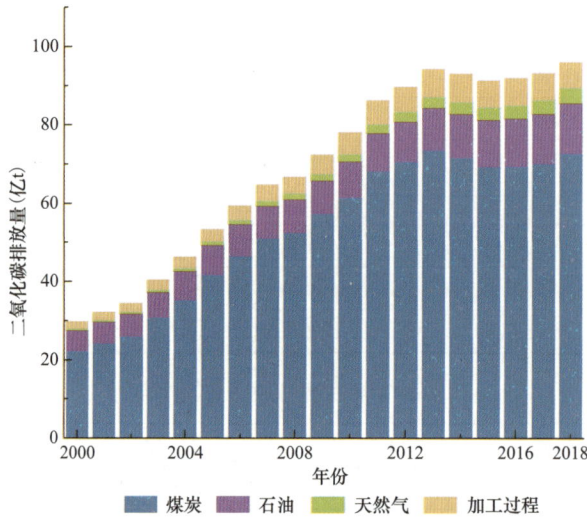

图 2-6　中国分能源二氧化碳排放量（2000～2018 年）

因此，同发达国家相比，我国的能源产业结构不同，碳排放量巨大，需制定中国特色的碳核算体系[19]。

③化石燃料燃烧核算方法。

（a）公式概述。省级化石燃料燃烧碳排放核算，可采用以详细技术为基础的部门方法。该方法将化石燃料的燃烧按照部门、燃料和技术的差异，划分为不同级别的排放源；获取基于分部门、分燃料品种、分设备的燃料消费量等活动水平数据，以及相应的碳排放因子等参数；通过逐层累加综合计算得到总排放量。计算公式如下：

$$E_{i,j,k} = \sum\sum\sum A_{i,j,k} \times EF_{i,j,k} \qquad (2\text{-}2)$$

式中：下标 i、j 和 k 分别为燃料类型、部门活动和设备类型；E 为温室气体排放量，亿 t；

A 为活动水平数据，TJ，即化石燃料消费量，用热值表示，需要通过将实物量数据乘以折算系数获得；*EF* 为排放因子，t/TJ。

其中，涉及的化石燃料种类包括：第一类煤炭、焦炭、型煤等，其中煤炭又分为无烟煤、烟煤、炼焦煤、褐煤等；第二类原油、燃料油、汽油、柴油、煤油、喷气煤油、其他煤油、液化石油气、石脑油、其他油品等；第三类天然气、炼厂干气、焦炉煤气、其他燃气等。

该方法的具体计算步骤如下：第一步，确定清单采用的技术分类，基于地区能源平衡表及分行业、分品种能源消费量，确定分部门、分品种主要设备的燃料燃烧量；第二步，基于设备的燃烧特点，确定分部门、分品种主要设备相应的排放因子数据，对于二氧化碳排放因子，也可以基于各种燃料品种的低位发热量、含碳量和主要燃烧设备的碳氧化率确定；第三步，根据分部门、分燃料品种、分设备的活动水平与排放因子数据，估算每种主要能源活动设备的温室气体排放量；第四步，加总计算出化石燃料燃烧的碳排放量。

（b）活动水平数据及其来源。采用详细技术为基础的部门方法，对化石燃料燃烧碳排放量进行核算时，需要收集分部门、分能源品种、分主要燃烧设备的能源活动水平数据。

其中，部门可参照上述的部门排放源分类，并且结合各省市的具体情况划分；化石燃料品种可参照上述的燃料分类，结合相关能源统计年鉴中的能源分类划分；设备可根据各部门的重点排放源分类方式划分。基于详细技术分类的活动水平数据来源包括：《中国能源统计年鉴》中有关省市能源平衡表和工业分行业终端能源消费；电力部门、交通部门、航空公司等相关统计资料；具体拆分到部门如钢铁、有色、化工等行业时，还需根据相应行业统计数据及专家估算。

（c）排放因子数据及其确定方法。

不同燃料的碳排放因子计算公式如下：

$$EF_i = CA \times O \times \frac{44}{12} \times H_i \tag{2-3}$$

式中：*CA* 为燃料的碳含量，kg/GJ；*O* 为燃料的氧化率，%；*H* 为热值（固体和液体燃料单位为 kJ/g，气体燃料的单位为 MJ/Nm^3）；44/12 表示二氧化碳与碳的分子重量比。

其中，各种燃料品种的单位发热量和含碳量，各种燃料主要燃烧设备的碳氧化率，以及移动源主要燃烧设备的甲烷和氧化亚氮的排放因子原则上需要通过实际测试获得，以便正确反映当地燃烧设备的技术水平和排放特点。如当地数据无法获得，可以采用《省级温室气体清单编制指南》推荐的化石燃料燃烧温室气体排放因子或利用 IPCC 国家温室气体清单指南推荐的缺省排放因子[16]。

（2）电力企业碳排放核算。

1）电力企业排放源的界定。根据国家发展改革委等于 2013 年发布的《中国发电企业温室气体排放核算方法与报告指南（试行）》，电力企业核算的温室气体为二氧化碳（不核算其他温室气体排放），排放源包括化石燃料燃烧产生的二氧化碳排放、脱硫过程的二氧化碳排放、企业净购入使用电力产生的二氧化碳排放。企业厂界内生活耗能导致的碳排放不进行核算。对于生物质混合燃料燃烧发电和垃圾焚烧发电引起的二氧化碳排放，仅统计混合燃料中化石燃料（如燃煤）的二氧化碳排放。

2）电力企业碳排放特征。我国电力企业是碳排放的主要贡献者，成为当前主要的碳管控对象。2021 年，我国煤电装机容量位居全球第一，煤电装机量和发电量分别高达 11.1 亿 kW 和 5.0 万亿 kWh，分别占全国总电源装机容量和总发电量的 47% 和 60%，均占全球总量的一半以上。2019 年，我国煤炭消费和煤电生产导致的二氧化碳排放占比分别达到 76% 和 43%。2021 年，全国碳排放权交易市场正式启动上线交易，首先纳入电力行业超 2000 家的重点控排企业，电力行业在碳市场的地位举足轻重。

因此，科学、准确和规范的电力企业碳排放核算方法指南，可以帮助企业科学核算和规范报告自身的碳排放，制定企业的碳减排计划，积极参与碳排放交易，直接影响到企业的碳资产管理，关系到企业的经济利益以及碳交易市场未来的可持续发展。同时也为主管部门建立并实施重点企业碳排放报告制度奠定基础，为掌握重点企业碳排放情况，制定相关碳减排政策提供支撑，是电力行业实现"双碳"目标的基石。

3）电力企业碳排放核算方法。

（a）总体核算思路。发电企业的碳排放总量等于企业边界内化石燃料燃烧排放、脱硫过程的排放和净购入使用电力产生的排放之和，计算公式如下：

$$E = E_{燃烧} + E_{脱硫} + E_{电} \tag{2-4}$$

式中：E 为二氧化碳排放总量，t；$E_{燃烧}$ 为燃烧化石燃料产生的二氧化碳排放量，t；$E_{脱硫}$ 为脱硫过程产生的二氧化碳排放量，t；$E_{电}$ 表示净购入使用电力产生的二氧化碳排放量，t。

（b）化石燃料燃烧排放核算。化石燃料燃烧产生的二氧化碳排放，计算公式如下：

$$E_{燃烧} = \sum A_i \times EF_i \tag{2-5}$$

式中：i 为燃料类型；A 为化石燃料活动水平，TJ，以热值表示；EF 为燃料的排放因子，$t\,CO_2/TJ$。

第 i 种化石燃料的活动水平按公式（2-6）计算：

$$A_i = FC_i \times NCV_i \times 10^{-6} \tag{2-6}$$

式中：FC 为化石燃料的消耗量（固体和液体燃料单位为 t，气体燃料单位为 $10^3\,Nm^3$）；NCV 为化石燃料的平均低位发热值（固体和液体燃料单位为 kJ/kg，气体燃料单位为 kJ/Nm^3）。

其中，化石燃料的消耗量来源于企业能源消费台账或统计报表，其测量仪器的标准应符合《用能单位能源计量器具配备和管理通则》（GB 17167—2006）的相关规定。低位发热值的测量按照相关要求：燃煤低位发热值每天至少测量一次，年平均值由日平均值加权计算得到，其权重是燃煤日消耗量；燃油低位发热值按每批次测量，年平均值由每批次平均值加权计算得到，其权重为每批次燃油消耗量；天然气的低位发热值，每月至少测量一次，年平均值由月平均值加权计算得到，其权重为天然气月消耗量。

第 i 种化石燃料的碳排放因子按公式（2-7）计算：

$$EF_i = CC_i \times OF_i \times \frac{44}{12} \tag{2-7}$$

式中：CC 为化石燃料的单位热值含碳量，t/TJ；OF 为化石燃料的碳氧化率，%；44/12 为二氧化碳与碳的分子重量比。

其中，燃煤的单位热值含碳量计算方法为：企业每天采集缩分样品，每月的最后一天混合该月每天获得的缩分样品，进而测量其元素碳含量；燃煤年平均单位热值含碳量由月平均值加权计算得到，其权重为入炉煤月消费量；燃油和燃气的单位热值含碳量可采用《省级温室气体清单编制指南》的推荐值。

（c）脱硫过程排放核算。针对燃煤机组，脱硫过程的二氧化碳排放要纳入核算范围，通过碳酸盐的消耗量乘以排放因子得出，计算公式如下：

$$E_{脱硫} = \sum CAL_k \times EF_k \qquad (2\text{-}8)$$

式中：k 为脱硫剂类型；CAL 为脱硫剂中碳酸盐消耗量，t；EF 为脱硫剂中碳酸盐的排放因子，$t\, CO_2/TJ$，可采用《中国发电企业温室气体排放核算方法与报告指南（试行）》的推荐值。

脱硫剂中碳酸盐年消耗量按公式（2-9）计算：

$$CAL_{k,y} = \sum B_{k,m} \times I_k \qquad (2\text{-}9)$$

式中：下角标 m 和 y 分别表示月和年；$B_{k,m}$ 为脱硫剂的消耗量，t；I_k 为脱硫剂中碳酸盐含量，t。

其中，脱硫过程使用的脱硫剂（如石灰石等）月消耗量，可通过每批次或每天测量值加和得到；如果企业未进行测量或者测量值不可得，可采用结算发票替代。脱硫剂中碳酸盐含量取缺省值 90%。

（d）净购入使用电力排放核算。针对净购入使用电力产生的二氧化碳排放，通过净购入电量乘以该区域电网平均供电排放因子得出，计算公式如下：

$$E_{电} = A_{电} \times EF_{电} \qquad (2\text{-}10)$$

式中：$A_电$ 为企业的净购入电量，MWh；$EF_电$ 为区域电网年平均供电排放因子，$t\, CO_2/MWh$。

其中，净购入电力的活动水平数据来自发电企业电表记录的读数；若没有，以供应商提供的电费发票或者结算单等结算凭证为依据。电力排放因子应按照企业生产地址，以及当前的东北、华北、华东、华中、西北、南方电网划分，选用国家主管部门最近年份公布的相应区域电网排放因子进行计算。

二、质量平衡法

1. 方法概述

质量平衡法（mass-balance approach），也称作物料衡算法，是一种根据质量守恒定律提出的方法，在温室气体排放计算中，用投入物质的含碳量减去产出物质中的含碳量进行平衡计算；不但适用于整个生产过程的碳排放量核算，还适用于某一局部生产过程的碳排放量核算。此方法的优势在于能够反映碳排放发生地的实际排放量，可以区分各类设施之间的差异，分辨单个和部分设备之间的区别；尤其当年际间设备持续更新的状况下，此方法计算较为简便[17]。但由于测量物质的成分和碳含量较为困难，一般工业过程中较少使用质量平衡法。

质量平衡法的计算公式为：

$$E = \sum M_i \times C_i - \sum M_j \times C_j \qquad (2\text{-}11)$$

式中：i 和 j 分别为投入物质和产出物质的类型；E 为温室气体排放量；M 为物质的质量；C 为物质的含碳量。

2. 实际应用

质量平衡法原理是投入生产的物质能量总和等于所有产出的物质能量总和，即根据物质能量总和与产物能量总和的差值，估算排放物的能量总和。本节以固体废弃物处理碳排放核算为例，详细介绍如何用质量平衡方法进行碳排放核算。

（1）废弃物处理排放源的界定。废弃物处理碳排放清单包括城市固体废弃物（主要是指城市生活垃圾）填埋处理产生的甲烷排放量，生活污水和工业废水处理产生的甲烷和氧化亚氮排放量，以及固体废弃物焚烧处理产生的二氧化碳排放量。

固体废物按来源可分为城市固体废弃物、工业固体废弃物和农业固体废弃物。其中，废弃物填埋碳排放主要核算城市生活垃圾填埋排放的甲烷。

（2）废弃物处理排放特征。当前，我国已超过美国成为世界最大的城市固体废弃物和工业固体废弃物生成地。我国城市固体废弃物和工业固体废弃物的产生量，于 2009 年分别达到 1.57 亿 t 和 20.3 亿 t。研究废弃物的碳排放趋势，核算其碳排放量比重，对我国全面掌控不同排放源的排放状况，设计相关领域的碳减排政策具有重大意义。

根据《IPCC 国家温室气体清单指南》，废弃物产生的碳排放主要有固体废弃物填埋处理、固体废弃物生物处理、废弃物的焚化与露天燃烧、废水处理与排放 4 种来源。其中，固体废弃物填埋处理是废弃物温室气体最大的排放来源。固体废弃物填埋处理时，甲烷菌使其含有的有机物质发生厌氧分解，产生甲烷。而甲烷产生率取决于废弃物的含碳量。因此，随着废弃物中可降解有机碳逐渐被细菌消耗，其排放量将趋于下降[20]。

（3）废弃物处理碳排放核算方法。

1）总体核算思路。采用《省级温室气体清单编制指南》推荐的质量平衡法，假设所有潜在的甲烷均在处理当年就全部排放完。这种假设虽然在估算时相对简单方便，但会高估甲烷的排放。其计算步骤为：第一步，获取活动水平数据，从《中国城市建设统计年鉴》中收集城市固体废弃物的产生量和填埋处理比例或者直接获得填埋量，通过城建部门获得城市生活垃圾的成分比例。第二步，确定排放因子及相关参数，首先根据统计调查垃圾填埋场管理水平，计算各管理类型的甲烷修正因子；其次基于垃圾成分计算可降解有机碳；最后根据各地实际情况测量或者采用推荐值确定甲烷在填埋气中的比例、甲烷回收量和氧化因子。第三步，根据活动水平数据和排放因子，估算得出各管理类型的城市生活垃圾填埋处理甲烷排放量，求和得出城市生活垃圾填埋处理甲烷排放总量。其计算公式如下：

$$E = (MSW_T \times MSW_F \times L_0 - R) \times (1 - OX) \tag{2-12}$$

式中：E 为甲烷排放总量，万 t/年；MSW_T 指总的城市固体废弃物产生量，万 t/年；MSW_F 为城市固体废弃物填埋处理率，%；L_0 为各管理类型垃圾填埋场的甲烷产生潜力，万 t CH_4/万 t 废弃物；R 为甲烷回收量，万 t/年；OX 为氧化因子。其中：

$$L_0 = MCF \times DOC \times DOC_f \times F \times \frac{16}{12} \tag{2-13}$$

式中：MCF 为各管理类型垃圾填埋场的甲烷修正因子（比例）；DOC 为可降解有机碳，kg 碳/kg 废弃物；DOC_f 为可分解的 DOC 比例；F 为垃圾填埋气体中的甲烷比例；16/12 为甲烷/碳分子量比率。

2）活动水平及其来源。固体废弃物处置甲烷排放估算所需的活动水平数据包括城市固体废弃物产生量、城市固体废弃物填埋量、城市固体废弃物物理成分。各省区市的城市固体废弃物数据，可从各省区市的住房和城乡建设厅等相关部门的统计数据中获得。城市固体废弃物成分可通过收集垃圾处理场所相关监测分析数据或有关研究报告获得。对有条件的省区市则可定期进行监测和采样分析得出[16]。

3）排放因子及其来源。估算固体废弃物填埋处理温室气体排放时需要的排放因子包括[16]：①甲烷修正因子主要反映不同区域垃圾处理方式和管理程度。垃圾处理可分为管理的和非管理的两类，其中非管理的又依据垃圾填埋深度分为深处理（＞5m）和浅处理（＜5m），不同的管理状况，*MCF*的值不同。②可降解有机碳是指废弃物中容易受到生物化学分解的有机碳，单位为每千克废弃物（湿重）中含多少千克碳。*DOC*的估算是以废弃物中的成分为基础，通过各类成分的可降解有机碳的比例平均权重计算得出。③可分解的*DOC*的比例表示从固体废弃物处置场分解和释放出来的碳的比例，表明某些有机废弃物在废弃物处置场中并不一定全部分解或是分解得很慢。可采用《省级温室气体清单编制指南》推荐值0.5（0.5～0.6包括木质素碳）作为可分解的*DOC*比例，如果数据可获得也可以采用类似地区的可分解的*DOC*比例。④垃圾填埋场产生的填埋气体主要是甲烷和二氧化碳等气体。甲烷在垃圾填埋气体中的比例（体积比）一般取值范围在0.4～0.6之间，平均取值推荐为0.5，取决于多个因素，包括废弃物成分（如碳水化合物和纤维素）。若有省区市特有的垃圾填埋场的相应监测数据，建议使用省区市特有值。⑤甲烷回收量是指在固体废弃物处置场中产生的，并收集和燃烧或用于发电装置部分的甲烷量。各省区市要根据各自的实际回收利用情况，可以记录甲烷的回收量，特别是如果有甲烷用于发电或其他利用，应做详细记录，并在总的排放中去掉这部分。⑥氧化因子是指固体废弃物处置场排放的甲烷在土壤或其他覆盖废弃物的材料中发生氧化的那部分甲烷量的比例。对于比较合格的管理型垃圾填埋场的氧化因子取值为0.1，如果使用其他氧化因子则需要给出明确的文件记录和相应的参考文献。

三、实测法

1. 方法概述

实测法（Experiment Approach）基于排放源实测基础数据，进行汇总从而得到相关碳排放量，分为现场测量和非现场测量。现场测量一般是在烟气排放连续监测系统（CEMS）中搭载碳排放监测模块，通过连续监测浓度和流速直接测量其排放量；非现场测量是通过采集样品送到有关监测部门，利用专门的检测设备和技术进行定量分析。其中，现场实测通过CEMS系统连续监测浓度和流速直接测量碳排放量，并进行碳平衡计算：

$$E = C \times Q \times T \tag{2-14}$$

式中：*E*为温室气体排放量；*C*为CO_2平均质量浓度，t/m^3；*Q*为气体体积流量，m^3/h；*T*为企业设备的生产时间，h。

实测法中间环节少、结果准确，但数据获取相对困难，投入较大；在监测位点具有代表性的前提下，实测法的碳计量数据的准确性高于核算法，且可实时更新，中间过程少，操作简单。特别在燃煤电厂存在严重掺烧现象时，核算法会导致偏差较大。适用于对连续稳定的排放源的碳排放量进行测量，例如在火电厂、钢铁厂和水泥厂的烟囱排口处进行测量（位于废气处理设施出口的后端）。CEMS 系统可实时动态监管工厂的碳排放量，大幅提高政府的监管效率，并有效降低其监管成本。同时，也可为企业的碳排放交易提供实时、准确的碳排放量数据，有助于企业更精准、高效地进行碳资产管理，制定有针对性的碳减排策略。

2. 实际应用

实测法在欧美国家已经发展较为成熟，形成完整的碳数据库，并将实际测试的数据用于科学研究。

（1）美国。美国出台相关技术标准和规范，规定受酸雨计划约束的、装机容量在 25MW 以上的燃煤机组须按规定安装 CEMS 监测系统，进行碳排放的监测，并进行美国温室气体强制性报告。因此，当前美国火电主要采用在线监测法核算碳排放量，美国环保署数据显示，2011～2017 年，美国采用 CEMS 进行监测的燃煤电厂数量大约已达 2/3，CEMS 在美国已成为主流的碳排放核算方法[19]。

（2）欧盟。欧盟目前普遍采用核算法和在线监测法，进行碳排放核算。欧盟重视 CEMS 监测发展，规定 CEMS 监测数据质量与核算法数据质量等同，并且颁布一系列官方的指南和标准，对 CEMS 进行质量控制，保证其准确性和可靠性。提出要增强在线监测法的认可度和核算数据质量，对规模超过 20MW 的火电机组核算数据采取规范化管理。至 2020 年，22 个欧洲国家约 140 台机组采用在线监测法。

（3）中国。我国目前用于监测二氧化碳的 CEMS 在线监测系统较少，并且缺乏相关的法规体系。但 CEMS 在线监测系统已广泛用于监测大气污染物（包含 SO_2、NO_x、颗粒物）的排放，已建立了较为全面的法规体系，并作为执法依据，如关停排放不达标企业、《环境保护税法》减免幅度确定。这为下一步全面开展二氧化碳在线监测提供了坚实的理论基础和管理经验。

为有效监管工业行业大气污染物排放标准的实施情况，生态环境部于 2007 年建立了 CEMS，对我国工业高排放源的烟囱排口大气污染物排放进行实时监测。为保证 CEMS 数据的质量和可靠性，我国制定了一系列具体法规和技术指南，让工厂和地方政府在 CEMS 系统运行的所有过程中分别行执行和监督[21]～[24]。这些法规文件详细规范了 CEMS 系统运行的所有过程，不仅包括 CEMS 设备的安装、操作、调试、检查、维护和维修，还包括 CEMS 数据的收集、处理、报告、分析、审核和存储。我国为保证 CEMS 的可靠性，具体做出的措施包括：

1）颁布一系列官方具体规范和技术指南。如《固定源废气监测技术规范（HJ/T 397—2007）》[25]《固定污染源烟气排放连续监测技术规范（试行）（H/JT 75—2007）》[26]《固定污染源烟气（SO_2、NO_x、颗粒物）排放连续监测系统技术要求及检测方法（HJ 76—2017）》[27]《固定污染源烟气（SO_2、NO_x、颗粒物）排放连续监测技术规范（HJ 75—2017）》[28]。这些已发布的规范和指南，指导工业工厂和地方政府分别执行和监督 CEMS 仪器的操作、维护和检查（在采样系统和监测系统中），以及 CEMS 数据的记录、收集、处理和存储（在数据处理系统中）。

2）要求工厂定期进行 CEMS 校准、维护和校验。根据 CEMS 相关规范规定[26][28]，对于具有自校准功能的 CEMS 仪器（测量颗粒物），最少每 24h 需要进行 1 次 CEMS 校准（包括零点和量程校准）；没有自校准功能的 CEMS（测量颗粒物），最少每 15 天需要进行

1 次 CEMS 校准；没有自校准功能的 CEMS（基于抽取式测量 SO_2 和 NO_x），最少每 7 天需要进行 1 次 CEMS 校准。对于 CEMS（基于抽取式测量 SO_2 和 NO_x），最少每 3 个月需要进行 1 次全系统的校验（包括零点漂移、示值误差和量程漂移等测试）。规范要求对 CEMS 仪器进行定期的维护。在机器设备停炉至开炉前，清洗光学镜面；最少每 30 天清洗一次玻璃窗，并且检查光路、空气压缩机或鼓风机、软管、过滤器等；最少每 3 个月检查一次过滤器、取样探头、管道、转换器、空气冷却器和泵隔膜。规范要求对 CEMS 仪器进行定期的校验。要求最少每 6 个月进行 1 次校验，比较利用参比方法的测量数据和同一时期 CEMS 的测量数据。

3）引入有资质的第三方采用参比方法，对比采样分析结果和 CEMS 监测结果，从相对精度、相对误差和绝对误差等方面，来验证 CEMS 监测数据的准确性，所有相关的结果都应被记录并存档，以防止数据造假[29]。

4）地方环境主管部门应当进行监督性监测。要求地方政府环境主管部门对国家重点监控企业最少每 1 个季度进行 1 次检查，包括对手工监测和自动监测数据的审。地政府通过在线监管平台向公众公布检查结果。如果工厂 CEMS 数据造假（例如删除、篡改和伪造 CEMS 数据），将被实施严厉的经济处罚和刑事处罚。

经过上述的一系列的规范和保障，提高了 CEMS 数据的可靠性。相比于核算法，引入 CEMS 监测的烟囱维度的、实时的大气污染物排口监测数据，改进传统的计算方法，提升核算精度：①基于 CEMS 实时测量数据来核算大气污染物排放强度和排放量，可降低平均排放因子（依赖于许多假设和不确定参数）导致的不确定性；②基于烟囱排口维度、实时测量的 CEMS 浓度数据提供了丰富的排放信息，可精确反映每个机组动态的排放行为，大幅提高了数据估算的时空精度；③CEMS 浓度数据实时更新，可及时更新大气污染物排放强度，对近期清洁空气政策的减排效果进行事后分析。

我国开始推行二氧化碳在线监测系统的运行。2020 年 11 月，中国标准化协会发布《火力发电企业二氧化碳排放在线监测技术要求》团体标准；2021 年 12 月，首个《火电厂烟气二氧化碳排放连续检测技术规范》行业标准颁布；2022 年 8 月，《关于加快建立统一规范的碳排放统计核算体系实施方案》颁布，提出加强行业碳排放统计监测能力建设，健全电力、钢铁、有色、建材、石化、化工等重点行业能耗统计监测和计量体系。在"双碳"目标下，我国正以火电企业为示范大力发展实测法，未来电厂的实测法将进入快速发展阶段。

综合比较排放因子法、质量平衡法和实测法的优缺点、适用的尺度和对象及应用状况见表 2-7。

表 2-7　　　　　　　　　　　碳 排 放 算 方 法 对 比[17]

类别	优 点	缺 点	尺度	适用对象	应用现状
排放因子法	1. 简单明确易于理解； 2. 有成熟的核算公式和活动数据、排放因子数据库； 3. 有大量应用实例参考	对排放系统自身发生变化时的处理能力较质量平衡法要差	宏观 中观 微观	社会经济排放源变化较为稳定，自然排放源不是很复杂或忽略其内部复杂性的情况	1. 广为应用； 2. 方法论的认识统一； 3. 结论权威

续表

类别	优 点	缺 点	尺度	适用对象	应用现状
质量平衡法	明确区分各类设施设备和自然排放源之间的差异	需要纳入考虑范围的排放的中间过程较多，容易出现系统误差，数据获取困难且不具权威性	宏观中观	社会经济发展迅速、排放设备更换频繁，自然排放源复杂的情况	1．方法论认识尚不统一； 2．具体操作方法众多； 3．结论需讨论
实测法	1．中间环节少； 2．结果准确	数据获取相对困难，投入较大受到样品采集与处理流程中涉及的样品代表性、测定精度等因素的干扰	微观	小区域、简单生产链的碳排放源，或小区域、有能力获取一手监测数据的自然排放源	1．应用历史较长； 2．方法缺陷最小但数据获取最难； 3．应用范围窄

本 章 知 识 结 构 图

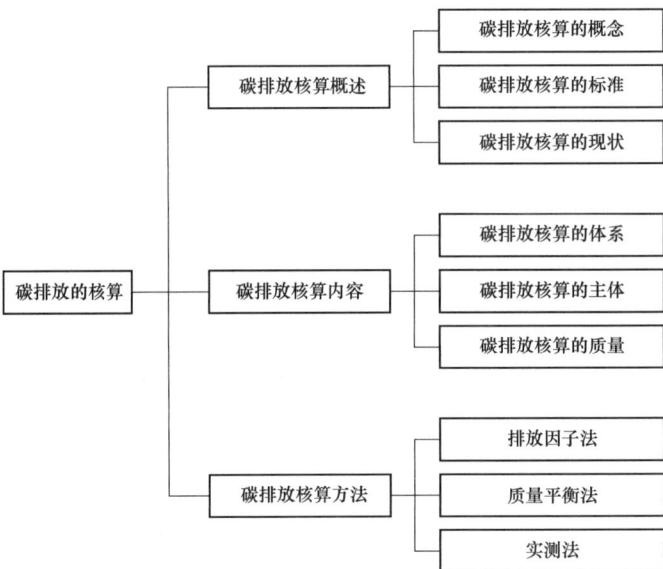

思 考 题

1．碳排放核算的主体以及核算气体种类包括哪些？

2．碳排放核算有哪些国际和国内的标准？这些标准的核算主体是什么？

3．碳排放核算的边界如何划分？不同边界具体包含哪些排放源？

4．碳排放核算体系有哪几种分类方法？每种分类方法下，具体包含哪些核算原则？

5．如何保证碳排放核算的质量？

6．碳排放核算有哪些不确定性来源？

7．排放因子法的思路是什么？如何确定排放因子使用的优先级？

8．质量平衡法的思路是什么？

9．实测法的思路是什么？适用于哪些排放源的核算？

10．阐述排放因子法、质量平衡法和实测法的优缺点。

第三章 碳资产管理

碳资产是由碳排放权交易机制产生的新型资产，能够在市场上的主体参与者中进行交易，具有储存、流通以及交易的功能。特别在全球实现净零排放目标的进程中，进行碳资产管理将愈发重要。本章主要从碳资产管理的概念、内容及其衍生服务等方面介绍碳资产管理体系。

第一节 碳资产管理概述

碳资产是企业获得的额外产品，是可以出售的资产，同时还具有可储备性。本节主要介绍碳资产的概念与类型、碳资产管理的内涵、价值和框架。

一、碳资产的概念与类型

1. 碳资产的产生

气候变化影响人类生存与发展，会直接或间接对自然系统和社会经济系统产生影响，是各国共同面对的重大挑战。IPCC 在第四次评估报告中指出，在 21 世纪全球气候变化带来的影响会超出地球生态系统的恢复能力，导致不可逆转的海平面上升、冰川融化、洪涝干旱加剧及其他气象灾害、海洋酸化、物种消失和疾病传播等后果，显著增加人类社会的气候风险成本。气候属于典型的公共物品，需要国际社会共同合作应对气候变化。国际组织和各国政府已经采取积极措施应对气候变化行动。1992 年 5 月，联合国政府间谈判委员会通过 UNFCCC，旨在全面控制温室气体排放以应对全球变暖。国际社会围绕细化执行该公约持续谈判，进程可分为 1995～2005 年、2007～2010 年、2011～2015 年、2015 年以后 4 个阶段，分别签署了《京都议定书》《哥本哈根协议》和《巴黎协定》等，如图 3-1 所示（数据来源：Our World in Data 世界银行）；至 2020 年，世界各国相继提出将"碳中和"作为重要的战略目标。

其中，《京都议定书》作为全球范围内首个签订的具有法律效力的协定，规定了主要发达国家 2012 年前的阶段性减排目标，并提出采用市场机制来控制温室气体的排放，创新了包括清洁发展机制项目（Clean Development Mechanism，CDM）在内的三种灵活市场机制。在此背景下，欧盟于 2005 年启动了欧盟排放交易体系（European Union Emission Trading Scheme，EU ETS），将温室气体排放权作为可交易的商品，使其成为有价资产，并为市场参与者提供交易平台，是一种以最低经济成本实现温室气体减排的方式。碳排放权交易机制的成效逐渐被认可，全球各区域陆续启动碳交易市场。2021 年 7 月，我国正式启动全国碳排放权交易市场，首批纳入重点排放单位超过 2000 家，将成为全球覆盖温室气体排放量规模最大的市场。

碳排放交易的理论基础为碳排放权，是利用市场机制控制和减少温室气体排放、推动经济发展方式绿色低碳转型的一项重要制度创新，使得碳排放权能够在市场上的主体参与者中进行交易，碳排放配额和碳减排信用拥有了储存、流通以及交易的功能，形成一种新型资产——碳资产。碳市场的运营和发展，提高了碳资产管理能力，扩展了低碳技术研发和低碳项目融资来源，催生了碳核查、碳会计、碳审计、碳资产管理、碳金融和碳交易等新业务和就业岗位。在全球推进"碳中和"目标进程，以及深度治理气候变化问题的浪潮中，碳资产管理的作用将愈发重要，将会成为下一轮经济增长的支撑点，对企业、社会和环境的相互协调统一发展做出重要的贡献。

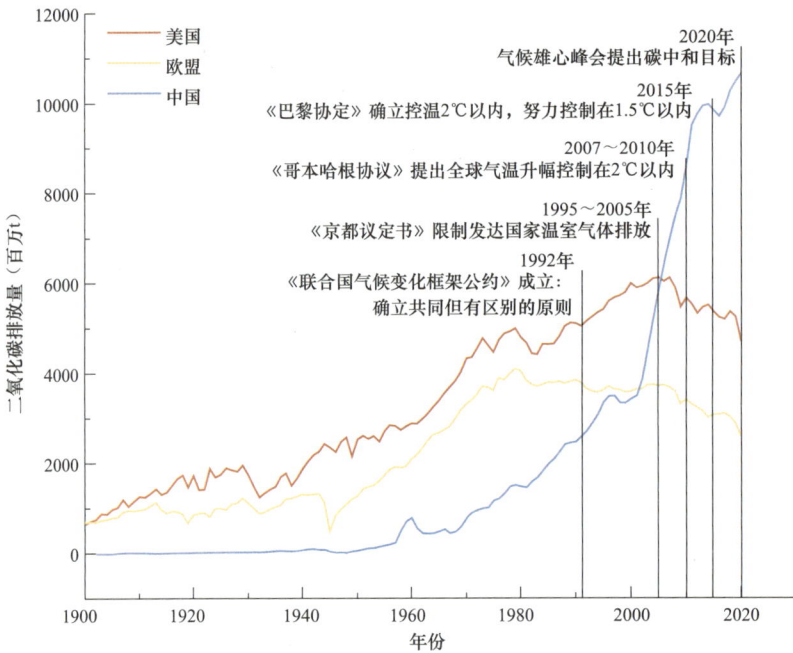

图 3-1　全球主要国家各阶段碳减排目标及碳排放量

2. 碳资产的概念

碳资产是指由碳排放权交易机制产生的新型资产，即在强制性碳排放权交易机制或自愿性碳排放交易机制下，能够直接或间接影响温室气体排放的碳排放配额、减排信用额及相关活动[7][30]。国内外权威机构已给出明确的资产界定。国际会计准则理事会（International Accounting Standards Board，IASB）中明确指出，资产是作为过去交易的结果，由企业控制的、渴望流入企业的未来经济利益的资源；财政部于 2007 年正式实施《企业会计准则》，将资产定义为"企业在过去的交易或事项中形成的，由企业拥有或者控制的，预期会给企业带来经济利益的资源"。碳排放权具有资产的一般特征和属性，因此碳排放权可以被认定为碳资产。

（1）碳排放权的获得主要通过政府部门向企业分配碳排放权，或是不同主体之间进行碳排放权交易。因此，碳排放权是在企业已发生的经济活动中产生，并且其由企业控制和拥有。

（2）碳排放权属于稀缺资源，具有商品的一般属性，可以在市场中公开交易。因此，企业可以通过履约或出售等方式，获得直接或间接的经济效益，通过趋势波动可进行合理的价值估计，并且在此过程中产生的相关成本都可计量。

碳资产是地球环境对于温室气体排放的可容纳量，在环境经济学中，环境容量是一种财富，经济活动主体（如控排企业）通过相关政策制度的划分和分配，拥有一定量的温室气体排放的权利，进而拥有了环境容量资源产权。这种环境资产产权与经济学中的产权（如土地所有权）类似，可以通过交易而实现转移。因此，碳资产属于企业拥有和控制的一种环境资源资产，具有稀缺性和商品属性；此外，碳资产作为一种金融资产，同时具有投资性和金融属性。

（1）稀缺性。碳排放总量控制使得碳资产具有稀缺性。碳资产是一种环境资源，代表企业生产可以直接向环境中排放温室气体的权力。作为一种生产投入要素，会随着企业生产经营活动而被消耗使用。但环境的自净能力是有限的，唯有实现全球温室气体净零排放，全球气温的升高进程才有可能得到有效控制。各国相继出台明确的碳减排承诺和目标，并根据社会和经济发展需求，将碳排放权分配到各地区、行业和企业。因此，碳排放总量受到严格控制，碳排放权便成为一种具有稀缺属性的资产。碳资产的价值体现在，企业可以通过直接使用碳排放权进行生产经营活动，或进行碳资产交易，来获得直接和间接的经济收益。并且在当前全球致力于实现碳中和的浪潮中，碳排放总量的管控会日益越严格，碳资产的稀有属性与价值将会愈发明显。

（2）商品属性。作为一种具有稀缺性的环境资源，碳资产具有可交易的属性。资源的稀缺性使其可以在公开市场上进行交易，从而达到稀缺资源的优化配置，并促使碳资产成为一种有价商品。碳资产通过市场在不同的经济活动主体（如国家、区域和企业等）之间进行交易的方式，在全球得到较快的发展，相关交易物有碳排放权、碳减排量等。例如，欧盟碳排放权交易市场和中国碳排放权交易市场，为碳资产的流通提供了交易平台和制度保障。并且，随着碳交易制度的持续发展和完善，碳资产交易市场的交易模式和产品种类会更加多元化，碳资产的交易属性日益彰显。

（3）投资性。碳资产可以在碳交易市场上挂牌交易，给企业带来经济利益，是一种可供出售金融资产，具有投资性。实现碳减排是企业参与碳交易的前提：企业通过政府分配的方式获得一定量的碳排放权，进而通过节能减排（如发展低碳技术、改进工艺流程）减少碳排放量，结余出部分碳配额，确认为企业的碳资产，将其在碳交易市场挂牌出售，获得经济利益。若企业缺乏有效的碳排放管理，使得碳配额不足以清缴当期的排放量，则要从市场中购进当量的配额，形成碳负债。国外发达的碳交易市场将碳排放权当作金融衍生工具，已经构建了较为丰富的交易体系和交易模式。

（4）金融属性。碳资产作为一种稀缺的有价经济资源在资本市场流通，进一步衍生为具有投资价值和流动性的金融资产，其属性逐渐由商品属性向金融属性转变。碳资产在不同经济活动主体间交易存在一定的风险，例如政策风险、经济风险、市场风险和操作风险等，与政治、环境、经济和金融等诸多领域密切关联。为防范风险并充分发挥碳交易市场在价格发现、资产配置和引导资金融通等方面功能，碳金融及其衍生品逐渐产生，例如碳现货、碳质押、碳远期、碳掉期和碳期权等，可有效保障减排投资的稳定性和收益性。

3. 碳资产的类型

碳资产可以根据获得来源、经济用途和交易制度等不同的标准，划分成为不同的种类（见图 3-2）。

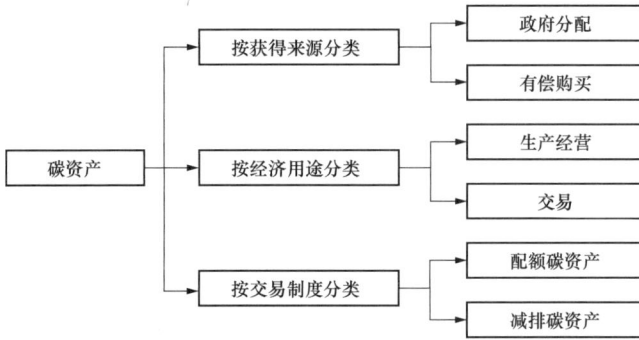

图 3-2　碳资产的分类

（1）依据碳资产的获得来源分类。碳配额分配是指根据所设定的排放目标，由政府主管部门对纳入体系内的控排企业分配碳排放配额，其主要目的是明确相关主体的履约责任，是构建碳排放体系的前提和关键环节。碳配额可分为无偿获得和有偿获得两种类型。

其中，无偿配额的分配方法有历史总量法、历史强度法和基准线法。历史总量法依据企业过去的碳排放量进行配额分配，将企业近几年的平均碳排放量作为企业下一年度可得的碳排放配额。历史强度法以企业过去碳排放为基础，要求企业年度碳排放强度比自身的历史碳排放强度有所下降。基准法通过产品产量来确定配额，按照生产不同产品的基准线（即碳排放强度行业基准值）确定配额量。

有偿配额的分配通过政府拍卖的方式进行。拍卖是一种简单且行之有效的方式，政府不需要事前决定每一家企业应该获得的配额量，通过拍卖的形式让企业有偿地获得配额，拍卖的价格和各个企业的配额分配过程由市场自发形成。具体方法描述详见第四章第二节。

（2）依据碳资产的经济用途分类。按照经济用途分类，碳资产可分为以交易为目的和以生产经营为目的两类。碳资产可以通过直接和间接两种方式给企业带来预期的利益。以交易为目的持有的碳资产是企业一项战略型经营策略，将碳资产视作一种类似股票的交易事项，将其在碳交易市场中进行交易，产生的经济利益以直接的方式流入企业，相关交易物有碳排放权和碳减排量等。以生产经营为目的持有的碳资产，作为企业正常生产的投入要素，同其他的投入要素（如厂房、原材料和工人等）共同发挥作用，产生的经济利益以间接的方式流入企业。

（3）依据碳资产的交易制度分类。按照目前较为成熟的碳资产交易制度，碳资产可以分为配额碳资产和减排碳资产。配额碳资产指通过政府机构分配或进行配额交易而取得的碳资产，是在"总量控制—交易机制"（强制碳交易）下产生的。在综合考虑减排目标—发展目标—环境目标的前提下，政府会预先设定一个时期内碳排放总量的上限（即总量控制），在此基础上，将碳排放总量划分到每个企业，为企业在特定时期内所允许的最大碳排放量，进而形成企业的碳排放配额，并允许其在确保履约的前提下，通过竞价的方式获取或转让配额。

减排碳资产也称为信用碳资产或碳减排信用额，是指企业自身主动地进行碳减排行动，得到经政府部门审批和专业机构核证的碳资产，或是通过碳交易市场进行信用额交易获得的碳资产，是在"信用交易机制"（自愿碳交易）下产生的。企业可通过购买减排碳资产，用以抵消其碳排放超额的责任。CDM 或者中国核证自愿减排项目（Chinese Certified Emission Reduction，CCER）是最主要的自愿交易机制，也是总量控制与交易机制的补充。例如，生态环境部《碳排放权交易管理办法（试行）》规定，CCER 采用抵消方式，重点排放企业可通过签订 CCER 购买协议，购买经过核证登记的 CCER 配额，抵销碳排放配额的清缴，抵销比例不得超过应清缴碳排放配额的 5%。

二、碳资产管理的内涵与价值

1. 碳资产管理的内涵

碳资产管理是企业围绕碳交易对碳资产进行战略规划和价值管理的一系列活动，兼顾经济、环境和社会三个层面的效益，平衡节能减排与企业发展之间的关系，旨在实现企业的价值最大化。在碳资产的管理过程中，企业通过对碳资产进行开发、买卖、合理使用等全方位的管理，实现企业利润最大化、履行社会责任最大化与企业成本最小化的有效统一，属于企业环境管理的一部分，是对低碳管理的一种创新[31]。

目前我国碳排放交易体系正处于运行初期，企业面临管理碳资产、参与碳市场交易和运作碳金融等一系列新的挑战。为提高企业管理效率、降低运营成本，尽快实现低碳化转型，提升企业自身碳资产价值，在未来低碳转型中脱颖而出，企业需要建立完善的碳资产管理体系，并且推进碳资产管理能力建设。

（1）建立完善的碳资产管理体系。碳资产管理是一项专业化很强的工作，要建立组织制度完善、生产流程控制、人才队伍建设、交易过程管理和体系监督考核等一系列的完整管理体系。通过建立科学决策流程、结合企业发展战略，明确不同部门在碳资产管理中的职责与分工，建立协同工作机制，并建立碳管理信息化平台，实现全面、高效、准确的碳资产管理。将企业碳资产有计划、有步骤地投入碳交易体系，进而更好地规划碳交易市场的投资。

（2）推进碳资产管理能力建设。企业适应碳交易市场的建设和发展，把碳资产管理与企业的制度结构、生产模式有机结合。碳资产管理主要包括：组建专业的管理机构；开展碳排放核算；研究企业碳减排潜力及减排成本，梳理出重点或优先减排领域；着手开发 CCER 项目或方法学；推动碳金融创新，积极探索碳债券、碳托管、碳期货等碳金融形式，实现碳资产增值和保值。

2. 碳资产管理的价值

通过科学化和专业化的管理，企业预期能够提高碳资产的管理效率，实现碳资产的保值和增值，使得企业效益最大化，最大程度地履行社会责任，为实现碳中和战略目标做出贡献。

（1）提升企业碳风险管理能力和碳资产利用率。碳资产管理存在市场风险，尤其在碳交易体系运行初期，碳价波动较大，可能导致企业履约成本增加，碳资产保值增值的难度提高，进而对企业减排行动的决策带来较大不确定性，降低碳交易机制整体的运行效率和碳市场活跃度。企业将碳资产管理上升至资产风险管理层面，交由金融机构、碳资产管理机构等专业机构管理，能够大幅降低碳资产管理的成本和风险，具有更高的合理性与经济性。此外，可以提高碳资产的市场吸引力，使更多碳资产参与碳市场的交易和流转，使碳金融体系更加丰富和完整，总体上提升碳资产风险防控能力。

碳资产管理能提高企业的碳资产资源使用效率，使企业能够通过碳资产的价格信号和资源配置功能，来提高碳资产的利用率和生产率，促进生产方式转变和节能减排技术升级。碳资产管理作为一项新兴的管理工作，促进企业微观层面的价值实现和创造，同时还促进宏观层面的碳资源配置效率的提高。

（2）拓展企业融资渠道和金融机构传统业务。企业实现节能减排，会涉及技术更新和改造成本，需要相应的资金支持。由于碳减排项目获得减排收益的周期较长，并且实际的减排效果存在一定的不确定性，将很大程度弱化传统信贷、债券等融资模式的应用。而将碳减排收益与融资收益挂钩的创新融资模式，能够盘活企业已有碳资产，变现未来碳资产，降低企业的融资成本，为企业拓宽融资渠道。

充分发挥碳资产的价值，可以为金融机构提供一类全新的资产，不论是作为传统融资业务的担保增信手段，还是直接用于投资，都能够在很大程度上拓展业务空间和市场规模。例如，将碳配额作为融资担保和增信的手段，能够提升社会对碳配额资产价值的认可，引导更多的资源参与碳市场，形成正向反馈。

（3）提升企业社会形象和有效改善环境质量。碳资产管理能够体现企业的社会责任，如果企业实施低碳战略，能够在消费者中树立良好的社会形象，从而获得公众的认同，并通过吸引消费者的关注而获得良好的社会效益。进而基于社会影响和效益影响，企业可能实现股市增值或资产评估增值。因此，从长远角度来看，这些低碳竞争力将会促进企业获取充足的社会收益；从宏观角度来看，低碳发展也将促进社会的发展和进步。

碳资产管理是生态系统资源管理的策略之一，强调人类减少温室气体排放、减缓对生态系统的负面影响。培养环境的价值观，认识到环境是稀缺的、有价值的，并利用市场机制进行资源配置，在总量控制的基础上，将碳排放成本内部化为企业成本，注重经济发展质量，促进经济发展、社会进步和环境保护的协调统一，最终实现协调可持续发展。

三、碳资产管理的框架

碳资产管理的目的是通过对企业碳资产进行最大化效率利用，实现企业的收益最大化。企业需要从碳资产管理体系建设和碳资产管理内容两方面开展相关活动。

1. 碳资产管理体系

碳资产管理体系是指以企业统一管理为核心，以专业碳资产管理机构为驱动，构建覆盖企业全生命周期的碳资产管理网络。碳资产管理涉及碳排放核算、碳资产管理和交易等专业技术工作。因此，建立内部碳管理体系十分必要，具体包括制定碳排放管理战略、强化碳排放管理顶层设计、建设企业碳资产信息平台、建立能力建设体系和考核体系。

（1）制定碳资产管理战略。碳资产管理战略与企业发展理念和战略密切相关，会直接影响企业的生产方式、产品产量、生产收益和运营策略等。因此，要制定企业碳排放管理专项规划，融入企业整体发展战略，贯彻全方位的碳资产管理。

（2）强化碳资产管理顶层设计。碳资产管理需要集中化和统一化，实施自上而下的统一管理模式，进行顶层设计，具体包括制定组织机构、规章制度和工作机制等。其中，组织机构建设主要划定碳资产管理的主要机构和参与机构的职能定位及职责划分。规章制度主要涉及碳资产管理的相关政策和办法等。工作机制主要对各项工作流程、程序和标准等进行明确和规范，对规划、核算、开发、交易和资产管理进行统一管理。

（3）建设企业碳资产信息平台。碳资产管理需要充分协调企业内各部门关系，提升企业整体的碳资产管理效率，实现企业整体的碳保值增值，而传统的碳资产管理模式需要投入大量人力和资金。因此，需要建立碳资产管理信息平台，全面统计和监管碳排放、碳资产、碳交易、减排项目等所有环节产生的信息和数据，对大数据进行实时采集、挖掘、分析和运用，全面揭示数据背后的规律和问题，提早预判形势并采取对策，为企业决策提供支持。

（4）建立能力建设体系和考核体系。碳资产管理的有效开展要依靠长效能力建设机制，持续提高企业碳资产管理能力，并在人、财、物方面做好能力建设的保障。例如，培养专业化人才队伍，并提供充足的专项建设资金。同时，应建立全面的考核体系，围绕碳资产管理目标，形成涵盖所有部门和生产营运环节的全面考核体系。

2. 碳资产管理内容

碳资产管理内容主要包括开展碳排查、确定碳减排策略、实现碳资产保值增值三个步骤。

（1）开展碳盘查。碳盘查是碳资产管理的前提，企业首先了解自身的碳排放情况和特征，才能制定符合自身情况的碳减排策略，并制定相应的碳资产管理方案。因此，开展碳盘查是碳资产管理的第一步，全面核算其在社会、生产活动中各环节直接或间接产生的碳排放。

（2）确定碳减排策略。企业依据碳盘查的结果，开展具有针对性的碳减排策略，制定各生产环节的减排路径，通常包括管理减排和技术减排两方面。其中，管理减排包括减排运行管理、节能技术管理和节能减排评价等；技术减排包括生产技术、节能改造技术和碳捕捉技术等。

（3）实现碳资产保值增值。碳资产保值增值主要通过碳交易和碳金融两种方法。其中，根据企业碳资产类型的不同，碳交易可分为基于配额的碳交易和基于减排项目的碳交易。碳金融包括交易工具（如碳期货和碳期权等）和投融资工具（如碳资产托管和碳债券等）。

第二节　碳资产管理的内容

在碳排放成本日趋高涨的约束下，实施低碳战略、低碳资产管理模式及合理的减碳路径是重要环节。本节主要介绍碳资产管理的主要内容，包括碳盘查、碳足迹、碳资产处置和计量、碳资产评估、碳信息披露和碳风险管控。

一、碳盘查

1. 碳盘查的概念

碳盘查指在定义的空间和时间边界内，以政府、企业等为单位计算其在社会和生产活动中各环节直接或者间接排放的温室气体，又称为碳计量。碳盘查是控制温室气体排放管理的重要内容，碳盘查工作是各级政府、企业近期必然面临的工作[32]。

2. 碳盘查的必要性

碳盘查工作的重要性从企业和政府两个维度来叙述。对于企业来说，进行碳盘查工作的原因主要包括以下三个方面。

（1）对于企业内部，碳盘查是进行碳排量自查和量化的过程。碳盘查能够帮助企业了解自己碳排放状况，为其制订碳减排策略与实施低碳项目提供数据依据，有利于企业在碳交易市场上占据主动地位。碳盘查是企业找到全生命周期碳管理模式的基础。碳盘查是帮助企业摸清自身温室气体排放情况的重要举措，也能为企业提供未来发展规划的数据层面的指导。长远来看，碳盘查有利于企业找到合适的全生命周期碳管理模式，所谓的合适的全生命周期碳管理模式是指在产品设计开发阶段系统考虑原材料获取、生产制造、包装运输、使用维护和回收处理等各个环节产生的温室气体的情况，力求产品在全生命周期中最大限度降低资源消耗，减少温室气体的排放。

（2）对于出口型企业，碳盘查数据成为出口产品的必备条件。以欧洲为例，欧盟发布的《欧洲绿色新政》确认了其将实施碳边境调节机制，也就是所谓的"碳关税"，预计2026年正式实施。这意味着在该政策影响下，低碳数据缺失将会造成产品进入欧盟市场时需要支付额外成本。那么碳盘查的数据将成为企业遵守法规的重要依据，也将成为企业降低绿色贸易壁垒的关键武器。

（3）对于实现"双碳"目标，碳盘查是实现"碳达峰""碳中和"的必经之路：只有摸清每个企业每年排放多少二氧化碳，才能制定出相应的减排方案，从而实现"双碳"目标。

对于政府来说，进行碳盘查工作的原因主要包括：对温室气体排放进行全面掌握与管理；对于确认减排机会及应对气候变化决策起重要参考作用；为参与国内自愿减排交易做准备；提高政府社会公众形象。

3. 碳盘查工作的具体内容

碳盘查的主要内容概括为边、源、量、报和查五个部分（见图3-3）。

（1）设置组织边界和运营边界。组织可由一个或多个设施组成。设施层级的温室气体排放或移除可能产生一个或多个温室气体源或温室气体汇。组织应采用下列方法中的一种来汇总其设施层级温室气体排放或移除。

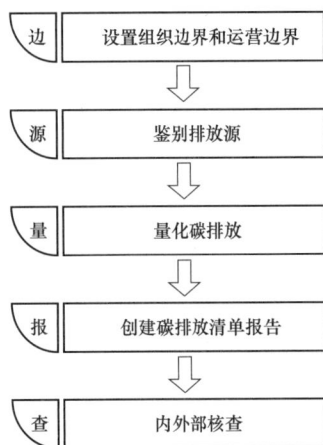

边　设置组织边界和运营边界

源　鉴别排放源

量　量化碳排放

报　创建碳排放清单报告

查　内外部核查

图 3-3　碳盘查的主要内容

1）控制权法：组织对其拥有财务或运营控制权的设施承担所有量化的温室气体排放与移除。

2）股权比例法：组织依股权比例分别承担设施的温室气体排放与移除。

运营边界是指组织边界范围内包含的排放源和汇的设备或单元，分为直接排放、能源间接排放和其他间接排放三大范畴：

1）直接排放温室气体：组织拥有或控制的温室气体源的温室气体排放。

2）能源间接排放温室气体：为生产组织输入并消耗的电力、热力或蒸汽而造成的温室气体排放。

3）其他间接排放温室气体：因组织的活动引起的，由其他组织拥有或控制的温室气体源所产生的温室气体排放，但不包括能源间接温室气体排放。

组织边界和运营边界设定目的：

1）作为建立组织温室气体盘查边界整体规划的参考依据。

2）清查与界定温室气体排放种类。

3）辨别与营运有关的排放，鉴别温室气体直接、能源间接与其他间接排放源。

4）由建立的组织边界与营运边界，共同组成公司的盘查边界。

（2）查找识别排放源。确定组织内部的温室气体排放源，不同行业和企业的排放源差别很大，需要专业人士帮助鉴别碳排放源。主要的排放源分为固定燃烧排放、移动燃烧排放、过程排放和逸散排放四大类。

1）直接温室气体排放。

a. 固定燃烧排放：电力、热力或蒸汽或其他化石燃料衍生的能源产生的温室气体排放，如锅炉、柴油发电机等。

b. 移动排放源：拥有控制权的原料、产品、废弃物与员工交通等运输过程，如机动车、汽车运输等。

c. 过程排放源：生物、物理或化学等产生温室气体排放的制造过程，如水泥、半导体、制铝、钢铁生产等。

d. 逸散排放源：逸散式温室气体排放源，如化粪池、空调 CFC 排放、电力系统 SF_6 的排放等。

2）能源间接温室气体排放包括公司持有或控制的社保或业务消耗，采购的电力、热力等而产生的排放，如生产某产品所消耗的电力等。

3）其他间接温室气体排放包括因组织的活动引起的，而被其他组织拥有的或控制的温室气体源所产生的温室气体排放。例如，公务出差坐飞机、轮船等产生的排放量。

（3）量化碳排放量。

1）直接测量法：直接检测排气浓度和流率来测量温室气体排放量，准确度较高但非常少见。

2）质量平衡法：某些过程排放可用质量平衡法；对制造中物质质量及能量的进出、产生及消耗、转换的平衡计算。

3）排放系数法（应用最广泛）：

$$温室气体排放量=活动数据×排放系数$$

式中：活动数据指产品产量、燃油使用量、交通运输的燃油使用量、车行里程或货物运输量等；排放系数指单位活动数据产生的温室气体排放量。

（4）创建碳排放清单报告。根据 ISO 14064 或 GHG Protocol 标准的要求，生成企业碳排放清单电子和书面报告。

（5）内外部核查。内部核查：由公司内部组织碳盘查的核查工作，对数据收集、计算过程以及报告文档等进行核查。外部核查：由第三方机构进行核查，市场上许多企业进行外部核查主要是由于国外客户的要求，需要第三方进行碳排放的核查报告。

碳盘查和碳核查的区别在于：碳核查是对参与碳排放权交易的管控单位提交的温室气体排放量报告进行核查的第三方机构，对企业来说是被动的行为；碳核查的范围仅包括纳入国家要求控排和碳交易的企业。而碳盘查是企业自主的行为，碳盘查所覆盖的企业范围更广，严格来说只要有温室气体排放，无论排放量多少，均可以纳入碳盘查的工作范围。

二、碳足迹

1. 碳足迹概述

针对同一对象（如产品），碳足迹的核算范围与计算难度超过碳排放，碳排放核算结果属于碳足迹的一部分。目前因研究领域、研究对象和研究角度的不同，学者们对碳足迹有不同的理解和定义。当前关于碳足迹定义有如下几点分歧：①碳足迹包含的温室气体种类，除 CO_2 外，CH_4 和 N_2O 等气体是否应该被包含在内；②碳足迹的核算边界，来自上游生产过程中的间接排放是否应该计算，若计算，研究边界如何确定；③碳足迹的核算单位，碳足迹的计量单位，应该采用面积单位（如 m^2 和 km^2 等）还是质量单位（如 g、kg 和 t 等）。

碳足迹还可分为个人、产品、企业、国家/城市四个层次：

（1）个人层面。碳足迹针对每个人或家庭日常生活中的衣、食、住、行所导致的碳排放量加以估算的过程。当前很多网站已提供专业的"碳足迹计算器"，只需输入个人的生活数据，即可直接计算获得"碳足迹"，同时给出可以抵消碳足迹相对应排放量的方法和建议。

（2）产品层面。碳足迹则是以单一产品制造、使用以及废弃阶段，即产品全生命周期（从摇篮到坟墓），因燃料使用以及加工产生的温室气体排放量。计算标准可参考《PAS2050：2011 商品和服务在生命周期内的温室气体排放评价规范》《温室气体核算体系：产品寿命周期核算与报告标准》和《ISO 14067 产品碳足迹量化需求与指南》（见表 3-1）。为便于产品的碳足迹计算，生态环境部于 2022 年联合发布了《中国产品生命周期温室气体排放系数集（2022）》，该系数集把产品排放分为上游排放、下游排放和废物处置排放，给出单位产品的全生命周期碳排放，是中国首个开放、持续更新的产品碳足迹计算排放因子数据库，有助于从消费端和产业链视角来核算、管理碳排放，并制定相应的碳减排战略，对我国"碳达峰""碳中和"目标实现提供了有力的数据支撑。

（3）企业层面。碳足迹相较于产品碳足迹，还包括了非生产性的活动，如相关投资的碳排放量，也是企业碳足迹所需揭露的范围。同时，企业碳足迹评价是开展企业碳审计的基础，其评价标准可借鉴《ISO 14064 标准系列》和《温室气体核算体系：企业核算与报告标准》。

（4）国家层面。碳足迹意味着各行业碳排放量总量，如满足家庭消费、投资和公共服务等所有的碳排放总量，核算指南包括《IPCC 国家温室气体清单指南》和《城市温室气体清单指南》（International Council for Local Environmental Initiatives，ICLEI）。

表 3-1   碳 足 迹 核 算 标 准

组 织	标准名称	发展状况	适用层面
世界资源研究所、世界可持续发展工商理事会	《温室气体核算体系：企业核算与报告标准》	2004 年发布	企业
联合国政府间气候变化专门委员会	《IPCC 国家温室气体清单指南》	2006 年发布；2019 年修订	国家
国际标准化组织	《ISO 14064 标准系列》	2006 年发布	企业
国标准协会、英国环境、食品和乡村事务部、英国碳信托有限公司	《PAS 2050：2011 商品和服务在生命周期内的温室气体排放评价规范》	2008 年发布；2011 年修订	产品
地方环境举措国际理事会	《ICLEI 城市温室气体清单指南》	2009 年发布	城市
世界资源研究所、世界可持续发展工商理事会	《温室气体核算体系：产品寿命周期核算与报告标准》	2011 年发布	产品
国际标准化组织	《ISO 14067 产品碳足迹量化需求与指南》	2013 年发布；2019 年修订	产品
生态环境部、北京师范大学、中山大学、中国城市温室气体工作组	《中国产品全生命周期温室气体排放系数集（2022）》	2022 年发布	产品

碳标签是对产品的碳足迹进行标注，把产品全生命周期（生产、使用、弃置和回收）产生的温室气体排放总量，以标签的形式标注在产品上，来告知消费者相关排放信息。产品碳足迹和碳标签对碳减排的作用体现在：

1）引导消费者转向低碳绿色的消费模式，消费者可以通过产品的碳足迹认证，直观、全面地了解产品的碳排放量信息，提高自身的知情权，进而转向于低碳产品的购买和消费。

2）激励企业进行低碳生产，通过公开披露、发布产品碳标签，成为向企业利益相关者展示企业进行气候应对工作的有效途径，引导消费者更多地购买低碳产品。因此，碳标签将会激励企业通过对管理和生产模式的改变，例如，改善内部运营、进行节能减排改造，来降低企业和产品碳排放量。

3）提高企业的社会声誉并强化品牌效应，实行产品差异化的营销策略，主打低碳产品，帮助企业获得竞争优势；同时，也成为满足低碳市场需求和促进沟通的有效途径。

4）有助于企业进行碳减排目标管理，全面了解产品全生命周期中的温室气体排放重点来源，制订高效性、有针对性的减排策略，并持续性地测量和追踪生命周期内的温室气体排放和管理绩效提升情况。

5）有效减少产品生产供应链中的温室气体排放，企业可评估绿色采购活动中，供应商的温室气体排放绩效，与其合作实现供应链上下游协同、高效减排，减少能源使用，并且降低相应的生产成本和风险。

2. 碳足迹的核算方法

碳足迹核算方法主要分为投入产出法、生命周期评价法、将投入产出法和生命周期法相结合的混合生命周期法三种。

投入产出法是一种自上而下的分析方法，是对产品及其"从开始到结束"的过程计算方法，计算过程比较详细准确。投入产出法是一种自上而下的计算碳足迹的方法，以整个经济系统为研究对象，利用投入产出表中各部门的生产关系，核算终端生产产品而导致的整个产业链中各部门的碳排放量，适用于行业等宏观系统的碳足迹核算，但无法获得某一具体产品的碳排放量，且计算使用的统计数据更新速度慢，从而影响结果的可信度。目前，已有学者采用投入产出分析法对中国、美国、英国及全球的碳足迹进行核算和分析[33]。

生命周期评价法采用自下而上的方法计算其碳足迹，核算产品全生命周期中所有阶段（生产、使用、弃置和回收）产生的碳排放总量，计算过程比较详细、准确，分析结果具有针对性，适用于微观领域[34]。但在使用生命周期法确定系统边界时主观性较强，可能会遗漏需要包含在内的非重要阶段的活动；并且，需要收集的数据量大，投入的资源多，数据集来自不同的数据库，难以保证数据统计口径的一致性和兼容性。

混合生命周期法将投入产出法与生命周期法相结合，在统一的框架中综合考虑微观主体的特定全生命周期排放和宏观经济部门之间的投入产出关系，保留了两种方法的优点，同时避免截断误差，以及减少计算所需的工作量。此方法适用于宏观和微观等各类系统的分析[35]。

三、碳资产处置和计量

1. 碳资产的处置

碳资产随碳排放权交易的出现而产生，从环保的角度看，碳排放权本身是没有价值的，但随着低碳经济以及"碳达峰""碳中和"战略目标的提出，企业的碳排放量受到了约束，稀缺性使得碳排放权具有价值属性。同时，碳排放权为企业拥有，产生的利益会流入企业，相关成本能够计量，满足资产的定义[36]。

碳资产处置指碳资产拥有单位转移、变更、核销其拥有、使用碳资产的所有权、使用权，或改变碳资产性质和用途的行为[37]。碳资产处置的方式包括调拨、买卖、报废和将非经营性碳资产转为经营性碳资产。

2. 碳资产的计量

碳资产的计量指对碳资产确认的结果予以量化的过程，即在碳资产确认的基础上，按照一定的程序和方法，对碳资产的数量与金额进行认定、计算、确定的过程。碳资产的计量是基于会计学基本原理与方法，但是与传统会计相比，又具有多元性。

当前，碳排放权作为一种资产已无争议，但是关于碳资产所属类别尚未统一意见。目前，主要有无形资产、存货和交易性金融资产三种观点。

（1）碳资产界定为无形资产。根据我国《企业会计准则第 6 号——无形资产》，无形资产的定义为"企业拥有或者控制的没有实物形态的可辨认非货币性资产"。碳资产是企业在碳交易中的碳排放权，为企业所拥有，并会在交易中带给企业经济利益；其是减排体系中的一种权力，并没有实物形态，具有无形资产的特征。在我国，CDM 资产为主要的碳资产之一，CDM 项目产生的核证减排量可以从企业中分离出来，并能单独出售，可以进行清楚的辨认。根据无形资产的定义和碳资产所具有的特征，可以把碳资产确认为无形资产。

（2）碳资产界定为存货。根据我国《企业会计准则第 6 号——无形资产》，存货的定义为"企业在日常活动中持有以备出售的产成品或商品、处在生产过程中的在产品、在生产过程或提供劳务过程中耗用的材料或物料等"。按照碳资产的属性，碳资产符合存货部分特征，即是一种企业生产要素的一种投入；但其不符合存货的有形资产特征，存货不具备碳资产的投资交易性和定价机制，两者存在一定的差别。

（3）碳资产界定为交易性金融资产。碳金融是由《京都议定书》而兴起的低碳经济投融资活动，服务于限制温室气体排放等技术和项目的直接投融资、碳权交易和银行贷款等金融活动。目前，在碳金融衍生品市场上，碳资产的减排项目正成为基金、期权、期货等追逐的热点。在此背景下，一些企业在金融市场上出售或回购碳资产，以期在碳市场上赚取差价，因而碳资产具有交易性金融资产的特点，可将其确认为交易性金融资产。具体为在"交易性金融资产"科目下增设"排放权"明细项目，以反映企业取得碳排放权的价值。

碳资产会计的计量可以选择历史成本和公允价值进行计量。

（1）历史成本。又称实际成本，是指取得或制造某项财产物资时所实际支付的现金或者现金等价物。采用历史成本计量时，资产按照其购置时支付的现金或现金等价物的金额，或者按照购置时所付出对价的公允价值计量。负债按照其因承担现时义务而实际收到的款项或者资产的金额，或者承担现时义务的合同金额，或者按照日常活动中为偿还债务预期需要支付的现金或者现金等价物的金额计量。例如，企业当年购买一台设备价值 10 万元，那么任何时候这台设备的历史成本都为 10 万元。即使市场上同样的一台设备降价到 1 万元或者升价到 100 万元，该设备历史成本不变。历史成本计量属性在碳排放权的应用，主要是用于企业购置或形成碳排放权时的初始计量和对于获得过程中相关的固定资产设备的计量。

（2）公允价值。是指市场参与者在计量日发生的有序交易中，出售一项资产所能收到或者转移一项负债所需支付的价格。对于企业拥有或控制的资产，在持有期间由于市场环境、资产的自然状态变化、科学技术的进步、资产的市场功效等因素的影响，而发生价值表现的上下波动，导致原来的入账金额不能体现当前该资产的实际市场价格，就需要以其他计量基础进行重新估价。例如，企业转让厂房以抵偿债务，经专业评估机构评定和市场行情分析：厂房最终定价 150 万元，并以此偿清债务。该 150 万元即为厂房的公允价值。

在碳资产确认过程中，有学者把其确认为交易性金融资产，中国交易性金融资产一般以公允价值为计量基础。我国作为不承担强制减排任务国家，主要通过 CDM 机制来参与全球碳交易市场。但碳排放的定价权实际上由发达国家掌握，根据市场变化和未来减排空间来确定；若全球的减排政策和法规发生变化，我国提供的核证减排额度的价格将发生很大的变化。

3. 中国碳资产的计量方法

为配合碳排放权交易市场的开展，财政部于 2019 年 12 月发布《碳排放权交易有关会计处理暂行规定》，于 2020 年 1 月 1 日正式生效，其规范碳排放权交易相关的会计处理。

（1）处理原则。重点排放企业通过购入方式取得碳排放配额的，应当在购买日将取得的碳排放配额确认为碳排放权资产，并按照成本进行计量。重点排放企业通过政府免费分配等方式无偿取得碳排放配额的，不做账务处理。

（2）会计科目设置。重点排放企业设置"1489 碳排放权资产"科目，核算通过购入方式取得的碳排放配额。此外，重点排放企业的国家核证自愿减排量相关交易的处理，在"碳排放权资产"科目下设置明细科目（配额、CCER）进行核算。

（3）账务处理。重点企业按照购入配额和无偿获得配额进行分类，对碳排放配额购入、碳排放配额履约（履行减排义务）、碳排放配额出售、碳排放配额自愿注销进行了账务处理的规定，具体见图3-4。

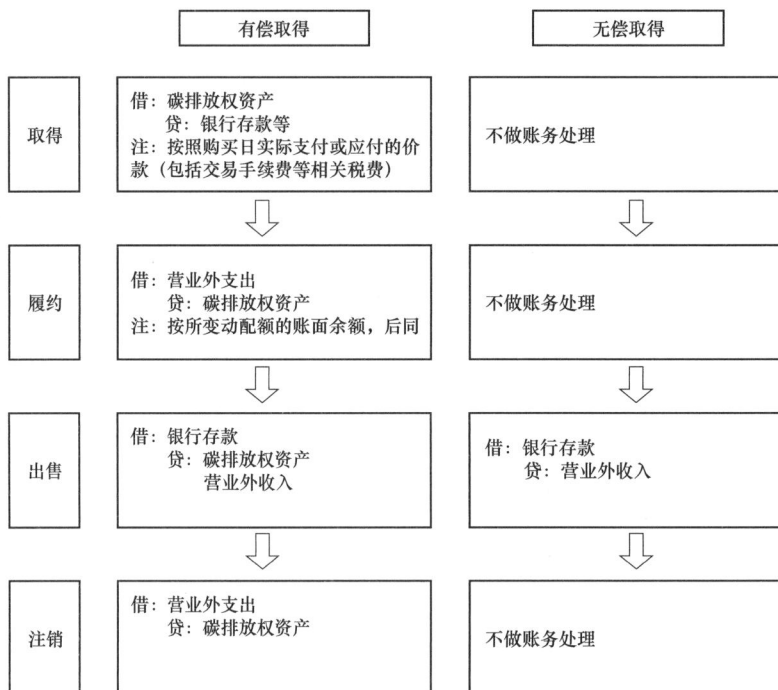

图3-4　企业碳资产账务处理

（4）财务报表列示和披露。列示内容为："碳排放权资产"科目的借方余额在资产负债表中的"其他流动资产"项目。财务报表附注中披露以下信息：

1）列示在资产负债表"其他流动资产"项目中的碳排放配额的期末账面价值，列示在利润表"营业外收入"项目和"营业外支出"项目中碳排放配额交易的相关金额。

2）碳排放权交易相关信息说明，如参与减排机制的特征、碳排放管理策略、节能减排方案等。

3）碳排放配额的来源说明，如碳配额获取方式、获取时间、使用目的和结转原因等。

4）节能减排或超额排放情况说明，如获取的免费碳排放配额与当期实际产生的排放量对比，以及产生的原因等。

5）碳排放配额变动记录。

四、碳资产评估

碳资产评估是指评估机构和人员按照委托，评定和估计评估基准日特定目的下碳资产价值，并且对评估报告进行出具的专业服务行为[37]。企业碳资产是近年来出现的一种新兴的资产种类，但仍然具有一般资产的属性。因此，企业碳资产的评估仍可采用通用的评估方法，即成本法、收益法和市场法。同时，要结合碳资产的特性，提高评估的准确性。综上，碳资产评估仍然遵循资产评估的原则，同时综合考虑碳资产评估自身的特点，开展碳资产评估的要素解析。

1. 评估主体

碳资产是由资产所有公司所有且在未来会有经济利益的流入，碳资产不论是从政府无偿取得，还是市场购买所得，或是技术改进形成的，只要是归企业支配使用的碳资产，均可以包括在评估范围之内。只要碳资产有效用，任何形式的碳资产都应纳入评估主体。

2. 评估目的

随着碳资产交易的活跃，碳资产相关的评估目的包括碳资产的直接转让和抵押等，交易目的是碳资产评估作为确定交易价格的基础和参考，评估结果是否合理与准确将影响交易双方的利益。抵（质）押目的是当产权持有人以碳资产为抵（质）押向金融机构或其他非金融机构进行融资时，需要对作为抵（质）押物的碳资产进行价值评估。贷款方通常按评估值的一定比例来确定发放贷款的额度。当贷款期届满，债务人不履行债务合同义务时，债权人有权依法将相关抵（质）押资产拍卖、变卖，并以所得价款优先受偿。财务报告目的是企业在编制财务报告时，通常需要对碳资产进行评估。

对涉及的碳资产进行评估时，需要资产评估机构及资产评估人员遵守法律、行政法规、资产评估准则和企业会计准则及会计核算、披露的有关要求，对评估基准日以财务报告为目的所涉及的各类碳资产的公允价值或特定价值进行评定和估算，提供专业服务，并出具资产评估（估值）报告。近年来，部分省份先后出台碳排放配额、碳排放权等的抵押贷款操作指引，都明确提出抵押金额以评估结论为重要参考。碳资产评估中应当根据不同的评估目的，选择恰当的价值类型和评估方法，应与资产评估委托方充分沟通，确保评估目的与经济行为相一致。

3. 评估方法

资产评估方法是指评定估算碳资产价值所采用的途径和技术手段的总和，根据资产评估法和相关准则，资产评估的主要方法包括市场法、成本法和收益法，这三种方法是从不同角度对资产价值进行衡量的，以及其他创新方法如实物期权法、影子价格法等[38]。理论上，对同一资产进行评估产生的结果差异应该不大，但在实践中却往往相反，因此针对某一特定项目进行评估方法选择时，应谨慎考虑项目特点与所处发展环境。成本法、市场法和收益法分别是从资产的历史成本、现行市价和预期收益角度来评估资产的价值。

（1）市场法。市场法借鉴市场上相同类别碳资产的近期或往期成交价格，通过直接对比或者类比分析评估碳资产的价值。市场法的核心是找到可比的交易实例，由于全国碳排放权交易市场已经初步形成，具备适用条件，应当根据评估对象的情况适用。但应当注意核证减排量有不同的交易机制，如 CDM、国际自愿碳减排标准（Verified Carbon Standard，VCS）、黄金标准（Gold Standard，GS）和 CCER，不同交易机制下的价格差异较大，市场交易案例应与之相一致。

（2）成本法。成本法是通过估测碳资产的重置成本得到资产价值，运用成本法执行碳资产评估业务时，需要根据碳资产形成的全部投入，分析碳资产价值与成本的相关程度，考虑成本法的适用性。成本法对碳资产进行评估，前提是碳资产在投入过程中能创造相应的价值。通过改进设备、技术提升等手段获得同等权利的投入是购置排放权资产的一种机会成本，对减排而进行的投入进行重置可当成是排放权资产评估的成本途径。由于部分碳资产并不是一次性完成核证减排的，如林业碳汇，其林业生长周期可能长达六十年，核证监测周期通常为五年，因此对其评估方法可以依据《实物期权评估指导意见》，采用实物期权模型确定其价值。

（3）收益法。收益法是依据对碳资产未来预期收益现值的估测，进而来确定资产价值的方法。收益法认为当前理性的投资者购置资产时，所愿意承担的投资额要小于投资资产在未来可能带来的所有收益的总和，是较为科学合理的评估方法。收益法涉及碳资产的预期收益、折现率、碳资产取得预期收益的年限三个基本要素。因此，在利用收益法进行评估时，要满足上述三个条件的可获得性。

五、碳信息披露

碳排放信息披露是指企业对生产经营活动中产生的以二氧化碳为代表的温室气体排放量或减排量的信息披露。碳排放信息作为一种非财务数据，更多地揭示的是企业能源使用效率和低碳管理能力的高低。

碳信息披露主要包括四方面内容：

（1）气候变化引致的风险和机遇：风险包括法规风险、自然风险、竞争风险和声誉风险；机遇包括法规机遇、可见机遇和其他机遇。

（2）碳排放核算：包括碳核算方法的选择、碳减排会计报告的编制、外部鉴证和审计、直接减排和间接减排的吨数、年度间碳排放差异的比较等。

（3）碳减排管理：包括减排项目、排放权交易、排放强度、能源成本、减排规划等方面的内容。

（4）气候变化治理：包括减排责任和各自贡献等。

为了提升上市公司碳信息披露质量，在我国碳信息披露政策要求、内容规范及不同利益相关者信息需求的基础上，设计上市公司碳信息披露规范。

1. 披露内容

（1）我国碳信息披露相关政策要求。财政部出台的《碳排放权交易有关会计处理暂行规定》要求，自2020年1月1日起，对于开展碳排放权交易的重点排放企业，应在财务报表附注中设置"碳排放权资产"科目，记录购入、出售碳排放配额及使用碳排放配额履约等财务信息。2020年12月，生态环境部出台的《碳排放权交易管理办法（试行）》明确提出了生态环境部、省级生态环境部门、全国碳排放权注册登记和交易管理机构、重点排放单位的信息公开要求，其中重点排放单位应披露年度温室气体排放报告、年度碳排放配额清缴情况、碳排放权登记、交易和结算等信息。

（2）披露内容规范。在借鉴国内外碳信息披露框架的基础上，按照相关政策要求，并综合考虑各方利益相关者信息需求，碳信息披露应包括气候变化带来的风险和机遇、碳排放信息、碳减排措施成效、碳排放权资产四方面内容。而碳披露缺乏量化信息是我国上市公司碳信息披露的关键薄弱环节，参考全球报告倡议组织（GRI）《可持续发展报告指南》、气候相关财务信息披露工作组（TCFD）指引、港交所《环境、社会及管治报告指引》环境绩效披露要求，提出强制性披露的关键绩效指标，包括温室气体排放总量及排放强度、能源消耗总量、各类能源消耗、节能量、替代化石能源消费量、碳排放配额、碳资产开发量和碳排放权交易量等。

（3）不同利益相关者信息需求。不同群体对碳信息披露的需求不同：对于政府部门，其主要目的是督促企业落实相关管控要求，为社会监督提供渠道；对于环保公益团体等社会监督群体，主要目的是监督企业是否落实相关法规及政策要求；对于投资者，主要是了解企业应对气候变化的主要策略对其投资有何风险/机遇；对于上市公司本身，主要目的是通过碳信息披露树立良好企业形象、提升影响力。

2. 披露主体

分期确定碳信息披露主体：

（1）近期以上市公司中的重点排放单位为披露主体。按照《碳排放权交易管理办法（试行）》，属于全国碳排放权交易市场覆盖行业，且年度温室气体排放量达到 2.6 万 t 二氧化碳当量的应作为重点排放单位，具体由省级生态环境部门确定并公布。

（2）按照我国《关于构建绿色金融体系的指导意见》提出"逐步建立和完善上市公司和发债企业强制性环境信息披露制度"的制度改革方向，未来应将所有上市公司和发债企业纳入碳信息披露的主体。

3. 披露载体

目前我国上市公司开展环境信息及社会责任信息公开的主要渠道是企业年报、社会责任年报、环境、社会及管治（Environmental Social and Governance，ESG）报告、可持续发展报告，目前上交所、深交所均在推进 ESG 指引出台，未来 ESG 报告将成为企业社会责任披露的主要载体，因而碳信息披露宜逐步规范为通过企业年报、ESG 报告进行披露，远期逐步探索以独立环境和气候报告形式披露。在上市公司年报中，应披露温室气体排放信息、减排措施、减排相关政府激励及碳排放权资产信息。在企业 ESG 报告中，应披露所有碳信息。

4. 披露时间

碳信息披露时间应以上市公司年报、社会责任或 ESG 报告披露时间为准，即每年 4 月 30 日之前发布上一年度碳信息情况。

六、碳风险管控

1. 碳风险的概念

目前国内外碳金融市场都处于发展初期阶段，各种体制机制还很不完善面临诸多风险。例如，在 CDM 中，存在着由于标准不确定、替代产品不断涌现等造成的基准线划定风险，在 CDM 项目周期中，存在履约风险、价格风险、政策风险及国际市场风险等。因此，项目主办方可能面临着项目中断、被替换、项目失败等各种风险因素；碳金融参与机构也面临着经营破产、项目质量风险等，而且碳资产缺乏流动性，企业缺乏契约精神等情况，造成我国碳金融交易市场较大的不确定风险。

考虑到碳交易的特殊性、市场的差异性、价格的不确定性以及项目的跨期性等特点，碳金融风险可以分为政策和政治风险、操作风险、流动性风险、信用风险、市场风险和项目风险。

（1）政策风险是指市场主体由于政策和制度的不确定性而遭受损失的风险。碳金融市场以法律为基础，高度依赖政策制定和政府监管，政策变化会对市场运行造成较大影响。市场主体受本国或他国政治关系变化而可能遭受损失风险。国家政局动荡会对减排项目造成直接的负面影响，政治事件也可能会通过石油等能源市场的波动对碳金融市场造成影响。

（2）操作风险是指由于系统故障、人为操作失误、管理失误以及外部突发事件引发的，造成损失的可能性。在碳金融市场中，系统控制不完善、参与者对在规则不清楚以及恶意欺诈等都有可能造成操作风险。

（3）流动性风险是指因客户的流动性需求，从而引发的成本增大或者价值损失的可能性。由于碳交易的信息严重不对称，碳权流动性非常低下；因此，在碳交易市场中常需要引入中介方来达成交易。由于弱流动性，其成交的价格与真实市场价格相比会有一定的折价，或是要缴纳一定的费用，这就造成额外的交易成本，增加了流动性风险。

（4）信用风险是指在碳交易市场中由于交易对手没有按照协议条款履行相关义务，或交易客体的质量失真而使交易主体的当事人遭受损失的风险。信用风险往往普遍存在着信息不对称的现象，银行在 CDM 项目过程中，无法真实掌握借款人的信用资质，因此"逆向选择"发生时，将会有较大的信用风险。

（5）市场风险是指在碳金融市场中，由于市场汇率、价格等要素变化，使参与方遭受损失的风险。当前，在国际上并没有一个统一的碳交易市场，各个国家、地方区具有差异性较大的交易机制和交易品种等制度安排，因此，大大增加了交易成本与周期，增加了市场的波动，产生了市场风险。

（6）项目风险是指 CDM 项目在运作周期内，因项目自身变化造成的损失，这样的不确定性称为项目风险。项目风险主要容易出现在项目未按期完成以及碳减排量超标等两方面，从而影响整个项目的产出，尤其是当项目出现政治风险时，CDM 项目的项目风险就更大。

2. 风险管控方法

风险管控是指风险管理者采取各种措施和方法，减少风险事件发生的各种可能性，或者减少风险事件发生时造成的损失。风险管控的基本方法有风险回避、损失控制、风险转移和风险保留四种。

（1）风险回避是投资主体有意识地放弃风险行为，完全避免特定的损失风险。简单的风险回避是一种最消极的风险处理办法，因为投资者在放弃风险行为的同时，往往也放弃了潜在的目标收益。所以一般只有在以下情况下才会采用这种方法：

1）投资主体对风险极端厌恶。

2）存在可实现同样目标的其他方案，其风险更低。

3）投资主体无能力消除或转移风险。

4）投资主体无能力承担该风险，或承担风险得不到足够的补偿。

（2）损失控制不是放弃风险，而是制订计划和采取措施降低损失的可能性或者是减少实际损失。控制的阶段包括事前、事中和事后三个阶段。事前控制的目的主要是为了降低损失的概率，事中和事后的控制主要是为了减少实际发生的损失。

（3）风险转移是指通过契约，将让渡人的风险转移给受让人承担的行为。通过风险转移过程有时可大大降低经济主体的风险程度。风险转移的主要形式是合同和保险：

1）合同转移：通过签订合同，可以将部分或全部风险转移给一个或多个其他参与者。

2）保险转移：保险是使用最为广泛的风险转移方，为了帮助企业风险管理者消灭或减少风险事件发生。

（4）风险保留，即风险承担。也就是说，如果损失发生，经济主体将以当时可利用的任何资金进行支付。风险保留包括无计划自留、有计划自我保险。

1）无计划自留指风险损失发生后从收入中支付，即不是在损失前做出资金安排。当经济主体没有意识到风险并认为损失不会发生时，或将意识到的与风险有关的最大可能损失显著低估时，就会采用无计划保留方式承担风险。一般来说，无资金保留应当谨慎使用，因为如果实际总损失远远大于预计损失，将引起资金周转困难。

2）有计划自我保险指可能的损失发生前，通过做出各种资金安排以确保损失出现后能及时获得资金以补偿损失。有计划自我保险主要通过建立风险预留基金的方式来实现。

3. 碳风险管控方法

由于市场特征的相似性，碳市场的风险控制措施很大程度上借鉴了证券市场和期货市场的相关制度。在碳市场上，试点防范的措施包括涨跌幅限制、最大持仓量限制、大户报告制度、风险警示制度和风险准备金制度，部分试点还明确了全额交易资金、强制平仓等措施。

其中，涨跌幅限制是指在每天的交易中规定当日的交易价格围绕某一基准价上下波动的幅度；最大持仓量限制是指交易参与者可以持有的配额的最大数额；大户报告制度是指交易参与者持有量达到交易所规定的报告标准或者交易所要求报告的，应当于交易所规定的时间内向交易所报告；风险警示制度是指交易所认为必要的，可以单独或者同时采取要求交易参与者报告情况、发布书面警示和风险警示公告等措施，以警示和化解风险；风险准备金是指为维护碳市场正常运转提供财务担保和弥补不可预见风险带来的亏损的资金；全额交易资金制度是指交易参与者按产品全额价款缴纳资金；强制平仓是指交易参与者的交易保证金不足并未在规定时间内补足或持仓量超出最大限制时，交易所将对未平仓部分强制平仓。

第三节　碳资产管理的衍生服务

在碳资产管理的基本框架下，形成了一系列针对碳资产管理的衍生服务，这些衍生服务也是碳资产管理不可或缺的一环。本节主要介绍碳资产管理战略制定、碳金融交易服务和碳金融投融资服务。

一、碳资产管理战略制定

狭义的资产管理指在金融市场范围以内的资产管理业务，即资产委托人以其货币或金融资产，委托专业金融中介机构进行管理，专业金融机构根据委托人的意愿在金融市场中投资运作，以实现保值、增值或特定目标的行为。广义的资产管理指受投资者委托的专业金融机构接对受托的财产进行投资和管理的服务，包括无形资产和有形资产。受托金融机构获取相应的服务费用，投资者享有投资收益并自担投资风险。同样，在碳市场上，金融机构也发挥着活跃市场、资金流通的重要作用。企业对于专业金融机构的需求主要体现在以下三方面：①控排企业因很难独立获得实现减排所需的资金而产生融资需求；②拥有减排能力的企业加入碳市场存在专业知识和信息渠道的壁垒因而有顾问服务的需求；③企业进行交易时会产生风险规避需求。因此碳市场需要金融机构的活跃参与，不仅促使碳金融更加成熟，也使金融机构更好地服务于企业碳资产管理。

当前我国的碳配额均由政府于当年的下半年予以免费发放，于第二年的六月份前后履约使用。自全国碳交易市场启动后，大型的控排企业集团其年度配额量往往有上亿吨，这些配额量价值几十亿元甚至几百亿元，如何管理好这部分资产变得十分重要。碳配额量自政府发放到履约大致有半年的闲置期，企业为了利用好这半年的时间差来使碳资产增值，需要制定恰当的碳资产管理战略。企业在进行碳资产管理过程中可能会遇到很多困难，而聘请专业的碳资产管理公司帮助企业构建碳资产管理体系，可以使企业更快地步入管理的正轨，达到事半功倍的效果。

随着碳市场的不断发展与成熟，将会出现越来越多碳金融业务的品种和类型。企业若想在碳金融业务方面获得保值增值，需要拥有同时了解碳市场和金融的人才，而大多数企业难以办到或需要付出较高的成本才能实现。在碳金融的基础上，碳资产管理能提供的服务主要有发现与识别碳金融机会、拓展碳金融业务等，这些服务的目的可以概括为融资或规避风险。

（1）发现与识别碳金融机会。碳资产管理服务公司与不同的金融机构接触，同时也扎根碳市场，掌握较全面的碳信息，有能力发现并识别最有利的金融产品。

（2）拓展碳金融业务。任何一种碳金融产品几乎都伴随创新，而新鲜事物在被认可之前，背后都需要强有力且专业的协调。碳资产管理服务公司作为企业的智囊团有能力协调碳交易主管部门、金融机构、交易所等不同领域的相关方，并最终促成碳金融创新，为企业规避风险或获得融资资金。

当前，我国的碳市场还不成熟，风险与回报并存。利用合适的金融工具实现融资、增值和规避风险功能至关重要。

二、碳金融交易服务

金融衍生工具是一种进行特别买卖的金融工具。这种买卖的回报率是根据一些金融要素的表现情况衍生出来的，如资产（商品、股票和债券）、利率、汇率和各种指数（股票指数、消费者物价指数和天气指数）等。这些要素的表现会决定一个衍生工具的回报时间与回报率。衍生工具的主要类型有期货、期权、远期合约、掉期等，这些期货、期权合约都能在市场上买卖。金融衍生工具的主要功能是进行与原生金融工具相关的风险对冲、投机或套利等，而将这些金融工具与碳资产相结合能更好地发挥碳金融的作用。接下来将介绍四种碳金融交易服务：碳期货、碳期权、碳远期、碳掉期。

1. **碳期货**

（1）期货的概念。期货也称期货合约，指的是包含金融工具或未来交割实物商品销售的金融合约，期货合约是标准化的合约，一般在商品交易所进行。《期货交易管理条例》指出，"期货合约，是指由期货交易所统一制定的规定在某一特定的时间和地点交割一定数量标的物的标准化合约"。期货属于衍生性金融产品的一种，其价值取决于合约附属标的现货价值和特性。期货按照标的物的种类，可分为商品期货、金融期货和其他期货（见图3-5）。其中，商品期货包括农产品期货、金属期货和能源期货；金融期货包括股指期货、利率期货和外汇期货等；其他期货包括碳排放期货、天气期货和房地产指数期货等。当前，我国共有中国金融期货交易所、上海期货交易所、大连商品交易所和郑州商品交易所四个期货交易场所。

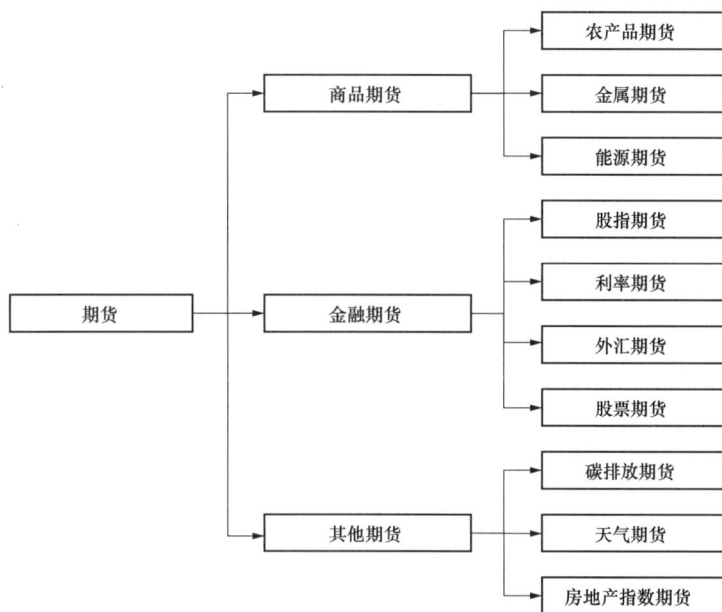

图 3-5　期货合约的类型

（2）碳期货的概念。随着商品期货和金融期货交易的不断发展，人们对期货市场机制和功能的认识不断深化。期货作为一种成熟、规范的风险管理工具，是一种高效的信息汇集、加工和反应机制，其应用范围可以扩展到经济社会的其他领域。因而，在国际期货市场上推出了除传统的商品期货和金融期货以外的品种，如天气期货、房地产指数期货、消费者物价指数期货、碳排放权期货等。碳排放权期货即碳期货。

碳期货是指期货交易场所统一制定的、规定在将来某一特定的时间和地点交割一定数量的碳配额或碳信用的标准化合约[30]。交易双方在碳期货市场按事先约定的未来特定的交易时间、地点以及价格，交割一定数量的碳排放权现货（即碳配额或碳信用）；因此，碳期货的价值取决于碳排放权现货的价值与特性。对于碳期货交易的买卖双方，碳期货交易的目标是凭借期权本身的套期保值功能来规避碳金融市场的风险，将该风险转移给投机者，而不在于最终进行碳排放权的实际交割。具体来说，交易者在碳现货市场上卖出（或买进）一定数量碳排放权现货商品时，在碳期货市场上买进（或卖出）与碳排放权现货品种相同、数量相等但方向相反的碳期货商品（碳期货合约），以一个市场的盈利来弥补另一个市场的亏损，实现套期保值，进而抵消碳排放权现货市场价格波动导致的风险。

碳期货市场的两大基本功能分别是风险规避功能和价格发现功能。

1) 风险规避功能，是指碳期货市场能够规避碳现货价格波动的风险。碳金融市场对管制高度依赖，其运行面临着诸多风险。各国在减排目标、监管体系以及市场建设方面的差异，由于政治决策、股票市场、能源价格、异常天气等一系列复杂因素的综合作用，导致了市场分割、政策风险以及高昂交易成本的产生，进而使得碳现货价格产生剧烈波动。因此，在碳期货市场进行套期保值交易的主要目的，并不在于追求期货市场上的盈利，而是要用碳期货的形式转移这种价格风险，实现平衡两个市场的盈亏。碳期货市场为交易双方提供了媒介，交易者通过公开透明的交易平台，凭借信息优势，有效控制价格波动的风险。

2) 价格发现功能，是指碳期货市场通过其完善的交易运行机制，形成具有权威性、预期性、真实性和连续性的期货价格，进而能够预期未来碳现货市场的变动，发现未来的碳现货价格。具体来说，碳期货市场是一种接近于完全竞争市场的高度组织化和规范化的市场，拥有大量的买卖双方，采用集中的公开竞价交易方式，各类信息高度聚集并迅速传播。因此，碳期货市场的价格形成机制较为成熟和完善，能够提供连续、公开、高效的远期价格，进而作为未来某一时期现货价格变动趋势的"晴雨表"。碳期货市场发现价格的基本功能在很大程度上弥补了碳现货市场的价格缺陷，推动了价格体系的完善，促进了市场经济的发展。

此外，碳期货交易采用保证金交易，能以较低的交易成本实现合约的买卖行为，有助于提高市场的流动性。

2. 碳期权

（1）期权概述。期权是指一种合约，该合约赋予持有人在某一特定日期或该日之前的任何时间内，按照事先确定的价格，购进或售出一种资产（商品或金融工具）的权利。

期权交易实质上是一种权利的买卖，该权利为选择权，权利的购买方既可以在约定期限内行使买入或卖出标的商品或金融工具的权利，也可以放弃购买或者卖出标的商品或金融工具的权利。但是卖方没有权利，当买方决定行使该权利时，卖方必须按约定履行义务。特别的，期权卖方不一定拥有标的资产，即期权是可以"卖空"的；期权买方也非一定要购买资产标志物。因此，期权到期时双方不一定进行标的物的实物交割，只需按价差补足价款即可。

如果在约定的期限内，买方没有行使权利，则期权作废，交易双方的权利与义务也解除。按照买方行权方向的不同，有看涨期权和看跌期权；按照期权交易的场所的不同，有场内期权和场外期权；按照行使期权的时限不同，有欧式期权和美式期权；按照期权标的资产类型的不同，有商品期权和金融期权（见图3-6）。

（2）碳期权概述。碳期权是指货交易场所统一制定的、规定买方有权在将来某一时间以特定价格买入或者卖出碳配额或碳信用（包括碳期货合约）的标准化合约[30]。

与广义的期权类似，根据买方行权方向的不同，碳排放权期权可以分为看涨期权和看跌期权；根据交易场所不同，碳期权可以分为场内期权和场外期权。碳期权的作用与碳远期交易相似，都能够帮助控排企业提前锁定未来的碳收益或碳成本。如果企业有配额富余，可以提前买入看跌期权，锁定配额收益；如果企业有配额缺口，可以提前买入看涨期权，锁定配额成本。

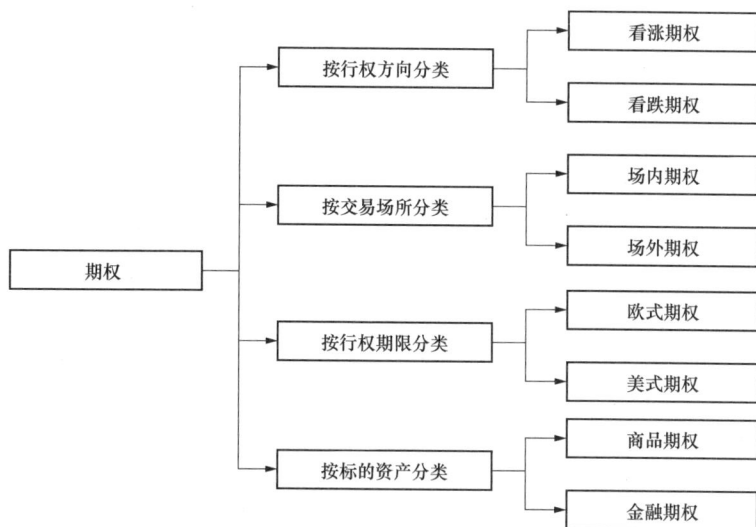

图 3-6 期权的类型

碳排放权期权合约的应用能够增加碳排放权购买方的交易稳定性，可以在一定程度上规避碳价波动带来的风险。目前，国际上主要的碳期权产品有：欧盟排放配额期货期权（EUA Future Options）、经核证的减排量期货期权（CER Future Options）、联合履行（Joint Implementation，JI）机制下衍生的排放削减量（Emission Reduction Unit，ERU）期货看涨或看跌期权。2021 年 4 月 19 日，广州期货交易所正式挂牌成立，将在证监会的指导下，推出国内首个碳期货产品，填补国内碳期货市场的缺失。

3. 碳远期

（1）远期概述。远期又称远期合约，是指合约双方承诺在未来的某一确定时间，以特定的价格买进或卖出一定数量的标的物的合约。其标的物可以是大豆、铜等实物商品，也可以是股票指数、债券指数、外汇等金融产品。远期合约实际上是一种保值工具，合约中需要明确交易标的物、有效期和交割时的执行价格等，远期合约的内容可以由买卖双方自行商定，是非标准化合约，同时，远期合约也是必须履行的协议。此外，远期和期货存在以下区别（见表 3-2）。

表 3-2　　　　　　　　　　远期和期货的区别

合约内容/合约类型	远　期	期　货
合约要求	非标准化合约	标准化合约
定价方式	协商价	公开竞价
结算方式	到期一次性结算	每日结算
交割方式	实物交割	对冲平仓
交易场所	场外 OTC	交易所大厅
保证金制度	无	有

（2）碳远期概述。碳远期是指交易双方约定未来某一时刻以确定的价格买入或者卖出

相应的以碳配额或碳信用为标的的远期合约[30]。碳远期本质上属于未来的现货交易，是为了规避现货交易风险的需要而产生。具体来说，在项目成立之前，由交易双方签订合约，规定碳额度的未来交易价格、数量和时间；但其为非标准化合约，基本不在交易所中进行，通过场外交易市场进行商讨。虽然碳金融市场发展时间较短，但是远期交易在碳交易产生初期就已经存在，CDM项目产生的核证减排量（Certified Emission Reduction，CER）通常采用碳远期的形式进行交易。买卖双方通过签订减排量购买协议，约定在将来的某一时期中，按照某一特定的价格对项目产生的特定数量的减排量进行交易。当前，我国在广东、上海和湖北均推出了碳远期交易（见表3-3）。

表3-3 碳远期交易产品类型

合约内容/合约类型	广东碳远期	上海碳远期	湖北碳远期
交易平台	场外交易	上海环境能源交易所	湖北碳排放权交易所
交易品种	广东碳配额；CCER	上海碳配额	湖北碳配额
合约规范	交易双方协商确定	标准化合约	标准化合约
履约方式	实物交割	实物交割；对冲平仓；现金交割	实物交割；对冲平仓
价格形成	交易双方协商	询价交易	协商议价

4. 碳掉期

（1）掉期交易是指交易双方约定在未来某一时期相互交换某种资产的交易方式，或者说，掉期交易是当事人之间约定在未来某一期间内相互交换他们认为具有等价经济价值的现金流的交易。掉期交易与期货、期权交易一样，已成为国际金融机构规避汇率风险和利率风险的重要工具。较为常见的是货币掉期交易和利率掉期交易。

（2）碳掉期指交易双方以碳资产为标的，在未来的一定时期内交换现金流或现金流与碳资产的合约，包括期限互换和品种互换[30]。其中，期限互换是指交易双方以碳资产为标的，通过固定价格确定交易，并约定未来某个时间以当时的市场价格完成与固定价格交易对应的反向交易，最终对两次交易的差价进行结算的交易合约；品种互换是指交易双方约定在未来确定的期限内，相互交换定量碳配额和碳信用及其差价的交易合约[30]。

碳掉期包括以下4个主要交易环节：

1）固定价交易。交易双方约定以未来一方以某固定价格向另一方购买标的碳排放权；

2）浮动价交易。交易双方约定，一方在合约结算日以浮动价格向另一方购买标的碳排放权，该浮动价格与标的碳排放权在交易所的现货市场交易价格相挂钩；

3）差价结算。在合约结算日，交易所根据固定价格与浮动价格之间的差价对交易结果进行结算。若浮动价格高于固定价格，则看多方为盈利方，看空方为亏损方，空方向多方支付资金为浮动价格与固定价格之间的差价与标的碳排放权的乘积；

4）保证金监管。交易所按照掉期合约的约定，向交易双方征收始保证金，且处于合约期内定期根据现货市场价格的变化情况对保证金进行清算。交易所可根据清算结果，要求浮动亏损方补充维持保证金；若未按期补足，交易所将有权进行强制平仓[7]。

碳排放权场外掉期合约交易为碳市场交易参与人提供了防范价格风险、开展套期保值的功能。一方面，此类交易的活跃将为碳市场创造更大的流动性，并为未来开展碳期货等创新交易摸索经验。另一方面，它是对国务院《关于促进资本市场健康发展的若干意见》提出的"继续推出大宗资源性产品期货品种，发展商品期权、商品指数、碳排放权等交易工具，充分发挥期货市场价格发现和风险管理功能，增强期货市场服务实体经济的能力"的积极响应。

三、碳金融投融资服务

1. 碳资产托管

（1）托管业务是指接受各类机构、企业和个人客户的委托，为客户委托资产进入国内外资本、资金、股权和交易市场从事各类投资与交易行为，提供账户开立和资金保管，办理资金清算和会计核算、进行资产估值及投资监督等各项服务，履行相关托管职责，并收取服务费用的银行金融服务。

（2）碳资产管理机构（托管人）与碳资产持有主体（委托人）约定相应碳资产委托管理、收益分成等权利义务的合约[30]。其一般运作模式为：

1）双方签署托管协议，约定托管数量、期限、收益分享、约定返还配额或 CCER 数量。

2）于备案交易所协议备案，缴纳保证金及违约金。

3）将配额划转至碳资产公司，择机销售。

4）托管结束，将约定配额或 CCER 的返还，支付收益，恢复账户出金功能。

2. 碳质押

（1）《中华人民共和国担保法》将质押定义为"债务人或者第三人将其动产或者权利移交债权人占有，将该动产作为债权的担保。债务人不履行债务时，债权人有权依法就该动产卖得价金优先受偿"。质押通常可划分为动产质押和权利质押。质押必须转移占有的质押物，质权人既支配质物，又能体现留置效力。

（2）碳资产的持有者（即借方）将其持有的碳资产作为质物/抵押物，向资金提供方（即贷方）进行抵质押以获得贷款，到期再通过还本付息解押的融资合约[30]。配额碳资产和减排碳资产，本质上都是碳排放权利的转让，即都属于在碳交易市场中流通的无形资产。因此，碳资产作为质押贷款的标的物，当债务人无法履行债务时，债权人拥有权利处置被质押的碳资产。

3. 碳回购

（1）回购是指商业银行按照签订回购协议的方式，售出其持有的金融资产，并且约定在规定的时期按事前商议的价格购回的一种融资方式。

（2）碳资产的持有者（即借方）向资金提供机构（即贷方）出售碳资产，并约定在一定期限后按照约定价格购回所售碳资产以获得短期资金融通的合约[30]。配额持有者作为碳排放配额的出让方，其他机构交易参与人作为碳排放配额的受让方，双方签订回购协议，约定出售的配额数量、回购时间和回购价格等相关事宜。在协议有效期内，受让方可以自行处置碳排放配额。

4. 碳基金

（1）基金从广义上来讲是指为了某种目的设立的具有一定数量的资金，基金既可以用于证券投资，也可用于企业投资和项目投资。与股票和债券不同的是，基金是一种间接投资方式。通常人们所说的基金指的是证券投资基金，即通过发售基金份额，将众多投资者的资金集中起来，形成独立资产，由基金托管人托管，基金管理人管理，以投资组合的方法进行证券投资活动的一种利益共享、风险共担的集合投资方式。

（2）从广义上来讲，碳基金是一种由政府、金融机构、企业或个人投资设立的，通过在全球范围购买碳减排信用额、投资于温室气体减排项目或投资于低碳发展相关活动，从而获取回报的投资工具。碳基金主要分为狭义碳基金、碳项目机构和政府采购计划三种类型。其中狭义碳基金被理解为在碳交易市场产生的初期，利用公共或私有资金在市场上购买京都机制下的碳金融产品的投资契约。而随着碳交易市场的发展，资金投资的标的物或投资范围也同时拓展到非京都机制下产生的碳信用产品。碳基金是碳市场环境下的金融创新需求，特别是在碳市场发展的早期阶段，碳基金的建立发展在引导控排企业履约、开发碳资产、推动民营企业参与碳排放权交易、推进低碳技术、促进低碳产业转型、推动城市低碳发展等方面都有较为深远的影响。

为落实《京都议定书》规定下的清洁发展机制和联合实施机制，世界银行于 2000 年率先成立碳基金，即由承担减排义务的发达国家企业出资，来购买发展中国家环保项目的减排额度。由于其中蕴含着巨大的商业机会，许多国家、地区、金融机构以及企业、个人等相继出资成立了碳基金，在全球范围内开展减排或碳项目投资，购买或销售从项目中所产生的可计量的真实碳信用指标。

本 章 知 识 结 构 图

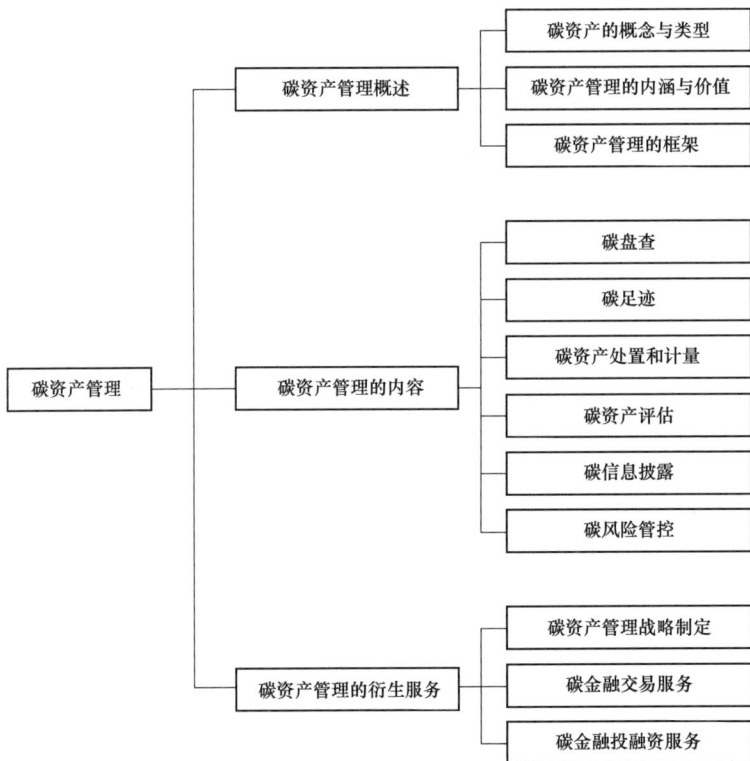

思　考　题

1. 碳资产包括哪些类型？
2. 碳资产管理的具体内容和作用是什么？
3. 碳资产管理体系包含哪些部分？
4. 碳盘查包括哪些步骤？
5. 碳足迹的核算方法有哪些？
6. 碳资产计量的方法有哪些？
7. 碳资产评估有哪几种方法？
8. 碳信息披露的内容是什么？
9. 如何进行碳风险管控？
10. 碳金融交易服务包括哪些内容？
11. 碳金融投资服务包括哪些内容？

第四章　碳排放权交易

　　控制温室气体排放，发展低碳经济，既是优化能源结构、促进节能减排、破解资源环境约束的必然要求，也是推动经济社会高质量发展和生态环境高水平保护的重要支撑。碳排放权交易是利用市场机制以较低社会成本控制和减少温室气体排放，推动绿色低碳发展的重大制度创新。本章根据国内外碳排放权交易市场的实践经验，主要介绍碳排放权交易的配额机制、价格机制、交易方式等市场机制，阐述碳排放权交易理论与方法体系。

第一节　碳排放权交易概述

　　碳排放权交易是利用市场机制对碳排放进行控制，从而减少温室气体排放的一种手段。本节主要从碳排放权交易概念、交易的核心要素及碳排放权国内外市场的发展情况三个方面介绍碳排放权交易的内容体系。

一、碳排放权交易概念

1. 碳排放权交易的定义

　　碳排放权是指在满足碳排放总量控制的前提下，重点温室气体排放单位在生产经营过程中直接或间接向大气排放二氧化碳的权利，包括可供的碳排放权和所需的碳排放权两类。

　　作为一种具有价值的财产，碳排放权可以商品的形式在市场上流通，主要集中在企业之间，减排容易的企业将减排产生额外的碳排放权出售给减排困难的企业，相当于帮助后者完成减排任务的同时也获得一定的盈利，这就是碳排放权交易的基本原理。例如：某用能企业，每年碳排放上限为 1 万 t，但是该企业通过各种技术手段节能减排，使得今年的实际碳排放低于 1 万 t，因为减排而多出的部分，就可以在市场进行出售；与此同时，某些企业由于扩大生产等需求，导致超出了原定的排放上限，因此需要购买额外的碳排放额度满足要求。由此，区域内的碳排放量得到控制，同时也促进和激励企业实行技术改革、节能减排。

　　排放权交易理论主要为应对气候变化而提出，碳排放权交易体系作为理论的实践表现，其主要目的是控制温室气体的排放，同时建立起以为温室气体配额，或以温室气体减排信用为标的物的交易体系。区别于常见的实物商品市场，碳排放权的交易是一种虚拟的，通过人为建立的政策主导市场。在一定区域内合理分配碳排放权资源，控制节能减排成本是该市场设计的初衷。

　　碳排放权交易的概念最早源于 1968 年美国经济学家戴尔斯关于"排污权交易"的理论，该理论认为污染物排放是一种权利，需要通过法律手段以许可证的形式进行约束，同时赋予其商品的属性[39]。戴尔斯将这一理论首先应用于水污染控制，随后在 SO_2 和 NO_2 减排领域，也运用了这一理论。作为一种重要的环境经济政策，美国首先将排污权交易纳入治理大气污染和河流污染，英国、澳大利亚、德国等国家也相继出台了有关排污权交易的政策措施。排污权交易的具体要求是：首先，政府对实行区域内污染物排放量做出评估，给出最大排放量上限，同时将其拆分成一定量的份额，一份排污权对应一个份额。其次，同时建立两级市场，一级市场主要为政府，通过招标及拍卖等方式将排污权有偿地分配给排污单位；二级市场主要为排污单位，排污单位得到排污权后，利用二级市场，可以将手中的排污权进行出售，同时也可以购买其他排污单位的排污权。

为了应对气候变暖产生的环境问题，全球 100 多个国家于 1997 年签订了《京都议定书》，协议中明确规定了相关国家对应的减排义务，同时提出了三个灵活的减排机制，包括 CDM、JI、排放交易（Emissions Trade，ET）。2005 年，《京都议定书》正式生效，碳排放权也随之拥有了商品属性，成为在国际上流通的商品，与此同时，一些金融机构如投资银行、对冲基金及证券公司等也发现了其中的商机，开始参与碳排放权交易。荷兰和世界银行在 2002 年已经开始进行关于碳排放权的交易，但是关于全球碳排放权交易市场（简称碳市场）的成立，国际上普遍认为市场诞生时间应为 2005 年。

2. 碳排放权交易的类别

（1）根据交易对象分类。根据碳排放权交易的对象划分，可以分为配额交易市场（Allowance-based Trade）和项目交易市场（Project-based Trade）两大类。

配额交易市场主要针对的是企业最初从政府手中获得的碳排放权额度，这部分配额是配额交易市场最主要的交易对象。其中最具代表性的是《京都议定书》中的排放配额（Assigned Amount Unit，AAU）及欧盟排放权交易体系使用的欧盟配额（European Union Allowance，EUA）。

项目交易市场主要交易对象是减排凭证，减排凭证主要作用是对部分排放额度进行抵消，而减排凭证的产出主要是通过削减温室气体的各类项目，因此称其为项目交易市场。该市场具有代表性商品主要包括 CDM 产生的 CER 及 JI 产生的 ERU。

（2）根据组织形式分类。按照组织形式对碳排放权交易进行分类，可以分为场内交易和场外交易。场内交易，顾名思义就是在市场内进行交易，包括挂牌、拍卖等；场外交易主要是在市场外进行交易，交易形式主要为企业间协商交易。全球主要的碳排放权交易平台多为场内交易平台，如欧洲气候交易所、芝加哥气候交易所等，我国试点碳市场以及全国碳市场也以场内交易为主。

（3）根据法律基础分类。不同的国家法律体系千差万别，因此对应的碳市场也有区别。通过不同的法律体系可以将碳市场分为强制交易市场和自愿交易市场。强制交易市场指的是某国家或地区在法律中明确规定了温室气体排放总量，为了达到法律强制减排要求产生的市场，即强制交易市场。自愿交易市场是企业出于社会责任、品牌营造、环境保护等因素，企业内部之间形成一些协议，约定温室气体排放量，在这种协议基础上形成的交易市场即为自愿交易市场。

3. 碳排放权交易的意义

碳排放权交易是各国政府应对气候变化、减少温室气体排放最重要的碳价工具之一。

理论和实证研究都表明，碳价机制是最具成本效益的减排工具，特别是在中短期，这种降低成本的举措可以带来更多的减排机会。因此碳排放权交易对于社会、企业及环境来说有着重要的意义。

（1）社会层面的意义。碳市场机制鼓励使用和发展清洁、低碳能源，借助于碳市场的抵消机制，将化石燃料燃烧和工业生产过程与可再生能源产业体系建立紧密联系，将给世界各国带来更多发展机遇，为世界能源安全与稳定作出积极的贡献；在碳排放权交易机制影响下，能够有效地减少二氧化碳气体的排放，减少温室效应导致的全球气候变暖，海平面上升等气候问题；此外通过碳排放权交易机制也能够控制其他温室气体的排放，减少环境污染。

（2）行业层面的意义。推进碳市场建设有助于各个行业结构调整，促进技术和资金转向低碳发展领域。其中，高耗能产业因能耗高而需承担更多碳排放成本，相对其他产业的竞争劣势更为凸显，将推动产业结构向低能耗、高附加值方向优化升级。

（3）企业层面的意义。企业通过获得的与碳有关的资产可以用于企业日常的生产经营；通过出售配额或减排量可以带来额外的经济效益；通过减排促进企业绿色低碳发展；同时碳市场将碳排放成本内部化为企业生产成本，高能效企业相对低能效同行企业获得更多竞争优势，将鼓励企业通过技术改造升级以实现节能减排。

二、碳排放权交易核心要素

1. 法律体系基础

碳排放权交易作为一种强制的政策性市场，需要依托法律法规保障政策的强制力和约束力，明确碳排放权交易各个要素和各相关方的权利义务，指导和规范市场主体的行为。因此，一套完善的法律体系是碳排放权交易体系中最为核心的要素，是碳排放权交易能否正常进行的决定因素[40]。

在实施碳排放权交易前，欧盟、美国等国家和地区针对碳排放权交易出台了相关的法律政策（见表4-1），规定了碳市场的市场定位、配额等内容。此外，有些国家还出台了基于技术层面的法律，规定了交易的具体内容。例如，EU ETS中，技术层面的法律法规包括针对登记注册的《登记系统法规》，针对监测报告核查（Monitoring Reporting Verfication，MRV）的《MRV法规》，配额分配的《分配决定 2011/278/EU》，还有《指导文件》和《规则手册》等指导性文件。目前我国碳排放权交易主要指导性文件为《碳排放权交易管理办法（试行）》，以及生态环境部关于碳排放权登记、交易和结算的三个管理规则，尚无对应的法律文件。

表4-1　　　　　　　　　　　碳排放权交易体系的基础法律法规

交易体系（ETS）	基础性法律法规
欧盟排放交易体系（EU ETS）	《指令 2003/87/EC》
美国区域温室气体减排行动（RGGI）	RGGI提供一个《示范规则》各个参与州以此为基础各自立法
新西兰排放交易体系（NZ ETS）	《气候变化应对法令 2002》
加州总量控制与交易计划（CCTP）	《加州法规 17卷》第五章　第10节　气候变化
澳大利亚碳定价体系（ACPM）	《清洁能源未来法律》

作为针对碳排放的定价机制，碳排放权交易最主要目的就是将碳排放产生的成本内化到企业生产成本中，因此排放配额的财务属性也是需要相关法律进行规定。明确企业处理碳资产的方法，以及关于碳资产和碳交易产生的额外税费的处理方法。

2. 交易基本框架

交易框架是指在交易市场中的基础规则，合理设置交易框架，能够保障市场的平稳运行。作为碳排放权交易体系中的基础要素，搭建交易基本框架时需要综合考虑以下几个要素。

（1）碳排放目标。碳排放权交易的首要内容就是设置碳排放上限目标，规定了整个体系的排放上限，给配额赋予了稀缺的标签，奠定交易的理论基础，同时对交易主体给予现实激励。

设置排放目标时，通常包括两种方法：一种是基于实物量的强度方式；另一种是绝对量的方式。基于实物量的强度方式主要应用在经济快速增长时期，目的是控制体系的减排成本，也可以应用在经济萎缩状态下应对排放指标分配过度以及价格暴跌的问题；绝对量的方式主要应用在经济快速增长阶段，绝对量可以控制整个体系的排放上限，但是体系减排成本也会随之增加。目前，绝大多数国家采用绝对量的方式控制整个体系的排放上限，基于这种原则的产生的设定方式就是"总量控制与交易"（Cap and Trade）。

设置总量目标时，需要从宏观和微观两个角度综合考量。宏观角度主要基于整个国家或地区的排放控制目标，考虑可再生能源政策、节能政策及低碳政策等因素，明确碳排放权在各种政策中的定位，从而将总量目标分解到排放权交易体系中；微观角度主要是从企业出发，分析企业的历史排放情况、减排潜力等因素，预测企业未来的排放情况，再将所有覆盖范围内的企业的控排总量累加得到整个体系可能的总量。综合宏观和微观两个方面得出的结果，确定排放总量。

（2）交易体系的覆盖范围。覆盖范围指的是哪些行业被纳入碳排放权交易体系，进行碳排放权交易，同时也需要明确将哪些温室气体纳入交易体系中。因此在确定体系覆盖范围的过程中需要考虑：行业排放量、行业排放量的排放比例、行业减排潜力、行业减排成本、行业排放数据获得的难易程度、行业监管难度等多个方面。覆盖的行业以及排放源越多，整个体系的减排潜力越大，不同行业的减排成本差异性比较明显，有利于降低整个体系的减排成本。与此同时，多个行业和排放源的纳入，无形中增加了监管部门的监管难度，同时相关行业的排放数据也更难获取。对于大多数排放体系来说，其覆盖范围考虑的首要因素是整个行业的排放量及其所占的比例，其次是排放数据获取的难易程度，此外还需要考虑减排潜力的大小。在覆盖的温室气体类型方面，需考虑当地的主要排放源，其交易体系可以狭义地进行覆盖，即仅纳入 CO_2 这一种温室气体，也可以广义地覆盖除 CO_2 外的 CH_4、N_2O 等其他温室气体。

（3）配额的初始分配。作为碳排放权交易体系最为重要的一个要素，就是如何对体系所覆盖的排放权分配其对应的碳排放配额。该额度的分配首先要基于整个体系的排放总量目标；其次分配的对象是需要考虑的另外一个方面，如将配额分配到企业还是分配到相关的排放设施。相比其他要素，配额的初始分配具有很强的政策性，因此如何确定配额以及分配对象，在分配规则制定的过程中需要引起更多的重视。

（4）MRV 机制。MRV 机制包括监测、报告、核查三个方面的内容。监测指监管部门制定相应的检测措施，企业配合监管部门执行相关的监测要求；报告指的是企业根据监测要求，及时报告有关排放的各项数据和排放情况等与排放相关的内容；核查指核查单位对排放实体报告以及其他辅助材料进行核查，对比其拥有的排放配额能否抵消其实际排放量，核查排放源是否完成了排放要求、实现了履约，将核查后的结果提交监管部门。这是碳排放权交易体系日常运行中最关键的一项内容。因此在建立 MRV 机制过程中，首先应该制定严格的监测规则，可以在排放源安装 CEMS，对排放进行实时监测，也可以通过实地调研和数据测算，制定行业对应的排放因子，通过企业能源消耗、原材料投入及产品的产出综合计算排放量；对于报告，需要统一各个排放实体，使其在交易管理部门统一登记注册，并按照相关规定按时、规范的提交报告；核查部分，监管部门需要制定相应的核查指南，保证核查机构在核查时能够按照统一的标准和要求对排放源的排放情况进行核查。相较于其他要素，MRV 机制的技术性要求很高，因此 MRV 机制在设置过程中客观性很强，主要考虑的因素是排放数据的偏差以及监测报告核查过程中产生的成本。同时需要不断完善MRV 的基础条件，包括监查核查部门和机构的建设以及相关岗位人才的培养。

（5）履约机制。履约机制是针对排放实体的规则，主要评估排放实体是否完成了其对应的履约义务，以及未完成履约义务时会造成什么后果以及对应的惩罚措施，对于企业能否按时完成履约任务起到至关重要的作用。通常，履约机制主要内容是规定排放实体在规定的履约期结束时，缴纳与其实际排放对应的排放配额，对于超出配额部分的排放量，监管部门将对其进行惩罚，并且敦促其在一定时间内补缴这部分配额。

（6）履约期和交易期。履约期是指从配额初始分配到向监管部门缴纳配额历经的时间，通常以年为单位，分为一年或多年。以多年作为履约期的基本单位，可以保障体系参与者在履约期内根据自身排放情况以及配额拥有量及时调整配额的使用，同时也能够有效降低市场内配额价格的波动，保证市场的稳定。以年作为履约期的基本单位，可以在相对较短的时间内明确减排结果，同时降低了因为体系总量设置不合理、宏观经济等因素产生的市场失效的风险。所以对于履约期的设置应根据排放量、排放数据及经济情况综合设定。

交易期指实施交易的周期，通常以阶段的方式进行设置，以年为单位，在每个阶段里，提前设置对应的总量目标、配额分配方案、覆盖范围、MRV 等要素。在这个阶段结束后及时总结这个阶段中出现的问题，从而及时对下一阶段的体系规则作出修改和完善。

以上内容是建立和运行碳排放权交易体系必须重点考虑的问题，对于体系的健康、安全、有效运行至关重要。

3. 交易相关机构

交易机构指进行交易及其管理的基本单位，是市场管理体系中最基本的管理与执行机构，对交易所内开展的各类交易活动行使管理、监督、实施及保障职能。交易机构的存在对交易体系起到有效的支撑和保障作用，在碳排放权交易体系中主要包含以下机构：

（1）登记注册机构。登记注册机构主要记录体系中各参与方的配额交易情况以及配额持有情况。因此监管部门必须建立一个安全、便捷和有效的电子登记系统。该系统为所有市场参与者提供账户，并在账户中准确记录配额的流动情况，包括配额的初始分配、获取、转出等。EU ETS 曾经因为登记系统出现漏洞，导致账户内的配额被盗取，因此登记系统的安全性必须得到保障。

（2）市场监管部门。碳排放权交易是一种政策驱动性市场，配额作为市场中的商品，因为其特殊性，具有数字化、虚拟化的特点。合理的市场监管能够保障政策市场的平稳运行，确保其减排的功能正常运行。市场监管主要包含：监管的内容和对象、监管机构的设立和权限规定、监管规则的制定和执行。对于市场监管部门，除了负责配额的分配部门，还需要专门设置监管排放交易的监管部门、负责核查的核查部门及实施履约机制的实施部门等。对于监管对象，应该明确碳排放权交易的性质，确定其监管机构和适用法律。

（3）金融机构。金融机构纳入市场可以加快市场的流动，从而发现成本最低的减排途径。与碳相关的金融产品包括碳基金理财产品、绿色信贷、信托类碳金融产品、碳资产证券化，金融机构可以依托上述金融产品参与碳市场的交易。同时，金融机构的参与带来的风险也不可忽视，比如市场的投机行为，过度的投机会导致市场的波动。所以需要对金融机构进行合理的监管，控制其可能带来的风险，促进碳市场的平稳发展。

（4）排放权交易平台。参与排放权交易需要一个统一的平台来进行，不同的交易平台会带来额外的交易风险，交易之后的结算也会增加流程，使得交易效率下降。因此，建设一个高效、公开、统一的排放权交易平台有利于保障碳市场的稳定运行，也可以有效的降低交易的额外成本。在建设过程需要综合考虑以下几点：交易平台的建立要基于市场需求；合理设置平台的交易种类；建设齐全的软硬件配套设施；明确市场特点明确平台定位。

4. 交易调控机制

调控的目的是通过各种手段对市场进行调整与控制，它的意义在于克服市场经济的缺陷，保证其健康发展。作为一种辅助要素，良好的调控政策不仅可以保障市场的健康发展，同时在市场面临问题时，可以通过调控机制规避相应的风险。在碳市场中主要包括以下几类调控机制：

（1）价格调控机制。配额价格作为一种市场机制，能够有效地判断碳排放权交易运行情况，市场内稳定的价格能够促进相关单位的长期投资，同时也能推动低碳技术的开发和利用，从而实现社会发展层面的低碳转型。在碳排放权交易体系中，价格调控机制的作用是，规定配额价格的范围，一旦配额价格超出范围以外，政府或者政府指定机构就会及时进入市场调整价格。规定价格范围是一种应对风险的管理工具，可以减少碳排放交易产生的风险对政府、市场参与者及整个社会的影响。价格调控的方式主要有政府公开市场操作、规定配额拍卖价格的范围及调整抵消信用的比例等。

从碳市场的特征出发，市场本身是一个政策驱动型市场，不是天然形成的市场，它能否成功运行主要取决于政府宏观层面的预定目标能否实现，即在控制成本的同时，控制温室气体排放。所以，在价格调控机制的设置过程中，需要对减排成本和排放控制两个方面的内容进行分析。从这个角度出发，对配额价格实行调控，确定其波动范围是合理的。特别是在市场建设初期，整个体系的运行经验缺乏、企业和消费者认识不足，调控机制就能更好地发挥作用。

（2）排放交易的税费机制。在碳排放权交易体系中，碳排放权交易的性质首先需要界定，这就涉及了交易所得产生的税费等。交易的性质模糊就会产生税务问题，所以需要在相关的法律法规中明文规定会计处理原则和税收原则，从而保障市场的稳定运行。

（3）排放配额的存储制度。存储的意思是指市场参与者可以将一个履约期内没有使用的配额，转移到下一个履约期继续使用，储存能够激励一些减排成本不高的企业多减排、早减排，并减少价格的波动性，还可以为短期需求的波动给予一定的缓冲。然而是否允许存储，也要考虑不同阶段的排放目标等因素的影响。现有的碳排放权交易体系，在市场运行前期，大多不允许配额储存，主要是因为排放历史数据不足、对于排放量的预测不够准确，总量目标设定不太合理，这个阶段市场的主要目标是获得准确的信息以及积累相关经验，所以不允许配额的储存。在市场运行稳定后的阶段，体系目标设置基本合理，并且具有一定的连贯性，允许存储可以获得更好的减排效果。

（4）连接与抵消机制。连接是指不同体系之间排放配额和减排信用的互相流通，即用其他体系的商品完成本体系的履约。不同的碳排放权交易体系之间连接，可以扩大体系的覆盖范围，提供不同的减排思路，从而降低整个目标的成本。而体系范围的扩大又可以针对"竞争力问题"和"碳泄漏"等现象，做出有效的解决；不同体系之间的连接也增加了商品的数量，一定层面上防止价格波动问题。但是连接机制最主要的是不同体系间的协调问题，包括减排目标、配额的初始分配、MRV 等。

抵消机制是指体系覆盖实体通过登记购买，获得抵消信用额度，用来完成履约任务的一种方式。体系未覆盖的实体可以通过实施减排活动产生减排量，经过相关机构认证后，这些减排量成为减排信用额，可以出售给体系覆盖的实体，用于抵消其排放。

三、国内外碳市场发展概况

1. 欧盟碳市场发展概况

EU ETS 起源于 2005 年，他的交易机制主要基于欧盟法令以及相关国家的立法。EU ETS 是世界上参与国最多、规模最大、最成熟的碳市场。EU ETS 目前经历了以下四个阶段（见表 4-2）。

表 4-2 欧盟碳市场发展阶段

发展阶段	第一阶段	第二阶段	第三阶段	第四阶段
年份	2005～2007	2008～2012	2013～2020	2021～2030
目标	2012 在 1990 年的基础上减少 8%		2020 在 1990 年基础上减少 20%	2030 在 1990 年基础上减少 55%
期初配额总量（Mt CO_2e/年）*	2096	2049	2084	1610
配额递减速率	—	—	1.74%	2.20%
配额分配方法	自上而下免费分配历史排放法	自上而下3%拍卖历史排放法+基准线	自上而下57%拍卖历史排放法+基准线法	自上而下57%拍卖历史排放法+基准线法
行业范围	电力+部分工业	新加入航空业	新扩大工业控排范围	无变化
抵消机制	无限制	定性与定量上均有较小限制	定性与定量上均有较大限制	不支持

注 *Mt 为百万吨。

EU ETS 的特点是金融市场完善、配套机制齐全以及积极对接国际碳市场。其中衍生品市场快速发展且交易频繁，从市场规模上看，2020 年欧盟碳排放权交易体系的碳排放权交易额达到 2014 亿欧元左右，占全球碳市场份额的 88%。从减排效果上来看，截至 2020 年，欧盟碳排放量相对 1990 年减少了 26%。

2. 美国碳市场发展概况

（1）芝加哥气候交易所。芝加哥气候交易所（Chicago Climate Ex-change，CCX）买卖的是碳金融工具合同（Carbon Financial Instruments）。芝加哥气候交易所主要覆盖了 CO_2、CH_4、N_2O、HFC_S、PFC_S 与 SF_6 六种气体。交易采用会员制，参与交易的主体首先需要登记注册成为交易所会员，然后才能在平台上进行交易。交易主要以自愿的限额交易为主，同时涵盖了一定的抵消项目。芝加哥交易所于 2006 年完成第一阶段的交易活动，2010 年 10 月交易截止，通过交易减少排放量 7 亿 t，相当于公路上减少了 1.4 亿辆机动车。其中 88% 减排量源于工业，其余 12% 来自排放抵消项目。目前，芝加哥气候交易所已经停止交易，不过仍然保留了排放抵消项目。

（2）加利福尼亚州碳市场。美国加利福尼亚州（简称加州）于 2013 年正式启动碳市场。加州于 2007 年加入了西部气候倡议（Western Climate Initiative，WCI），共同合作以减少温室气体排放。目前，在 WCI 成员中，仅有加州和魁北克建立了碳市场。2014 年 1 月 1 日，加州和魁北克连接的碳市场正式启动。经过 9 年的发展，加州碳交易体系已历经四个阶段，如表 4-3 所示。加州碳市场目前覆盖了加州 85% 的温室气体排放，覆盖了加州绝大部分的经济部门。加州碳市场的设计吸取了欧盟碳市场的经验，总结了美国区域性碳市场的经验，实施了创新性的措施。运行以来，加州碳市场被广泛认为是富有成效的。

表 4-3   加州碳市场发展阶段

发展阶段	第一阶段	第二阶段	第三阶段	第四阶段
年份	2013～2014	2015～2017	2018～2020	2021～2023
期初配额总量（Mt CO_2e/年）	162.8	394.5	358.3	321.1
配额递减速率	1.9%	3.1%	3.1%	4%
配额分配方法	免费（基准线法）+ 拍卖（58%）			
行业范围	电力、工业、电力进口、化石燃料燃烧固定装置		增加天然气、汽油、柴油、液化石油气供应商	

3. 我国试点碳市场发展概况

2011 年 10 月底，我国在"两省五市"（湖北省、广东省、北京市、上海市、天津市、重庆市和深圳市）展开了碳市场的试点工作。从 2013 年 6 月开始，7 个碳市场陆续启动并开始交易。试点的地域跨度从华北、中西北到南方沿海地区，覆盖区域达 48 万 km^2，约占全国总 GDP 的 30%，七个地区总碳排放量约占全国的 20%，覆盖行业 20 多个，覆盖企事业主体 2000 多家。这些行业每年可以形成约 12 亿 t 的 CO_2，规模仅次于 EU ETS。截至 2020 年 12 月 31 日，7 个试点碳市场配额现货累计成交量为 4.55 亿 t，成交额为 105.5 亿元，线上成交量为 1.88 亿 t，成交额为 48.52 亿元。此外，福建省于 2016 年 12 月 22 日启动碳交易市场，成为国内第 8 个碳交易试点。近年来，福建碳市场的交易规模、交易金额持续增长。截至 2021 年，福建碳排放配额（FJEA）已成交 1136.16 万 t、2.3 亿元，国家核证自愿减排量（CCER）成交 1329.57 万 t、5 亿元，特别是福建林业碳汇（FFCER）成交 283.93 万 t、4000 多万元，位居全国前列。

试点工作启动以来，地方试点高度重视碳排放权交易体系建设，根据自身的产业结构、排放特征、减排目标等情况，进行碳市场顶层设计。在此基础上，组织相关部门开展各项基础工作，包括设立专门管理机构，制定地方法律法规，确定总量控制目标和覆盖范围（见表 4-4），建立温室气体 MRV 制度制定配额分配方案，建立和开发交易系统和注册登记系统，建立市场监管体系，以及进行人员培训和能力建设等。

表 4-4 地方试点碳交易政策法规

省（市）	政策法规及出台时间	交易体系覆盖范围
北京	市人大决定（2013 年 12 月） 碳交易管理办法（2014 年 5 月）	火电、热力、石化、水泥、航空及交通运输、服务行业及其他工业
天津	碳交易管理办法（2013 年 12 月）	电力热力、钢铁、化工、石化、油气开采、建材、造纸、航空
上海	碳交易管理办法（2013 年 11 月）	10 个工业行业（钢铁、石化、化工、有色、电力、建材、纺织、造纸、橡胶、化纤）和 8 个非工业行业（航空、港口、机场、铁路、商业、宾馆、金融、建筑）
重庆	市人大决定草案（2014 年 4 月） 碳交易管理办法（2014 年 5 月）	发电、化工、热电联产、水泥、自备电厂、电解铝、平板玻璃、钢铁、冷热电三联产、民航、造纸、铝冶炼、有色金属冶炼及压延延压加工
广东	碳交易管理办法（2014 年 1 月）	电力、水泥、钢铁、石化、造纸、民航、陶瓷、纺织、数据中心等行业及新建项目行业
湖北	碳交易管理办法（2014 年 4 月）	全部为工业，包括电力、热力和热电联产、钢铁、水泥、石化、化工、汽车、通用设备制造、有色金属和其他金属制品、玻璃及其他建材、化纤、造纸、医药、食品饮料、陶瓷共 15 个行业
深圳	市人大规定（2012 年 10 月） 碳交易管理办法（2014 年 3 月）	制造业、电力、水务、燃气、公共交通、机场、码头等 31 个行业
福建	碳交易管理办法（2016 年 9 月）	除国家规定的石化、化工、建材、钢铁、有色、造纸、电力、航空八大行业外，福建省针对本省产业特点，将陶瓷行业纳入试点行业

4. 全国碳市场发展概况

经过多年试点碳市场建设工作，我国在 2021 年 7 月正式启动全国碳排放权市场的交易。最先纳入市场覆盖范围的是电力行业，包括发电企业以及自备电厂。电力行业是我国最大的单一碳排放行业，约占整个行业排放量的 51%，我国于 2017 年 12 月 19 日就颁布了有关发电行业的碳市场建设方案《全国碳市场建设方案（发电行业）》，随后在 2020 年底又相继颁布了《碳排放权交易管理办法（试行）》《2019～2020 年全国碳排放权交易配额总量设定与分配实施方案（发电行业）》及《纳入 2019～2020 年全国碳排放权交易配额管理的重点排放单位名单》。2021 年 5 月 14 日，生态环境部印发了关于市场登记、管理、结算规则《碳排放权登记管理规则（试行）》《碳排放权交易管理规则（试行）》和《碳排放权结算管理规则（试行）》。2021 年 7 月 16 日，全国碳排放权市场正式开市，湖北能源交易所和上海能源交易所分别进行排放权注册工作和交易系统运行。全国碳市场在第一个履约周期纳入发电企业 2162 家，覆盖约 45 亿 t 二氧化碳排放量。

全国碳市场 2021 年 12 月 31 日完成第一个履约周期，履约率 99.5%，累计成交碳排放配额 1.79 亿 t，成交额 76.61 亿元，成交均价 42.85 元/t。

第二节　碳排放权交易配额机制

配额机制是碳排放权交易中的核心机制，碳配额也是碳排放权市场交易中的核心产品。本节主要从碳配额概述、配额分配方法和配额分配实例三个方面介绍碳排放权交易配额机制。

一、碳配额概述

碳配额是指按规定必须完成的温室气体减排指标。碳配额的实质是在一个自由排放的领域，通过对排放目标的设置，将不受约束的排放权改造成为具有价值的配额的过程。作为碳市场的主要交易内容，碳配额主要通过政府分配，即在碳排放总量控制下，授权或出售给企业有限额规定的排放许可证。在规定期限内，如果企业排放量超出许可证的上限，就必须在碳市场上购买排放配额；如果企业排放量低于上限，可以在市场上出售多余的配额。例如：某企业通过分配获得了 10 万 t 的配额，则该企业在设定的时间内，能够排放 CO_2 的最大额度就是 10 万 t，如果实际排放量超过了 10 万 t，则需要通过交易购买配额来提高企业排放的许可上限；如果通过技术改造等节能减排的方式，使得实际排放低于 10 万 t，企业就可以选择出售多余配额，既满足配额上限要求，同时获得碳排放权收益。

碳配额的交易具有以下特点：①绝对性，碳配额对于排放企业来说是绝对的，即排放量绝对不能超过所拥有的配额上限；②预先性，配额在发放以及交易之前，其总量就已经预先确定了，在碳市场开放之前会发放给相关企业；③小范围，相较于自愿减排量全球范围内的认证，碳配额的交易一般限制在当地范围内，如全国碳市场中的碳配额，交易范围就只能在国内企业之间进行，EU ETS 中的欧盟碳配额就仅限欧盟国家的企业之间交易。此外，配额分配以及交易也在企业间进行，而自愿减排量交易除了企业之外也可以满足个人履行社会责任的需要。

碳排放权交易体系中，与企业关系最重要的是碳排放配额的分配。在建立碳排放权交易体系后，配额的稀缺性导致了价格的形成，所以配额的分配实质上是财产的分配，配额的分配方式决定了企业参与碳排放权交易体系的成本。例如，分配方法可能成为影响企业在确定产量、新的投资地点以及将碳成本转嫁给消费者的比例等问题上的决策的关键因素。基于上述原因，配额分配方法亦会影响碳排放权交易体系的经济总成本。配额发放过程中，需要考虑以下目标：

（1）向碳排放权交易体系的平稳过渡。通过恰当的配额分配方式，理顺碳排放权交易体系建设过程中面临的诸多问题。其中一些问题与成本及价值的分配有关，具体可表现为可能的资产价值受损（搁浅资产）、对消费者及社会的不良影响，以及识别早期实施减排行动的实体的需求。其他问题则涉及相关风险，如参与者在初期阶段的交易能力相对较低，或者在体系能力相对薄弱的情况下部分企业可能抵制碳排放权交易体系。

（2）降低碳泄漏或丧失竞争力的风险。这些风险主要因为不良环境、经济及政治等因素造成。降低这些风险是碳排放权交易体系设计的重要方面。

（3）增加收入。碳排放权交易体系建立后产生的配额是有价值的。通过出售配额，政策制定者可筹措大量公共资金用于碳减排工作的推进；市场参与主体可通过节能减排获得环境收益。

（4）保持以成本效益的方式实现减排的激励性。实现上述目标，政策制定者必须确保坚守碳排放权交易体系总体目标不动摇，确保重点排放单位以成本有效和尽可能通过价值链来获得减少排放的有效激励。

在许多情况下，配额的总价值会明显高于减排成本，找到一种政府、利益相关方和公众都能够接受的解决方案是启动碳排放权交易体系的关键所在，也是实现碳中和，实施碳管理的长期任务。

二、碳配额分配方法

碳配额分配包括有偿分配和无偿分配两种基本分配方法，如图 4-1 所示。有偿分配指企业通过支付货币的方式得到配额。在有偿分配方式中政府可选择通过拍卖的方式出售配额，也可以制定固定的配额价格，需求方购买相应的配额。无偿分配指企业无需支出，免费获得配额。该方式主要通过政府制定配额分配方式，包括基准线法、历史排放法（历史总量法）及历史强度法等无偿分配方式[41]。

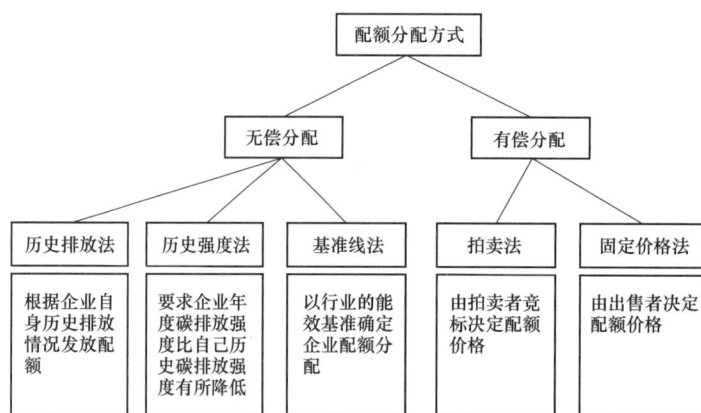

```
                    配额分配方式
                         |
            ┌────────────┴────────────┐
         无偿分配                    有偿分配
            |                           |
    ┌───────┼───────┐              ┌────┴────┐
  历史排放法 历史强度法 基准线法      拍卖法    固定价格法
    |         |        |            |          |
根据企业自  要求企业年  以行业的能   由拍卖者竞  由出售者决定
身历史排放  度碳排放强  效基准确定   标决定配额  配额价格
情况发放配  度比自己历  企业配额分   价格
额         史碳排放强  配
           度有所降低
```

图 4-1　碳配额分配方法

事实上，多数碳排放权交易体系较少选择以单一形式（拍卖或免费发放）分配所有配额，而是采用混合模式，使得某些行业中的重点排放单位能够获得部分配额，而非全部免费配额。这种方式能够确保那些存在碳泄漏风险的行业通过适当的免费配额分配免于碳泄漏。此类行业通常借助两类主要指标识别碳排放强度和受碳排放交易的冲击程度。

1. 有偿分配

（1）拍卖法。拍卖是指在规定的时间与场所，按照一定的章程和规则，将要拍卖的货物向买主展示，公开叫价竞购，最后由拍卖人把货物卖给出价最高的买主的一种现货交易方式。作为分配机构，政府对于企业配额量不需要进行设置，整个交易过程及相关价格均由市场自发形成。政府通过拍卖配额，使得配额通过一种不容易导致市场扭曲的方法让价高者得，并为公共收入提供新增长点。拍卖方式不仅提供了灵活性，对消费者或社会的不利影响进行补偿，同时也奖励了先期减排行动者。然而，拍卖对防范碳泄漏效果甚微，且无法补偿因搁浅资产而导致的损失。因此拍卖法优点是：增加政府收入，降低补贴政策降低扭曲效应；解决寻租问题；分配更有效率。其缺点是：可能出现价格设置不合理导致资产搁浅；不易被企业接受。

（2）固定价格法。固定价格，指政府对碳配额进行统一定价，再由企业根据需求以固定的价格购买对应的碳排放权额度。和拍卖方式一样，固定价格法也是一种现货交易。作为分配机构，政府对于企业配额量不需要进行设置，整个交易过程均由市场自发形成，不同的是固定价格法对价格进行了规定。因此对于固定价格法，同拍卖法一样，优点是可以增加政府收入，降低补贴政策降低扭曲效应；解决寻租问题；分配更有效率。缺点是可能出现价格设置不合理导致资产搁浅；不易被企业接受。

2. 无偿分配

（1）基准线法。基准线法指以纳入配额管理单位的碳排放效率基准为主要依据，确定其未来年度碳排放配额的方法。其核心计算公式为：

$$企业配额量=行业基准×企业当年实际产出量 \tag{4-1}$$

企业当年实际产出量是企业所有产品的实际产量，行业基准即碳排放强度行业基准值，是指某一行业中代表某一水平的单位活动水平的碳排放量，比如选取整个行业的前15%、25%企业的碳排放做一个加权平均，得到的数据就是该行业的行业基准。在设置行业基准时需要综合考虑以下问题：①全行业企业排放数据分布特征；②交易体系碳强度下降要求；③行业转型升级（去产能、去库存）要求；④不同行业的协调问题。

如果能确保基准设计的连贯性、一致性与审慎性，使用固定的行业基准法可持续激励相关主体以高成本效益的方式实现减排目标（包括通过需求侧的减排）。此外，固定的行业基准法同样可以奖励先期减排行动者。然而，如果基准值未经精心设计，可能无法实现上述优势。同时，固定的行业基准法也是一种耗时长久和对数据要求较高的分配方法。固定的行业基准法在防范碳泄漏方面的效果可能好坏参半，且仍有赚取暴利的可能性。用于确定向重点排放单位发放免费配额额度的产量可以是历史数据，亦可是实时数据，若使用实时数据则须进行更新。对于基准线法，其优点为：分配方式相对公平；为行业减排树立了明确的标杆，考虑了新老企业的排放。同时该方法的缺点是：计算方法复杂；所需数据要求高；行政成本高。

（2）历史排放法。历史排放法是根据企业历史基线年数据，从而确定企业分配到的碳配额数量的一种方法，其核心计算公式为：

$$企业配额量=企业历史排放基数 \tag{4-2}$$

企业历史排放基数是指企业近些年的排放数据进行平均后得到的数据，该基数一旦确定，企业未来几年的配额分配量均为该基准。

该方法一般适用商场、宾馆酒店、商务办公、机场等建筑，或是产品复杂，数据基础薄弱的企业。历史排放法能够补偿因搁浅资产引致的损失。在管理下游排放的碳排放权交易体系中，历史排放法可成为碳排放权交易体系平稳过渡期的一种简单易行的方式。只要分配水平没有根据企业实际排放进行事后更新，历史排放法便可为促进以高成本效益的方式实现减排目标提供强大动力。通过提供针对搁浅资产风险的补偿，历史排放法亦有助于完成向碳排放权交易体系的平稳过渡。然而，该方法也增加了赚取暴利的可能性，并且在碳泄漏防范方面的效果较弱，若与事后调节相结合，则可能导致扭曲的价格信号，且无法奖励先期减排行动者。因此历史排放法的优点为：计算方法简单，对数据要求低。该方法的缺点是：变相奖励了历史排放量高的企业；未考虑近期经济发展及减排发展趋势；未考虑新企业无历史排放数据。

（3）历史强度法。历史强度下降法是指根据排放企业的产品产量、历史强度值、减排系数等计算分配配额。即企业自身进行纵向对比，例如在过去 3～5 年的平均排放水平上叠加减排系数。历史强度下降法的核心计算公式为：

$$企业年度基础配额=企业历史排放基数×企业当年实际产出量×减排系数 \qquad (4\text{-}3)$$

减排系数是一种无量纲的调整系数，由政府部门设定，根据企业排放情况进行设定。

使用基于产出和排放强度的免费配额分配，企业层面的配额分配可基于各企业在实施碳排放权交易体系之前的排放强度，亦可基于行业的碳排放强度基准。与固定的行业基准法相同的是，政府部门可选择使用历史或实时数据计算企业应得的免费配额额度。使用实时数据时需定期更新，这种分配方法可有效防止碳泄漏，并奖励先期减排行动者。然而，若使用行业碳排放强度基准，这种分配方法可能造成行政管理上的复杂性。不断激励相关主体采取高成本效益方式实现减排目标，这需要以审慎的、连贯一致的基准设计为前提，需要保护需求侧减排的动力，且当免费配额分配水平整体较高时，政府部门需将配额控制在总量控制目标范围内。因此历史强度下降法的优点是：计算方法相对简单；对数据要求低；适用于产品类型较多的行业。缺点是：变相奖励了历史排放量高的企业；未考虑新企业无历史排放数据。

三、碳配额分配实例

碳配额的分配方式由于法律法规、政策规定及企业发展等不同因素的影响，因此不同国家和地区的对于碳配额的分配方式也有一定的差别，下面是两种代表性国家和地区关于碳配额的分配方式。

1. 欧盟碳市场碳配额分配方法

EU ETS 的核心交易原则是"总量控制交易原则"。欧盟作为一个涵盖多个国家的经济体，在碳排放领域中总量控制的做法正是其以整体性出现在国际社会中的具体体现。在前两个阶段，欧盟根据减排目标确立阶段性的区域内总排放量，而各成员国具有较大的自主权，可各自规定本国内的限排量。实践经验证实，各国为使本国利益最大化，相互博弈的现象严重，在这种控制模式及其他外部因素的共同作用下，前两个阶段配额总量过剩的局面导致碳排放价格的巨大波动。而进入到第三阶段，EU ETS 虽然也是在总量控制的原则下进行改革，但采用排放总量上限逐步递减的方式，按照计划将使各国排放上限的算术平均值比第二阶段的实际排放配额平均每年减少 1.74%，且放弃各国可自由决定自身碳排放量的机制，在统一的配额总量约束下各国协商分配各自具体的碳排放配额。第四阶段对于配额分配方式基本与第三阶段保持一致。

（1）分配方法。欧盟各成员国采取的碳排放权初始分配方法，前期主要采取无偿分配的方法，逐渐过渡到无偿和有偿分配结合的分配方法。通过欧盟交易阶段的设置，欧盟在第一阶段主要采用无偿分配中的历史排放法，通过企业历史排放确定分配数量。第二阶段，设立相关行业的排放基准线，通过无偿分配基准线法确定分配量。第三阶段，欧盟引入了拍卖的方式，对于参与之前阶段的行业，通过拍卖的方式有偿分配碳配额，对于新纳入的行业，则继续采用基准线法。欧盟三个阶段对应了三种不同的分配方法，是不同方法基于不同环境和情况下的具体表现。在第一阶段中，欧盟部分成员如丹麦、匈牙利、立陶宛、爱尔兰这四个国家大部分配额免费发放，同时将小部分配额通过拍卖的方式进行分配。在第二阶段和第三阶段，欧盟要求各成员国提高配额的拍卖比例，并且规定第三阶段的拍卖比例不低于50%，2020年不低于70%，到2027年实现拍卖分配配额比例100%。

（2）覆盖范围。EU ETS的覆盖范围随着阶段不断扩大，第一阶段覆盖行业为：冶铁、钢铁、水泥、陶瓷、玻璃和造纸等。第二阶段在第一阶段的基础上增加了航空业和硝酸制造业。第三阶段进一步扩大了范围，纳入了石油化工、碳捕捉、铝工业、其他有色金属生产、石棉生产、合成氨、硝酸等行业。第一阶段纳入行业排放量占总排放量的42.6%，第三阶段已经增加到60%。

2. 全国碳市场碳配额分配方法

2016年，《全国碳排放权配额总量设定与分配方案》获得国务院的批复同意。根据该方案，全国体系下的免费配额的分配将主要采用行业基准法、历史强度下降法这两种方法，对不适用上述方法的重点排放单位采用其他方法进行配额分配。2017年上半年中国应对气候变化司发布了火力发电、水泥、电解铝三个行业的配额分配指南征求意见稿，并在四川、江苏两地组织企业进行试算。这3个行业都是产品和工艺相对单一、可以采用基准法进行配额分配的行业。全国碳排放权交易市场于2017年底宣布启动，确定了先以发电行业作为首个纳入碳排放权交易的控排行业[42]~[47]。

（1）配额分配总体框架。根据《全国碳排放权配额总量设定与分配方案》，全国碳市场覆盖石化、化工、建材、钢铁、有色、造纸、电力（含自备电厂）和航空等八个行业中，年度综合能源消费量1万t标准煤（约2.6万t二氧化碳当量）及以上的企业或经济主体（简称重点排放单位）。各省级、计划单列市生态环境主管部门可根据本地实际适当扩大纳入全国碳市场的行业覆盖范围，增加纳入的重点排放单位，报国务院生态环境主管部门备案。纳入碳市场管理的温室气体包括企业化石燃料燃烧排放的二氧化碳、水泥和化工等部分行业工业过程产生的二氧化碳、电力热力消费间接产生的二氧化碳。配额总量是纳入全国碳市场企业的排放上限，根据全国碳市场覆盖范围、国家重大产业发展布局、经济增长预期和控制温室气体排放目标等因素确定，具体按照"自下而上"方法设定，即由各省级、计划单列市生态环境主管部门分别核算本行政区域内各重点排放单位配额数量，加总形成本行政区域配额总量基数；国务院生态环境主管部门以各地配额基数审核加总为基本依据，综合考虑有偿分配、市场调节、重大建设项目等需要，最终研究确定全国配额总量。

（2）配额分配方法。免费配额的分配主要采用行业基准法和历史强度下降法。行业基准法适用于统计数据相对完善，产品相对单一的行业；历史强度下降法适用于生产工艺复杂或数据基础不完善的行业。以发电行业为代表的第一批考虑纳入全国碳市场的行业，大多满足采用行业基准法计算配额的要求。若采用行业基准法进行配额分配，其配额计算满足以下基本框架：配额分配和履约的二氧化碳排放量是相互对应的，两者的边界应一致，即针对这一边界内的排放设施发放的配额，在履约时也是通过核算这一边界内的排放水平来确定需要上缴的配额量。基准法是通过产品产量来确定配额的，其对应排放量的核算边界是生产该项产品的设施，按照生产不同产品的不同设施各自对应的基准线确定配额量，再汇总得到整个重点排放单位履约年度内的配额量。具体公式如下：

$$A = \sum_{i=1}^{N}(A_{x,\ i}) \tag{4-4}$$

式中：A 为企业二氧化碳配额总量，tCO_2；$A_{x,\ i}$ 为设施生产一种产品二氧化碳配额量，tCO_2；x 为生产产品种类；N 为设施总数。

针对某一设施生产的某类产品，其配额计算方法是：按其所对应的基准值，乘以该产品履约年度的产量，再乘以相应的修正系数。重点排放单位配额量的计算，是根据拥有的排放设施生产的参与配额分配的产品按照各自基准线和产量计算配额量，再进行加和得到重点排放单位履约年度的配额总量。具体计算公式如下：

$$A_x = \sum_{x=1}^{N} Q_x \cdot B_x \cdot F_x \tag{4-5}$$

式中：Q_x 为设施产量，产品单位；B_x 为设施生产一种产品对应的排放基准，tCO_2/产品单位；F_x 为设施修正系数，无量纲；N 为设施产品数量。

计算重点排放单位配额量使用的数据是企业在履约年度的实际产量。同时，国家主管机构采信的排放数据是经过第三方机构核查的数据，一般到第二年的三、四月份才能完成上报，这时已经离企业需要上缴配额的履约期很近，再分配配额不利于碳排放权交易的运行。因此，全国碳排放权交易将采用两次发放配额的方式，第一次是预分配配额，在上年度履约期结束后，以最后一个拥有完整核查数据年度的产量，乘以一定比例（70%或50%）来计算配额量和进行预分配，企业可以用预分配配额在碳排放权交易上进行交易；第二次是最终分配配额，在获得完整履约年度且经核查的产量数据后，以此计算企业的最终配额量，再对比已发的预配额进行多退少补。

（3）配额核定工作流程及涉及的相关部门。

1）制定配额分配方法：国家主管部门制定配额分配方法。

2）出台配额分配技术指南：国家主管部门确定各纳入行业的配额分配具体方法、公式及参数、分配程序及其他具体要求。

3）配额预分配：省级主管部门依照配额分配方法和技术指南的要求，基于与配额分配年度最接近的历史年份的主营产品产量（服务量）等数据，初步核算所辖区域内纳入企业的免费发放配额数量。经国家主管部门批准后，在注册登记系统中作为预分配的配额数量，进行登记。

4）确定最终配额数量：省级主管部门依照最终确定的配额分配方法和技术指南的要求，基于配额分配年度的主营产品产量（服务量）、新增设施排放量等核查数据，核算所辖区域内纳入企业的最终配额数量，多退少补。经国家主管部门批准后，在注册登记系统中作为最终配额数量，进行登记。

第三节　碳排放权交易价格机制

价格是商品实现自身功能时对市场经济运行所产生的效果，碳排放权交易价格水平体现了碳排放权市场的变化情况。本节主要从碳定价的相关概念、碳排放权交易价格影响因素、作用机理与形成机制等四个方面介绍碳排放权交易价格内容体系。

一、碳定价概述

为了减少温室气体的排放，很多国家采用不同的方式来激励减排，常用的激励减排的手段是碳定价机制，碳定价是通过碳税或排放权交易等形式使各个行为体承担因自身的行为所产生的社会性费用，通过价格引导排放主体主动减少碳排放[48]，以此促进经济结构向低碳化的转变。

1. 碳税

（1）定义。碳税（Carbon Tax）是指针对二氧化碳排放所征收的税，即通过税收的方式降低温室气体的排放来抑制全球变暖的发展趋势，并以此达到环境保护的目的。碳税的价格设定为基于排放每吨 CO_2 当量造成的环境和社会损失的价值，即减排的边际成本与环境和社会的边际收益相一致。在碳税制度下，碳的价格以政府为标准，在价格的激励下，由市场决定减排的水平[49]。

（2）构成要素。碳税的基本税制要素包括纳税人、征税范围、计税依据、税率、征税环节、税收优惠、收入归属与使用，其基本规定如表 4-5 所示。

表 4-5　　　　　　　　　　　　碳税税制及相关制度设计

税制要素	基　本　规　定
纳税人	因消耗化石燃料向自然环境直接排放 CO_2 的单位和个人为 CO_2 环境税的纳税义务人
征税范围	在生产、经营和生活等过程中直接向自然环境排放的 CO_2，按规定征收环境税
计税依据	估算排放量，按照纳税人的化石燃料消耗量计算。 CO_2 排放量=化石燃料消耗量×排放系数 化石燃料消耗量是指企业的生产经营中实际消耗的产生 CO_2 的化石燃料，以企业账务记录为依据
税率	税率紧密关联着计税依据（CO_2 排放量），而且 CO_2 排放量的多少影响着环境的变化，因此应采取从量计征，实行定额税率
征税环节	在化石能源的生产环节征收碳税
税收优惠	（1）根据实际情况，在不同时期对受影响较大的能源密集型行业给予一定程度的减税； （2）对积极采用技术减排和回收 CO_2 并达到一定标准的企业，给予减免税优惠
收入归属与使用	碳税收入纳入预算管理，主要用于节能环保支出

2. 碳价

（1）定义。碳价是"碳排放权交易价格"的简称，是通过碳交易市场建立起的温室气体排放权的交易价格。碳价在碳市场交易中具有引导碳减排资源的优化配置、降低全社会减排成本、推动绿色低碳产业投资、引导资金流动等重要作用[50]。

（2）构成要素。碳排放权交易价格的构成要素主要由碳排放社会成本（Social Cost of Carbon，SCC）及碳减排成本（Carbon Mitigation Cost，CMC）构成，当前全球的碳市场价格均处于发现价格的阶段。

1）碳排放社会成本。碳排放的社会成本是气候变化经济学中最重要的概念，也是理解和推行气候政策的关键和前提。通过对特定年份的边际碳排放（即额外的1t二氧化碳排放或其当量）所造成的社会损失进行货币化的描述，SCC定量地反映了碳排放的负外部性，为基于成本收益分析制定气候政策（如温室气体排放标准、碳定价等）及确定减排目标提供了基础。

2）碳减排成本。碳减排成本包含不同的表述方式，例如碳边际减排成本、碳平均减排成本。碳边际减排成本是指在一定的技术水平下，每减少一单位碳排放带来的产出的减少量或者投入的增加量。边际减排成本可以很明确的反映某种减排技术当前的减排能力，并且根据其绘制出的边际减排成本曲线能够让某个减排目标或者某个减排政策对应的成本得到直观的体现。碳平均减排成本是对边际减量成本曲线（Marginal Abatement Cost Curve，MACC）积分推导出短期减排总成本，然后除以减排量即可得到，部分研究工作考虑到碳减排措施的相关影响和成本是离散的，一般会将平均减排成本视为边际减排成本来以此减轻工作量。

3. 区别与联系

碳排放权交易价格由碳市场形成，碳市场与碳税都是为了减少碳排放，但是两者达成减排目标的方式不同。

在适用对象上，碳市场比较适合排放量较大的大型企业，而碳税的相对灵活性则可以很好地覆盖那些排放量较小的小微企业。

在运作效果上，碳市场的减排机制能够有效控制排放总量，但是交易价格存在波动性；而碳税的特征是通过矫正税率约束碳排放行为，但难以对减排效果进行精准的预测，减排总量具有不确定性。

碳交易与碳税两种制度各具优势，二者之间具有明显的互补关系。例如：在加拿大阿尔伯塔省实施的碳定价政策中，针对大型的排放企业采取碳市场机制，针对排放分散或者排放较少的小型企业则采取征收碳税的方式，同时在两者中采用固定统一的碳价对企业进行管控。

针对我国碳减排政策的模型研究也显示，与依靠单一的碳税或者碳市场机制相比，碳市场和碳税机制相结合的方式将是在实现减排目标上较优的政策选择。其中，碳市场适用于排放量大、排放源集中的企业，碳税则可以用于排放源分散的行业。

总体而言，碳税更多地是作为碳市场的补充和支持，通过合理的配合可以有效减少两者的功能冲突，实现平衡发展，共同确保碳减排效果的最大化。

4. 发展情况

（1）国际发展情况。

1）碳税。芬兰是全球首个征收碳税的国家。1990年，芬兰政府对化石燃料按碳含量征收 1.62 美元/t CO_2 的碳税，之后芬兰在 1997 年和 2011 年分别进行了税制改革，推出了更科学的征税方法，并且扩充了计税主体。现在芬兰碳税征收对象基本囊括了各种化石燃料（煤炭、石油、天然气等），因此碳税被认为是芬兰发展低碳经济最重要的手段之一。目前包括芬兰、加拿大、澳大利亚、英国等 20 多个国家均实施了碳税。当前世界部分碳税国家征收碳税的情况如表 4-6 所示。

表 4-6　　　　　　　　　　　部分国家碳税情况

国家	计　税　主　体	税率（美元/t CO_2 排放）
爱尔兰	煤油、标准气体油、液态石油、燃料油、天然气	39
德国	取暖、石油、天然气、汽油和柴油	29
英国	二氧化碳或其他温室气体	25
加拿大	年排放二氧化碳 50000t 及以上的所有发电和工业设施的温室气体排放量	40
挪威	石油产出的二氧化碳、其他气体、油或冷凝物	4～69
芬兰	二氧化碳排放量	62.3～72.8
法国	汽油、柴油等化石燃料	44.6

2）碳排放权交易价格。欧盟在 EU ETS 建立之后，实行了一系列政策来促进欧盟碳市场的稳定发展，但是欧盟碳市场发展初期碳价仍然出现较大波动，2008 年金融危机直接导致了欧盟碳价持续下跌，为了控制住碳排放权交易价格的波动，欧盟采取了推行市场稳定机制、市场配额总量逐年收缩、配额折量延迟拍卖、加大超出部分碳排放的惩罚力度等政策。在这些政策的不断优化下，欧盟的碳市场交易价格从 2013 年的 5 欧元/t 一路上涨，到第三阶段末期时碳价已经达到了 32 欧元/t。2021 年欧盟碳市场建设进入了第四阶段，欧盟宣布了新的气候目标，碳价连续上升，到 2021 年 12 月欧盟碳排放交易价格最高达到了 90 欧元/t。

（2）国内发展情况。

1）碳税。目前，我国碳税仍处于研究制定阶段。我国自提出"双碳"目标以来，已于多份文件中提及推动碳税制度落地。2022 年 1 月 21 日，国家发展改革委等七部门联合印发《促进绿色消费实施方案》，提到"更好发挥税收对市场主体绿色低碳发展的促进作用"，明确了国家通过财税工具促进绿色低碳发展的工作思路。

2）碳排放权交易价格。当前我国运行中的碳定价机制是碳排放交易市场，我国碳价以挂牌交易的收盘价或均价作为价格信号，收盘价计算规则不尽相同。在全国碳市场和各试点交易所中，北京、天津、重庆和福建交易所采用每日碳排放配额的挂牌成交均价作为基准价格，成交均价等于当日配额总成交额除以每日配额总成交量。各试点交易所的碳排放权收盘价计算方法如表 4-7 所示。

表 4-7　　　　　　　　各试点交易所碳排放权收盘价计算方法

试点交易所	碳排放权收盘价计算方法
全国和广东交易所	（1）有成交：当日的加权平均价 （2）无成交：以上一个交易日的收盘价为当日收盘价

试点交易所	碳排放权收盘价计算方法
上海和湖北交易所	（1）成交≥5笔：最后5笔加权平均价 （2）成交<5笔：所用成交加权平均价
深圳交易所 （共有8类配额品种）	（1）有成交：相应品种的最后一笔成交价 （2）无成交：以上一个交易日收盘价为当日收盘价
广东碳市场特殊规定	（1）9:30:00～9:31:59内：不计入当日收盘价 （2）9:32:00后（含）且成交≤100t：以当日开盘价为收盘价 （3）9:32:00后（含）且成交≥100t：时间段内所有成交的加权平均价

二、碳排放权交易价格影响因素

合理有效的碳排放权交易价格对碳市场的稳定运作起着至关重要的作用，作为市场中交易的商品，供给与需求因素等影响着碳排放权的交易价格，这两种因素的实时变化直接影响了碳价的波动，而作为一种具有政府制定的强制性特殊商品，它的交易价格走势同样受其他相关因素的影响[51]。本部分将沿着供求关系对价格产生影响的理论脉络，对碳价的影响因素进行相关的分析。

1. 供给因素

（1）配额总量。碳排放权交易价格会直接受到碳交易市场的配额总量影响。现在，全球的配额总量设定主要有基于强度（Intensity-based）的设定方式（自下而上）及基于总量（Mass-based）的设定方式（自上而下）。在"自下而上"的设定方式下，各个减排企业通常会将碳排放权的上报数量高于实际所需要的碳排放权，并因此得到一个相对松弛的碳排放权供给量，从而导致碳排放权价格的下降；而在"自上而下"的设定方式下，由政府首先确定碳排放权的总量，然后再根据各个企业的具体需求进行合理的分配，以此来将合理的供给量分配到碳交易市场初始阶段中，使碳排放权价格的有效性得到了明显的提高。

（2）分配方式。碳排放权分配方法是通过影响碳排放权的供给结构，进而影响碳交易权价格。现行的碳排放权交易体系将初始碳排放权取得方式分为了免费分配和有偿分配两类。在欧盟碳排放权交易体系的前两个阶段，存在着十分明显的配额过剩的情况，同时碳排放权两种分配方式的比例相差悬殊，免费发放的配额分别占据了全部配额的95%、90%，只有5%、10%留于拍卖。在我国，碳市场初期配额的两种分配方式也是相差悬殊，实行全部无偿分配。由于无偿分配方式对碳价的限定作用有限，不能充分发挥出配额的价值；有偿分配方式被全球越来越多交易体系所应用，全球范围内已经逐渐呈现由免费分配为主向有偿分配为主转变的趋势。

（3）抵消机制（清洁发展机制与联合履约机制）。抵消机制也是影响碳市场供给的重要因素，市场供给量的多少受到抵消比例的大小的直接影响。从国内外实践经验来看，抵消机制的碳信用价格往往低于配额价格，因此在允许实行抵消机制的碳交易体系中，企业偏向于购买碳信用抵消其超额排放。抵消机制虽然能够降低企业的履约成本，但如果抵消比例过大，市场供给过多，容易造成碳排放权交易价格下跌。

（4）跨期储备。跨期储备是指碳交易市场允许在一定时间内将清缴后的剩余配额进行储存和预支，扭转交易市场在不同阶段被割裂的局面。上一期多余的碳排放权如何进行处理受到了跨期储备制度确立的影响，如果国家允许进行跨期储备，则相关减排主体会将过剩的碳排放权进行储备，以此来调节碳排放权交易价格并增强碳排放权的供给弹性；如果没有跨期储备制度，则各个减排主体会将多余的碳排放权在二级市场上进行销售，此时碳排放权供给量的增加，很容易导致碳排放市场的供给与需求出现失衡，最终使价格剧烈波动。

2. 需求因素

（1）能源价格。碳排放权交易价格的走势受到减排主体中化石能源及清洁能源之间不同成本的影响。化石能源的使用过程中会排放出大量的 CO_2，而高耗能的行业（电力、钢铁等）对于化石能源有着较强的依赖性。因此，高耗能的行业必然会伴随着含碳能源的使用。当化石能源价格较低时，高耗能行业会增加对化石能源的使用，进而增加 CO_2 的排放，并作用于碳排放权价格方面，使两者形成负相关的关系；化石能源价格较高时，这些行业会根据能源价格的差异性用其他能源替代。相比而言，清洁能源能够产生较少或不产生 CO_2，当清洁能源成为相关企业首选目标时，在碳排放权总量不变的情况下，清洁能源能够降低 CO_2 的排放量，此时碳排放交易需求就会减少，进而引起碳价的下降。

（2）科学技术。低碳社会的形成主要是以降低温室气体的排放量为主，以此来约束世界气候变暖，达到世界可持续发展的目的。目前存在两种降低温室气体排放量的方式。其一是碳捕捉与储存技术，这项技术通过将 CO_2 分离并将其输送、压缩并密闭封存到地下，来防止 CO_2 进入大气产生温室效应，然而目前该项技术因其成本备受争议仍然发展缓慢。其二是控制 CO_2 的增量，以发展可再生能源为主，通过提高能源效率，达到控制碳排放实现碳中和之目的。目前，碳捕捉与储存技术尚未成熟，控制 CO_2 的增量已经成为当下控制碳排放的最佳选择。科学技术越发达，能源利用效率便越有望达到更高水平，可再生能源使用范围及使用成本也可以实现不同程度增减，碳减排需求便可随之减少，从而降低碳排放权交易价格。

（3）宏观经济。碳排放权交易价格受到经济发展因素的直接影响，全球经济变化的总体情况也能从碳市场中得到体现，世界各国的经济发展也持续影响着碳排放权交易价格的走势。在不同经济周期，生产活动水平的高低变化引起大气中二氧化碳的含量相应改变，进而引起碳排放权交易价格的波动。经济衰落时，各国人民消费低迷，社会资源闲置，碳排放配额的需求减少，从而导致碳价格下跌。经济繁荣时，各国人民消费积极，社会资源充分利用，企业生产旺盛，从而对碳排放配额的需求增加，推动了碳价格的上涨。

（4）环境影响。环境变化与碳排放权存在着天然的联系，近年来，世界各国对于地球恶劣环境的不断加剧以及地球平均气温的持续上升有着高度的重视。国际社会对气候变化之快、后续影响之深的认识加速了全球气候治理的发展步伐，各国也开始采取各种有效手段来达成自身允诺的减排目标，这突出了碳排放权的稀缺性，碳排放权的需求也因此得到增加，进而碳排放权的价格得以上升。此外，当极端天气出现时，人类的生产生活将需要更多的能源消费以维持正常运转，能源消费的激增带来碳排放量的增加，最终导致碳排放权交易价格的上升。而风速、日照时长、降雨量等天气因素直接影响了风力、太阳能与水力发电的产出量，在发电总量一定的情况下，上述可再生能源生产能力的提升必然会削减化石能源生产和消费活动，从而降低碳排放量并引起碳排放权交易价格的下跌。

3. 外部因素

（1）国际共识。国际之间的态度也影响着碳排放权交易价格的形成。《京都议定书》的第二期减排计划于 2012 年结束，2009 年 12 月哥本哈根气候变化会议仅仅制定出一个不具备法律约束力的《哥本哈根协议》，发达国家与发展中国家的分歧严重，制约着碳排放市场的发展。2015 年 12 月 12 日，近 200 个缔约方签署的《巴黎协定》聚焦了综合目标、分配义务等主要问题。2021 年《联合国气候变化框架公约》第 26 次缔约方大会中，碳中和行动的队伍也得到进一步的扩大。因此，碳排放交易市场必会因国际社会减排共识的达成与更加深入得到实质性的进展，进而影响碳价的走势与发展。

（2）其他管制因素。由于受到政府以及各种管制因素的影响，在市场中交易的商品价格都会有所改变，对于碳排放权这种由政策产生的商品更会受此影响。除各国分配给企业不同的碳排放配额外，碳排放权交易价格产生影响的重要因素还包括征收碳税，许多国家通过实施碳税相关政策已经取得了相应的成效。此外，部分发达国家为了维护自身的利益选择收取碳关税，碳关税也称为碳边境调节税，是主权国家或地区对高耗能产品进口征收的二氧化碳排放特别税。碳关税阻碍了碳交易市场的有序健康运行，进而人为干扰了碳排放权价格的稳定。

三、碳排放权交易价格作用机理

碳市场作为碳排放权交易的媒介与载体，同样遵循着一般市场的发展规律。碳排放权交易的供给与需求方面影响碳排放权交易价格，其中供给因素包括配额总量、分配方式、抵消机制、企业成本等影响因素，需求因素中包括化石能源、科学技术、宏观经济、环境等影响因素，供需因素对碳排放权交易价格波动产生具体的传导作用。

1. 供求因素对交易价格的传导机制

供求因素中存在着两大独特的运作方式，八个子影响因素分别通过这两大运作方式影响着碳排放权交易价格的形成，具体情况如图 4-2 所示。

在供给因素方面，碳排放权价值受到配额总量、分配方式、抵消机制及跨期储备四个子因素的影响，此外市场中所流通的碳排放权总量受到碳排放权价值大小决定，代表着碳市场交易时间内碳排放权的限额，碳排放权供给量与实际碳排放权需求量之间差值也影响着碳排放权交易价格的走势，而在需求量不变的情况下，交易市场中的碳排放权供给量对碳排放权交易价格波动产生直接影响。

在需求因素方面，一是化石能源以及清洁能源的发展最直接地影响能源体系发生结构性变化；二是科学技术的发展状况能够有效地影响到能源利用效率及可再生能源的使用成本，从而作用于碳减排需求并影响碳价；三是全球的生产能力及生产活跃程度直接受到全球宏观经济的影响，各国的能源需求意愿及企业的能源生产能力会因宏观经济的情况出现改变，直接影响了能源需求的变化；四是恶劣环境以及其他不同的突发性气候变化现象，时刻引领着人类在不同气候条件下选择消费相异的能源，以最大限度地抵消气候变化因素给人类生产生活带来的影响，政府也会适时颁布政策以将这种影响降至最低限度，因此调节能源供给的外界手段促使能源结构的变化随即发生。由此可见，在供给量不变的情况下，能源结构的变化受到各个需求子因素作用在能源需求方面的影响，从而引起全球的实际碳排放量发生变化，交易主体也因此对碳排放权的需求发生改变，进而产生碳价的波动。

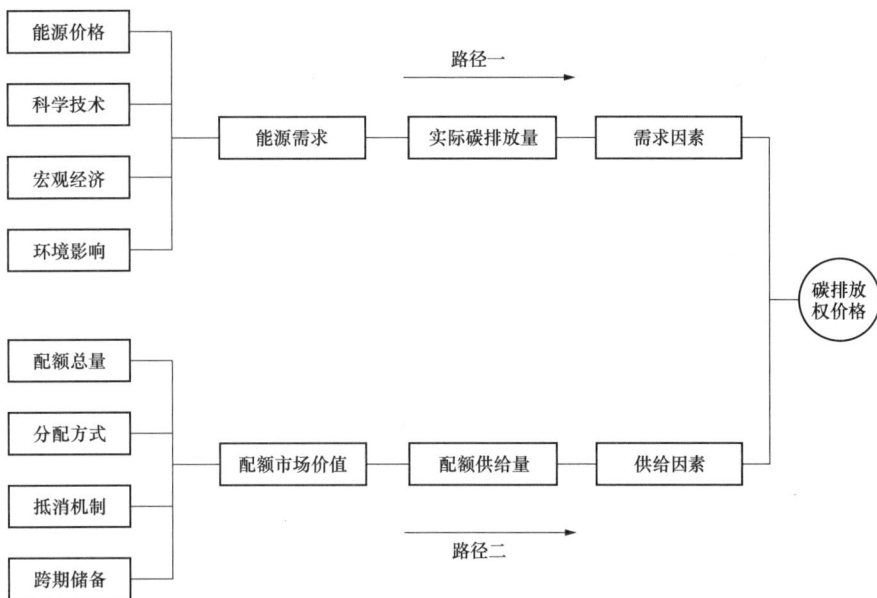

图 4-2 供求因素传导机制图

2. 碳排放权价格影响因素的作用机理

从图 4-2 可以看出，各个子因素对碳价波动的影响无论是供给还是需求因素均先作用于内部载体，并且按照两个不同因素分别形成两条不同的路径。

在路径一中，四个子因素首先通过直接或者间接影响能源需求，然后能源需求通过引起实际碳排放量的改变最终导致碳价产生变化；在路径二中，四个子因素通过影响配额市场中碳排放权的流通量，在市场对需求因素不变的情况下影响到配额市场的价值，进而导致市场主体中碳排放权供给量的增减并最终影响到碳价的波动。此外，由于碳排放权是政策制定的特殊商品，整个影响因素的体系应加入对碳排放权交易价格产生影响的外部因素，最终构建出如图 4-3 所示的碳排放权交易价格影响因素机理图。

如图 4-3 所示，三个层次的影响因素中有七个子因素是利用交易主体对碳市场预期的改变，从而引起碳排放权交易价格波动。

（1）在供给因素中，配额总量与分配方式都是调整碳排放权交易中的流通量；抵消机制则是在允许范围内来对市场中流通的碳排放权进行补充；跨期储备是允许上期的碳排放权在下一阶段仍能使用，碳排放权的市场价值再一次得到体现，从而影响着相关主体对减排的积极程度。

（2）在需求因素中，宏观经济发展的优劣时刻影响着社会生产水平的改变，交易市场则会接收到不同的生产能力水平中的各类生产与发展信号。

（3）在外部因素方面，国际共识与其他管制因素也可称之为市场因素，因碳排放权及碳排放交易市场本身就具有政策属性，是全球碳减排政策的产物，所以这两个子因素自身便直接作用于碳市场预期，进而影响碳价波动。

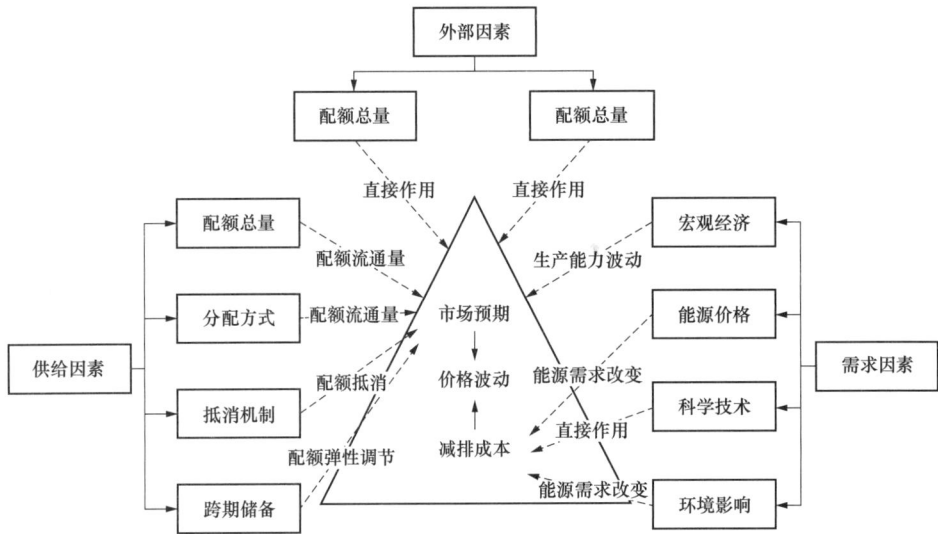

图 4-3　碳排放权交易价格的影响因素机理图

总之，上述因素或通过影响碳排放权的流通量，或依靠于生产水平的波动，又或者直接作用于碳市场，在这三种作用机理中，各影响因素均通过影响碳市场预期的环节，进一步影响碳价。

此外，需求因素中的科学技术直接影响着能源利用效率并改变减排成本，而环境影响因素和能源因素均调整了市场中的能源需求结构，在上述子因素的影响下，交易主体会通过自身的判断选择有利于降低自身成本的生产方式以及能源运用的具体计划。总之，在这些因素的作用下，碳排放权交易价格的波动是通过交易主体的减排成本来体现的。

四、碳排放权交易价格形成机制

1. 价格形成机制概述

当前主要存在三种价格形成机制情况：一是以政府定价为主的价格形成机制；二是以市场定价为主的价格形成机制；三是混合定价机制，即结合了政府、市场，以及中介机构等多方面参与方的价格形成机制[52]～[54]。

政府定价是指由政府价格主管部门或者其他有关部门，按照定价权限和范围制定的价格。在经济体制转轨时期政府定价是商品价格形成的重要方式，同时政府定价仍然在市场经济体制下发挥着重要的作用。此外政府定价方式通常应用于完全垄断行业，并且政府定价具有强制性，属于行政定价性质。

市场定价是指商品价格的制定主要由行为主体双方根据市场的供需情况以及竞争程度来自主约定价格，不直接受政府的干预。在市场定价中起到主要作用的是生产者（企业等）和消费者。商品价格的确定是受到市场的供求关系、相关企业的生产综合能力及其他有关因素的影响。同时，消费者依据自己当前的收入程度、是否对商品存在偏好等因素，自行决定是否愿意承担相应的商品价格。市场均衡是市场价提出的先决条件，需求与供给曲线交叉的位置就是市场均衡的体现，因市场定价容易理解，在交易过程中有很大的说服力，因此其应用范围也十分广泛。

混合定价机制是指受到政府以及市场的共同影响，两者相互结合使用形成的最终价格，能够很好地发挥政府及市场在价格形成方面的优势。

2. 碳排放权交易价格形成机理

目前碳交易市场的价格形成主要采取了混合定价机制，即通过市场、政府及中介组织互相结合来形成价格。

（1）市场。与其他的普通商品相似，市场中的供给与需求两种因素共同决定了碳排放权的核心价格，即均衡由供给与需求共同决定。均衡价格是指碳排放权的市场需求量与市场供给量相等时的价格。在均衡价格下相等的供求量被称为均衡数量。当市场机制完全发挥作用时，尽管短期碳价可能有波动，但从长期看，碳排放权交易价格应该为均衡价格。在没有其他条件的影响下，当供给出现增加，就会引起碳排放权交易价格的下降；反之则价格上升。碳排放权清晰明确、碳交易规则合理合法是市场机制在碳交易市场中发挥作用的前提。

（2）政府。政府引导着碳交易价格的形成，在碳交易市场建立初期起着决定性的作用。碳市场与其他一般性商品市场相比，存在着一定的差异性。它并不是通过自然需求所产生的市场，而是人为形成的市场，是基于当前的市场规则体系，在政府政策的限制下生成的。因此，在碳排放权交易价格方面会受到市场供给与需求基本规律的影响，此外政府同时也在很大程度上影响着碳排放权交易价格。在碳排放市场形成之初，作为一个政府创造的市场，市场定价机制尚不成熟，为了避免恶性竞争和价格剧烈波动等，有必要发挥政府在价格形成中的作用。

政府影响碳市场定价主要有三种形式：一是以管制形式直接确定碳价；二是设定底价或者是价格上限的形式，以此来确定碳价的波动区间；三是利用交易机制设计等调节市场上碳配额的供求形势，进而影响碳价。

1）管制价格。管制价格是政府对碳交易市场进行价格管制所形成的有行政约束力的价格水平。一般而言，碳价的调节受到市场的供求关系影响。当市场的价格自动调节机制遭到破坏，碳市场价格严重偏离其价值，而损害到消费者的利益和经济体的整体利益，影响到公平和效率时，政府采取行政措施直接管制价格水平。

2）价格上下限。价格上限也称为最高限价，是政府规定的当前碳市场交易最高价格。当碳价格过高给减排企业带来较大的成本压力，以及为了维护碳市场的稳定，政府可能会指定一个最高限价，减排主体可以以这一最高的限价直接从政府那里购买配额。例如，加利福尼亚和魁北克碳市场都采用了最高限价的方法。

价格下限也称为最低限价，是政府为了扶持碳市场的有效运行而规定的当前碳市场交易最低价格。当碳价低于这一水平时，很容易导致碳市场交易的崩溃，最低限价允许减排主体以这一最低价格进行配额的购买。例如，我国政府对于不同类型的 CDM 项目设定了不同的最低限价，在 2008 年金融危机期间，国际碳排放交易市场受到很大的冲击，国际市场价格一路下跌至 6 欧元/t，而我国的碳市场最低限价从未发生过动摇。

3）配额调节。碳配额交易的实质，就是在一个原本是自由排放的领域，通过对排放上限的封顶，从而把不受约束的排放权，人为地改造成一种稀缺的配额的过程。政府或机构为了防止碳价的剧烈波动，特别是碳价的剧烈上涨给企业带来过高的减排成本压力，往往会采取一些调控手段来对碳价进行管理。从国际实践来看，如美国区域温室气体计划（Regional Greenhouse Gas Initiative，RGGI）规定，只要碳配额价格超过 7 美元，就增加配额的供给量以稳定碳价。

（3）中介组织。中介组织在碳交易价格形成机制中发挥着重要的补充作用。在碳排放权价格形成中的中介组织有交易所、金融机构、行业组织、公益组织等。目前国内交易所在碳排放权价格形成过程中发挥了重要作用。各交易所均结合实际情况，分别从节能环保技术交易、二氧化硫和化学需氧量交易、节能指标交易以及二氧化碳排放权交易几个层面开展工作。它们在碳市场建设中发挥着日益重要的作用，对碳交易价格的形成也发挥着重要的补充作用。例如，我国发达省区已开始了排放权交易市场建设的实践。2008 年 8 月 5 日北京产权交易所发起设立环境交易所，同日上海产权交易所发起设立环境能源交易所。之后天津、武汉、杭州、广州、昆明等地也纷纷成立排放权交易所。2017 年底，中国启动碳排放权交易。2021 年，全国碳市场发电行业第一个履约周期正式启动。

第四节　碳排放权交易市场体系

碳排放权交易市场是实现碳达峰与碳中和目标的核心政策工具。本节主要介绍碳排放权交易市场体系，包括市场结构、市场主体、市场准入与退出、交易方式、交易组织与结算、履约与抵消等内容[55]。

一、市场结构

碳市场通常包括主市场和辅市场。主市场是指碳配额交易市场，交易主体主要为控制碳排放的企业（市场较为成熟后，可将交易主体进一步扩充至金融机构、个人投资者等），交易标的为碳配额，初始碳配额不足以弥补碳排放量的企业可向碳配额充裕的企业进行购买；辅市场即碳信用交易市场，交易主体主要是控制碳排放量和具有自愿减少碳排放量的企业，交易标的为核证减排量[56]。

碳市场主要划分为一级市场和二级市场两级市场结构（见图 4-4），碳配额和 CCER 减排量交易等主要在二级市场进行。

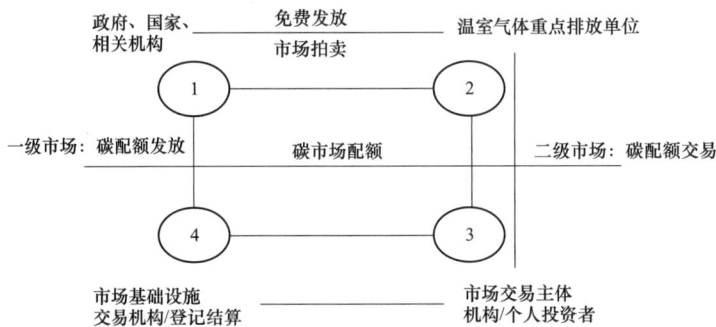

图 4-4　碳市场结构

1. 一级市场

一级市场是发行市场，由国家相关的主管部门和委托机构进行管理，创造和分配碳排放权配额和已审定备案项目的减排量两类基础性碳资产。

企业可通过免费分配和拍卖两种形式获取碳配额，项目减排量的产生则需根据国家主管部门颁布的相应方法完成项目审定、监测核证、项目备案和减排量签发等一系列复杂的程序，当碳配额或项目减排量完成在注册登记簿（国家登记簿）的注册程序后，就变成了其持有机构能交易、履约和使用的碳资产。

2. 二级市场

二级市场是交易市场，是碳资产现货和衍生产品交易流转的市场，亦是整个碳市场的枢纽。

二级交易市场又包括了场内交易与场外交易市场两个部分。场内交易是指通过经认可批准的交易所或电子商务交易平台开展的碳资产买卖，这种交易方式有着确定的成交地点和成交日期，公平透明的交易规则，是一种规范的买卖形式，报价一般采用竞价形式制定。场外交易也称为柜台交易，泛指在碳排放权交易所之外开展的所有碳资产交易行为，采取非竞价的交易方式，价格由交易双方协商确定。

二级市场通过场内与场外的交易，可以将各类市场相关主体以及各类资产汇集一起，从而发现价格、发现交易对方，以及完成货银的交付清算等。

二、市场主体

目前碳市场上的主体对象主要分为碳排放权的买方、卖方、交易辅助方和交易监管方等[57]。

1. 交易双方

交易双方，指直接参与碳市场交易活动的买卖双方，主要包括控排企业、减排项目业主、碳资产管理公司、碳基金及金融投资机构等市场主体。在现货交易阶段，限制排放企业在市场中占主要地位、碳金融的投资部门和相关经营企业在市场中均发挥作用；在衍生品交易中，金融投资部门在市场交易中占据很大比例。欧洲碳交易体系与我国碳交易体系中的碳排放权购买者，多是承担了《京都议定书》及欧洲排放机制要求的降低碳排放量的公司。此外，部分公司、机构、个人也为了环保或者促进碳减排的目的，自觉降低碳排放量，购买碳排放权。目前，国际碳交易排放权买卖中的卖方多是在发达国家的具有一定绿色生产制造能力的公司、没有减少碳排放权义务的欠发达国家以及以营利为目的的平台机构。

2. 交易辅助方

交易辅助方主要是中介机构以及碳排放权组织机构。中介机构指为市场主体提供各类辅助服务的专业机构，包括监测与核查核证机构、咨询公司、评估公司、会计师及律师事务所，为交易双方提供融资服务的机构，以及碳排放权组织机构等。根据规定，发展中国家必须通过中介机构才能把碳减排权出售给发达国家，而不能直接与发达国家交易。交易中介机构主要是国际碳基金公司、世界银行等。这些中介机构通过在发展中国家低价买进碳减排配额，在发达国家高价卖出碳减排配额，从中获得巨额利差。碳排放权组织机构是企业碳减排及碳资产管理的执行主体，可以有效贯彻企业低碳战略并实现企业低碳目标。

3. 交易监督方

交易监督方是监管部门，指对碳市场的合法稳定运行进行管理和监督的各类主管部门，主要包括行业主管部门、金融监管部门及财税部门等。该方监督不公正或有操纵行情之嫌的交易行为，以防止这些行为的发生，维持市场内公正有序的价格产生规则，保护投资者权益为目的采取适当的措施。

4. 各市场主体之间的关系

碳市场的主要利益相关方构成、作用及影响，见表 4-8 所示。

表 4-8　　　　　　　　　　　碳市场的主要利益相关方构成、作用及影响

机 构 类 型		作 用 及 影 响
交易双方	控排企业	提高能效降低能耗，通过实体经济中的个体带动全社会完成减排目标
	减排项目业主	提供符合要求的减排量，降低履约成本； 促进未被纳入交易体系的主体以及其他行业的减排工作
	碳资产管理公司	提供咨询服务； 投资碳金融产品，增强市场流动性
	碳基金等金融投资机构	丰富交易产品； 吸引资金入场； 增强市场流动性
交易辅助方	交易平台	交易信息的汇集发布； 降低交易风险、降低交易成本； 价格发现； 增强市场流动性
	登记注册机构	对碳配额及其他规定允许的抵消量指标进行登记注册； 规范市场交易活动并便于监管
	其他（如咨询公司、评估公司、会计师及律师事务所）	提供咨询服务； 碳资产评估； 碳排放权交易相关审计
交易监督方	政府主管部门	制定有关碳减排配额交易市场的监管条例，并依法依规行使监管权力； 对市场上市的交易品种、交易所制定的交易制度、交易规则进行监管； 对市场的交易活动进行监督； 监督检查市场交易的信息公开情况； 对违法违规行为与相关部门相互配合进行查处、维护市场健康稳定
	监测与核证机构	保证抵消量的可监测、可报告、可核查原则； 维护市场交易的有效性

我国碳交易市场的主体对象（见图 4-5）是参与碳交易的企业、机构组织或个人的总和。首先，企业是我国温室气体的重点排放主体，某些企业强制规定碳减排任务或目标，而企业又不掌握碳减排的核心技术和生产能力，需要提高碳排放权的使用量。拥有较好的碳减排核心技术的企业，掌握了丰富的碳排放权指标，同时碳排放权成本由于规模效应也会相对较低，因此可以把丰富的碳排放权投入市场交易[58]。其次，机构组织中包括了负责环保管理工作的政府环保机构、为碳排放权的供给者和需求者提供交易所需服务的中介者、

特殊主体身份直接参与碳市场交易活动的政府机构等也都是碳市场的交易主体。最后，具备碳减排技术或者通过购买获得碳排放权的个人，也能够参与碳市场交易。

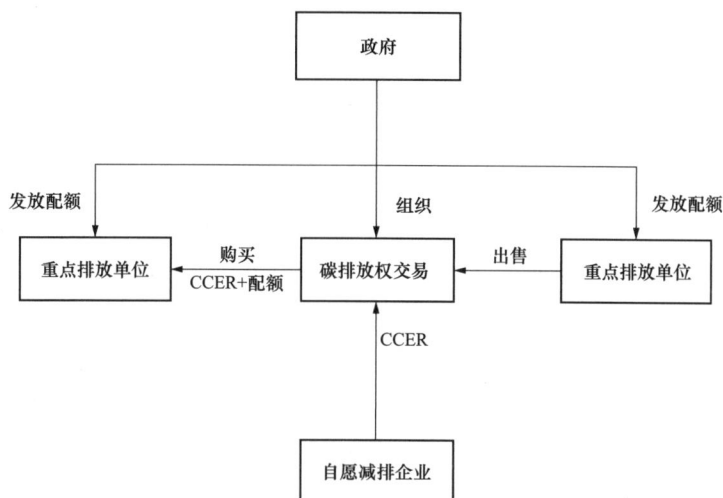

图 4-5　碳排放权市场交易

三、市场准入与退出

1. 准入

所谓市场准入，一般是指货物、劳务与资本进入市场的程度的许可。碳市场的市场准入指实体进入碳市场开展贸易的资格。

尽管碳市场对各实体的加入条件因具体差异而各异，但为确保碳市场的高效运作，各级市场对加入实体的基本规定都是一致的。

（1）如果实体在立法上承担了减排义务，往往会被强制要求加入碳排放交易，并要求该实体具有较高程度监控自身排放的能力。

（2）若该实体为《京都议定书》市场下参与碳排放贸易，必须满足表 4-9 中所列条件，如有任一条未达标，将不予准入或取消其准入资格。

表 4-9　　　　　　　　　　《京都议定书》市场下的准入条件

配 额 市 场	项 目 市 场		多国区域合作市场（EU）
	CDM 项目	JI 项目	
（1）该国必须是《京都议定书》的缔约方，且为《联合国气候变化框架公约》中的附件国家（即发达工业化国家）； （2）可以独立对温室气体排放量进行计算并出具报告； （3）具有一套符合标准的温室气体评估体系，并在规定时间出示报告； （4）具备国家碳排放权登记系统，存在相关信息，并持有一定量的储备配额	（1）该国已经同意参与《京都议定书》； （2）自愿参加 CDM 项目活动； （3）具备 CDM 项目活动的管理机构	（1）该国必须是《京都议定书》缔约方； （2）自愿参与项目活动； （3）具备 JI 项目活动的管理机构	（1）满足配额市场全部标准； （2）参与国为欧盟25 国； （3）提交国家分配计划

（3）若该实体参与非《京都议定书》市场，由于非《京都议定书》市场不受《京都议定书》的约束，所以对实体进入该市场没有特殊要求。因此，这里仅以非《京都议定书》市场中最典型的两个代表——新南威尔士州市场（GGAS）和 CCX 为例，准入条件如表4-10 所示。

表 4-10   非《京都议定书》市场准入条件代表

新南威尔士州市场	芝加哥气候交易所
具有电力销售许可证明的电力销售商、在国内参与电力市场的消费群体、在本地进行电力生产的电力生产商、本地消耗大量电力的电力耗电方，以及允许参与的个体	必须是美国《商品交易法》中规定的合格的商业实体

2. 退出

市场退出是指金融机构作为法人退出金融业，不再维持正常经营。而根据对退出的原动力分析，金融机构的退出方式一般包括了主动式退出和被动式退出两种模式。主动式退出也称作自愿型退市，其主要特征为"主动要求离市"。被动式退出也称为强制性退出，是指由于法定的理由如资不抵债、严重违规经营、客户利益严重受损等，依据相关法律或行业制度，取消其经营金融业务的资格，其主要特点为"被迫退市"。

碳市场并不向所有主体开放，满足属于碳市场覆盖行业的温室气体排放单位，才可被列入温室气体重点排放单位（简称重点排放单位）名录，列入该名录的排放单位需要同时满足行业要求和排量要求。

存在以下情形的，相关单位应被移出重点排放单位名录：一是限制排放气体排放量达不到限制排放量的；二是限制排放企业由于经营不善等原因已无法进行生产经营活动，不再排放限制排放气体的。

3. 全国碳市场准入与退出

（1）全国碳市场准入门槛。市场主体为具有法人资格、财务独立核算、信用良好、能够独立承担民事责任的经济实体。且属于全国碳市场覆盖行业，并且年度温室气体排放量达到 2.6 万 t CO_2 当量的温室气体排放单位的重点排放单位的企业。碳市场的目标是实现全社会最低成本减排，设立准入门槛将排放大户作为重点管理和激励的减排对象，可以有效的实现节能减排的效果，并较好地控制企业的履约成本和政府的监管成本。

（2）全国碳市场退出条件。如存在下列情形之一的，省级环境厅应将相关主体移出重点排放单位目录：①连续 2 年温室气体排放量未达到 2.6 万 t CO_2 当量；②因停业/关闭等原因不再生产从而不再排放。如企业被移出目录，则丧失交易资格。

为了确保碳市场的环境效益，使其真正成为节能减排的推手，企业必须监控其碳排放并向官方机构报告排放情况。排放报告必须由具备资质的独立第三方机构出具以确保其准确性及真实性。如果企业不及时准确报告排放情况，将会受到相应的处罚。碳排放权交易体系各参与方的配额交易情况会通过登记系统跟踪。政府通常也会规定相关的风险管理措施，以降低由于碳配额金融价值所带来的欺诈和伪造风险。

四、交易方式

在国家限定温室气体排放限制的情况下，允许排放的温室气体排放权成为一种商品，具备交易属性[59]。我国碳交易方式如表 4-11 所示。

表 4-11 我国碳市场交易方式

交易方式	挂牌协议交易	大宗协议交易	单向竞价
定义	交易主体通过交易系统提交卖出或买入挂牌申报，意向方对挂牌申报进行协商并确认成交的交易方式	交易主体通过交易系统进行报价、询价达成一致意见并确认成交的交易方式	交易主体通过交易系统提交卖出或买入申请，交易机构发布竞价公告，符合条件的竞价参与方通过交易系统报价并确认成交
数量要求	单笔买卖最大申报数量应小于 10 万 t	单笔买卖最大申报数量应不小于 10 万 t	
成交方式	以价格优先原则，在实时最优 5 个价位内以对方价格为成交价依次选择	交易主体可发起买卖申报，或与已发起申报的交易对方放进行对话议价或直接点击申报申请与对手方成交	通过竞价方式确定
交易时间	9:30～11:30 13:00～15:00	13:00～15:00	另行公告

1. 场内交易方式和场外交易方式

（1）场内交易方式。场内交易，是指在建立专门的市场开展交易的形式。随着碳交易的开展，碳交易管理方法也受到了广泛认可，而新兴的碳排放权市场主体的增加，以及现有碳排放权市场主体管理状况和管理方法的改变，都将使参加碳交易的市场主体规模逐步增加，分散的场外市场交易往往不能满足交易主体的碳交易要求。因此，随着碳交易市场的容量逐渐增加，碳交易方式也越来越多地通过专业的交换或集中交换的方式实现，从而逐步形成了具有相当规模的碳交易。包括挂牌交易、单项竞价、集中竞价交易等。

1）挂牌交易方式：是指在交易市场组织下，买方或卖方通过交易市场现货挂牌电子交易系统，将可供需商品的品牌、规格等主要属性和交货地点、交货时间、数量、价格等信息对外发布要约，由符合资格的对方提出接受该要约的申请，按照"时间优先"原则成交并通过交易市场签订电子购销合同，按合同约定进行实物交收的一种交易模式。分为买挂牌和卖挂牌交易。

2）单向竞价交易方式：是指由一个买方（卖方）向市场提出申请，市场预先公告交易对象，多个卖方（买方）根据规则加价或减价，在规定成交时段内价格达到一致并成交的交易方式。

3）集中竞争交易方式：是指在碳排放权市场上的众多买卖主体间，共同使用某一交易系统或平台，并按照特定的竞争法则来外汇交易的方式。通常，是指二个以上的买家与二个以上的卖家，采用公开竞争形式来决定交易价格的情形。在这个形式下，有购买者双方的竞争，又有卖方双方的竞争，交易各方均有相当大的规模。在集中竞争时，在不考虑安全约束和输电线路阻塞的情况下，电力市场电能交易无约束出清通常采用统一边际出清和撮合出清两种方式。统一边际出清，形成边际成本电价，无约束出清后所有成交的发电方和售电方都采用统一的边际电价。撮合出清，则针对发电方和售电方的报价，采用按序高低匹配的方式，逐对出清成交，交易价格即已确定，其交易活动就可完成。

（2）场外交易。场外交易又称为柜台交易，指在交易场所以外进行的各种碳资产交易活动,采取非竞价的交易方式,价格由交易双方协商确定,如双边协商交易。

双边协商交易:指市场主体之间自主协商交易碳量,碳价等,形成双边交易初步意向后,经安全校核和相关方确认后形成交易结果。

大宗协商交易是双边协商交易的一种,又称为大宗买卖。一般是指交易规模,包括交易的数量和金额都非常大,远远超过市场的平均交易规模。具体来说各个交易所在它的交易制度中或者在它的大宗交易制度中都对大宗交易有明确的界定,且各不相同。

相比交易所场内交易,场外交易市场更加不透明,并因此导致一定程度的系统性风险。例如,若某单一卖方和交易对手积聚了份额庞大的交易量,且两方均无能力履行合同义务,结果可能是市场完全失灵。遇到违规事件时,交易所可借助其自有程序发挥监管作用(例如会员停牌)。此外,交易所也可在提供信息领域发挥作用,信息范围可包括价格、成交量、公开交易兴趣,以及期初与期终结余数额等。

2. 自愿交易与强制交易

从碳交易市场形成的法制背景上分析,碳交易又可以分成强制交易和自愿交易[60][61]。假设某个国家的地方政府依法明文规定温室气体排放量比例,并由此决定列入减排计划的各个公司的实际排放量,为减少超额排放量造成的经济处罚,所有碳排放额度不达指标的公司就必须向一个持有超过额度的公司收购碳排放权,这样为满足法律中强制性减排规定而形成的交易,叫作强制交易。但出于公司利益、企业宣传、对未来环境策略调整的考虑,有些公司采用内部交易,共同约定温室气体总量,或采用配额交易控制余缺,以满足交易条件,在这些交易平台上形成的碳交易则是自愿碳交易。

(1)自愿交易。自愿市场分为碳汇标准与无碳标准交易两种。碳汇交易是指发达国家出资向发展中国家购买碳排放指标,这种交易是一些国家通过减少排放或者吸收二氧化碳,将多余的碳排放指标转卖给需要的国家。自愿市场碳汇交易的配额部分,主要的产品有CCX开发的CFI(碳金融工具)。以项目部分为基础形成的自愿交易,内涵也比较丰富,近年来不断有新的方法和技术产生,主要涉及自愿碳减排信用额度(Voluntary Emission Reductions,VER)的交易。同时,许多非政府机构也从环境和气候变化的视角入手,开展自愿减排低碳发展的项目,包括农林减排体系(VIVO)计划,重点是在欠发达国家植树造林和环保工作;气候、社区与生物多样性联盟(Climate,Community and Biodiversity Alliance,CCBA)开发的项目设计标准,以及由国际气候组织、世界经济论坛和国际碳交易联合会(International Emissions Trading Association,IETA)联合开发的VCS也具有类似性。至于自愿市场的无碳标准,则是在《无碳议定书》的架构下,开发的一个相对独立的四阶段碳抵消计划(评估碳排放、自我减排、通过能源与环境项目抵消碳排放、第三方认证),由此实现无碳目标。

(2)强制交易。政府根据一定的标准,把碳排放的配额分配给高耗能、高污染、高排放企业,属于强制碳市场的约束机制。通过强制碳市场这种政策设计,把高排放企业没有支付的综合社会成本或者外部性成本,通过市场使其间接进行支付。

五、交易组织与结算

1. 组织流程

(1)账户开立。

1）预进行碳交易的组织、企业或是个人应该要到银行开立相关账户。

2）向交易所提交开户申请表、身份证、个人账户以及风险提示函，在交易所审核无误之后给予开通。

3）成功开通的用户需要到银行签订三方存管协议，用户可以到任何一家银行办理相关业务。

4）用户可通过自己的信息登录到交易所，依据自己的需求将资金转入之后即可进行交易。

（2）交易时序。政府部门每年规定时间确定并组织发放该年免费碳配额。各地企业按照自身产量及节能减排情况进行碳交易。场内交易的时间一般为工作日内，即全年的周一至周五进行交易，周末休市不进行交易。场外交易的时间由各方商定。如我国政府部门每年1月1日发放免费碳配额。除法定假日和特殊交易机制所公告的休市日期外，采用挂牌交易方式的交易时段为周一至周五上午9:30～11:30、下午13:00～15:00，而采用大宗交易方式的交易时段则为周一至周五下午13:00～15:00。采用单向竞价形式的，成交时间由成交单位另行公布。欧盟主要碳市场，如欧洲能源交易所、欧洲气候交易所、欧洲环境交易所等交易周期均集中在工作日；奥地利能源交易所交易日期设定在每月第二以及第四个周二，即每月只有两天进行交易，其他时间不交易。具体交易时间：欧洲夏令时即每年的3～10月，为北京时间15:00～23:30，欧洲冬令时即11月至次年2月，为北京时间16:00～00:30，欧盟碳配额初次发放以拍卖和免费的形式，每年在规定的时间内进行发放。

（3）运行维护。

1）国家确定整体减排目标。国家基于温升控制机制确定这些排放单位的剩余碳排放预算，结合经济社会发展等因素，确定年度排放总量限额。

2）确定年度碳排放配额。碳排放配额总量和分配方案由生态环境部门根据国家温室气体排放要求及各方面因素综合考虑而制定，然后由相关部门根据配额总量和分配方案向区域内重点排放单位分配规定年度的碳排放配额。

3）利用碳配额进行交易，将所有控排主体纳入统一的碳交易市场，使其能够直接、充分地进行碳配额交易，以此最大程度降低减排成本。具体交易组织流程如图4-6所示。

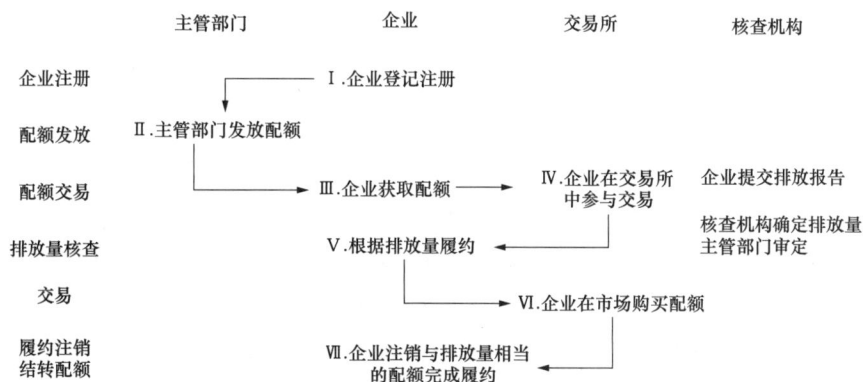

图4-6　碳交易组织流程

2. 结算

注册登记机关有权选定符合要求的商业银行作为结算银行，并在结算银行开设交易清算的专门账户，用以存储各交易参与者的交易金额和有关费用。在当日内成交完成后，所有注册登录单位都必须按照交易系统的成交数据，并按照货银对付的原则，以每个交易主体为结算单位，通过注册登记系统进行碳排放配额与资金的逐笔全额清算和统一交收。

当日清算完毕后，注册登记机关必须将处理结果回复给交易中心。经各方确定无误后，由注册登记机关按照清算结果进行碳排放配额与数据的统一交收。注册登记机关针对清算流程实行了专岗人员、分级审批、信息保密的监管方法。注册登记机构应当制定完善的风险防范制度，建立结算风险准备金制度，实行风险警示制度。

交易主体发生交收违约的，注册登记机构应当通知交易主体在规定期限内补足资金，交易主体未在规定时间内补足资金的，注册登记机构应当使用结算风险准备金或自有资金予以弥补，并向违约方追偿。

交易主体涉嫌重大违法违规，正在被司法机关、监察机关和生态环境部调查的，注册登记机构可以对其采取限制登记账户使用的措施，其中涉及交易活动的应当及时通知交易机构，经交易机构确认后采取相关限制措施。

六、履约与抵消

1. 履约

履约是每一个"碳排放权交易履约周期"的最后一个环节，也是最重要的环节之一。履约是确保碳市场对排放企业具有约束力的基础，基本原理是将企业在履约周期末所上缴的履约工具（碳配额或抵消量）数量与其在该履约周期的经核查排放量进行核对，前者大于或者等于后者则为符合规定。

（1）履约期。履约期是指由配额分配到控制排放公司并向行政主管部门上交配额的日期，上交时间期限一般是一年或几年。履约期限规定得较长，能够使制度参与者在履约期间内按照各个年度的实际排放量状况和配额拥有状况调整配额使用方法，以降低短期配额价值波动，从而降低整体减排成本。履约时间规定得较短，能够在短期内确定整体减排结果，同时也能够减少体系中总量目标的不合理、宏观经济的影响等因素有可能导致市场失灵的风险。

欧盟排放交易体系中，受监管的排放机构必须履行严格的履约手续，首先应当取得温室气体排放许可，否则禁止进行任何商业活动。许可应列明污染源设备的所有者姓名、地址，设备的具体活动内容和污染情况，检测手段、时间和报告内容，以及每年需上缴的排放许可等。排放设施须在每年 4 月 30 日前上交与其被确认的前年度实际排放量等量的碳排放权，碳排放权将立即被注销并不得二次使用。但如果实际排放量超过了被分配的实际排放量许可，企业就必须通过市场价格获得碳排放权，并通过《京都议定书》JI 和 CDM 产生的减排量来抵消超额排放量。欧盟碳排放履约程序见图 4-7。

我国试点地区规定重点排放单位需要在履约期内向政府主管部门上缴与监测周期内排放量相等的配额。试点地区均以一个自然年度作为碳排放监测周期，每一年对上一年度的碳排放量进行履约抵消，履约期集中在每年的 5～7 月。

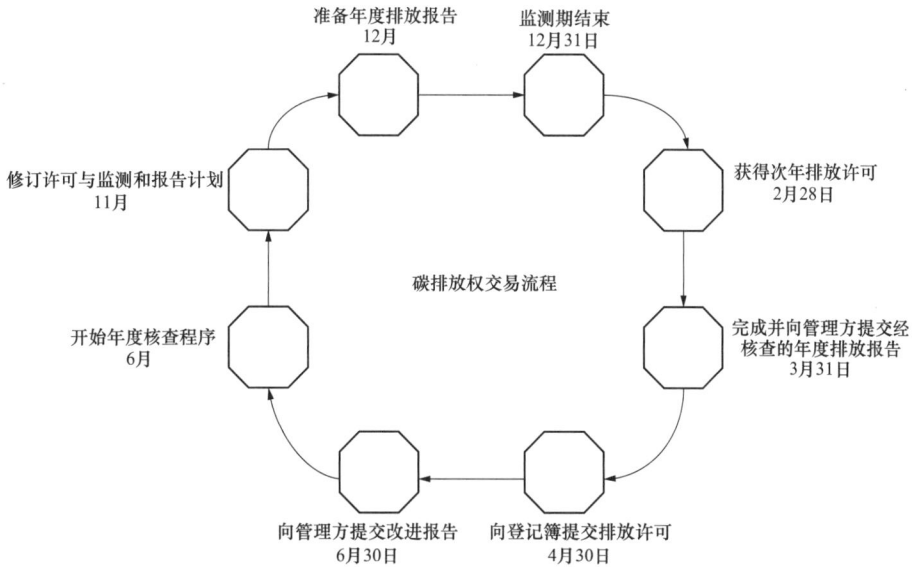

图 4-7 欧盟碳排放履约程序

（2）未履约的惩罚。惩罚机制是对逾期或未足额清缴的控排企业依法依规予以的处罚。《碳市场建设方案》中提到，如果重点排放单位未履约，对逾期或未足额清缴的重点排放单位依法依规予以处罚，并将相关信息纳入全国信用信息共享平台实施联合惩戒。《京都议定书》履约机制规定，对于不履约的发达国家和经济转轨国家，强制执行分支机构可暂停其参加碳排放权交易活动的资格；如缔约方排放量超过排放指标，将在该缔约方下一承诺期的排放指标中扣减超量排放 1.3 倍的排放指标。

逾期处罚以外，重点排放单位虚报、瞒报温室气体排放报告，拒绝履行温室气体报告义务的，由其生产经营场所所在地设区的生态环境主管部门责令限期改正，处以罚款。逾期未改正的，由重点排放单位生产经营场所所在地的相关主管部门测算其温室气体实际排放量，并将该排放量作为碳排放配额清缴的依据；对虚报、瞒报部分，等量核减其下一年度碳排放配额。

碳排放履约是碳排放管理中的重要环节，也是保障碳排放交易市场秩序的基础。随着法律规章的不断完善、政府政策更清晰的宏观指引、重点排放单位法律风险意识及碳风险管理能力的增强，碳排放履约将得到进一步的保障，为应对气候变化注入更加强大的动力。

2. 抵消

抵消机制是指碳排放权交易体系允许被覆盖重点排放单位使用除配额之外的"抵消"额度履约，抵消量可源自未被碳排放权交易体系覆盖的行业或地区中的实体企业。抵消机制的合理应用有助于支持和鼓励未被覆盖行业排放源参与减排行动，可产生积极的协同效应，大幅降低碳交易体系的整体履约成本。抵消量可由国内或国际开发的项目产生。

国际抵消机制是由多个国家承认的机构（例如国际组织或非营利组织内部的机构）管理的体系。管理机构为所有参与国制定明确规则，抵消量可在多个国家产生，并在国际市场上出售。《京都议定书》基于项目的机制——CDM 是国际抵消机制的范例。《巴黎协定》第六条介绍了未来新的抵消机制，该机制的规则和指导准则还有待制定。

对于特定碳排放权交易体系，抵消机制通过鼓励在减排成本较低的地区或行业进行投资减排，降低了总体减排履约成本；并且通过调整抵消量使用比例可以达到调控价格、稳定碳市场的目的。

国家核证自愿减排量（CCER）作为碳市场的补充机制，是具有国家公信力的碳资产，可作为碳排放权交易试点内控排企业的履约用途，也可以作为企业和个人的自愿减排用途。配额不足时，控排企业可以购买其他企业出售的配额进行履约，也可以购买 CCER 进行抵消，1t CCER 等同于 1t 碳排放配额。健康、有序的 CCER 交易可一定程度调控配额交易需求和价格，并且是配额交易的重要补充。

本章知识结构图

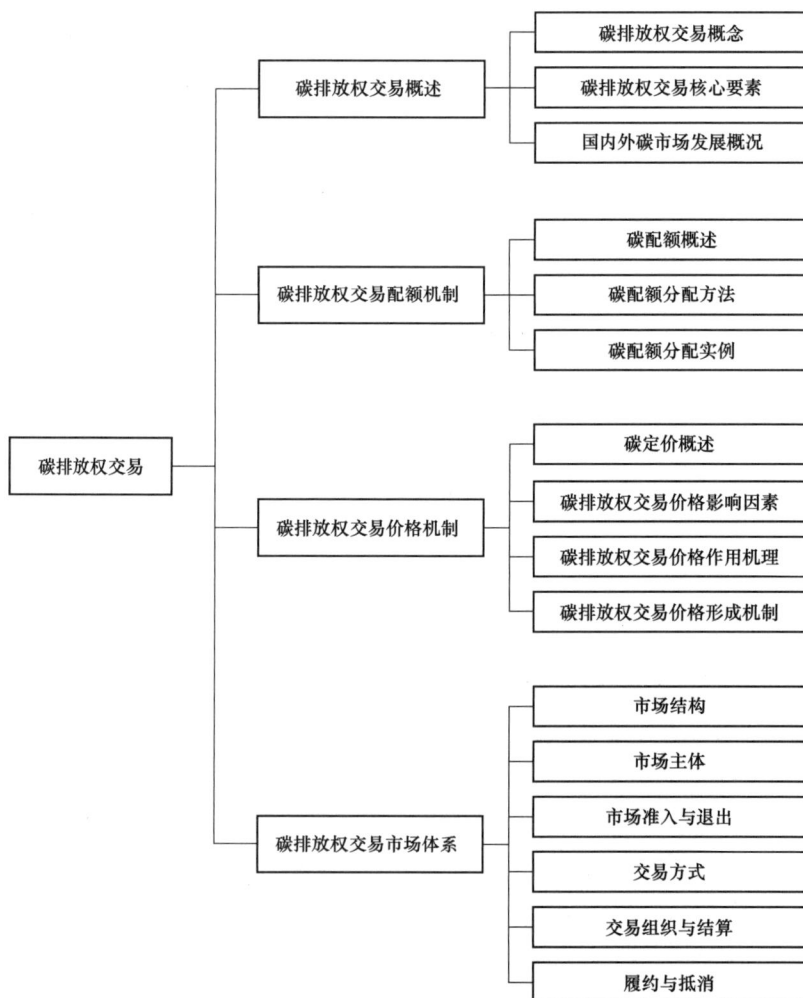

思 考 题

1．什么是碳排放权交易，实施碳排放权交易有哪些重要意义？

2．碳排放权交易的核心要素体系由哪些构成？

3．简述碳配额的主要分配方式并对比各方法的特点。

4．简述碳配额的主要交易品种及其特点。

5．简述我国碳配额分配流程及主要步骤。

6．简述碳税与碳排放权价格的主要特点。

7．影响碳排放权价格的主要因素有哪些？

8．简述碳排放权交易价格的主要形成机制。

9．碳排放权交易市场中包含哪些市场主体？分析各市场主体的主要市场行为及作用。

10．简述碳排放权交易的主要方式，对比分析其主要特点。

第五章　碳排放的治理

近年来，气候变化引发的极端天气出现频率越来越高，治理温室气体排放的需求愈发强烈。碳排放的治理关系人类命运共同体，为此，我国提出了"双碳"战略目标，力求在 2030 年实现碳达峰，2060 年实现碳中和。本章主要阐述碳达峰与碳中和的内涵与判别，了解"双碳"的概念，从概述、治理方法两个方面展开，通过分析典型的碳排放治理方法的成本效益，介绍碳排放治理体系。

第一节　碳达峰与碳中和

"双碳"目标是我国能源部门未来发展的主要约束，需要首先厘清碳达峰和碳中和的内涵与判别方式。本节主要介绍碳达峰与碳中和的概念、碳达峰与碳中和的特性、碳达峰与碳中和的判别等三方面的内容。

一、碳达峰与碳中和的概念

2008 年，英国《气候变化法案》正式生效后，成为全球第一个通过立法，明确 2050 年实现零碳排放的发达国家。在这一法案的影响下，包括美国、德国、法国、日本、意大利、加拿大等发达国家陆续承诺，在 2050 年实现零碳排放。2020 年 9 月 22 日，我国在联合国大会上宣布，中国将提高国家自主贡献力度，采取更加有力的政策和措施，二氧化碳排放力争于 2030 年前达到峰值，努力争取 2060 年前实现碳中和。

1. 碳达峰

碳达峰是指在某一个时点，二氧化碳的排放不再增长达到峰值，之后逐步回落。碳达峰是二氧化碳排放量由增转降的历史拐点，标志着碳排放与经济发展实现脱钩，碳达峰目标包括达峰年份和峰值。通俗来讲，碳达峰指二氧化碳排放量在某一年达到了最大值，之后进入下降阶段。

有学者认为碳达峰主要依靠政策驱动，碳达峰时间的早晚和峰值的高低直接影响碳中和实现的时长和难度。碳排放达峰并不单指碳排放量在某个时间点达到峰值，而是一个过程，即碳排放首先进入平台期并可能在一定范围内波动，然后进入平稳下降阶段。碳排放达峰是碳排放量由增转降的历史拐点，标志着碳排放与经济发展实现脱钩。碳排放达峰的目标包括达峰时间和峰值。一般而言，碳排放峰值指在所讨论的时间周期内，一个经济体温室气体（主要是 CO_2）的最高排放量值。IPCC 第四次评估报告中将峰值定义为"在排放量降低之前达到的最高值"。

（1）世界主要国家碳排放达峰情况。截至 2020 年，全球已经有 54 个国家的碳排放实现达峰，占全球碳排放总量的 40%。1990 年、2000 年、2010 年和 2020 年碳排放达峰国家的数量分别为 18、31、50 和 54 个，其中大部分属于发达国家。这些国家占当时全球碳排放量的比例分别为 21%、18%、36% 和 40%。2020 年，排名前十五位的碳排放国家中，美国、俄罗斯、日本、巴西、印度尼西亚、德国、加拿大、韩国、英国和法国已经实现碳排放达峰。中国、马绍尔群岛、墨西哥、新加坡等国家承诺在 2030 年以前实现碳达峰。届时全球将有 58 个国家实现碳达峰，占全球碳排放量的 60%。图 5-1（数据来源：bp Statistical Review of World Energy 2021）和图 5-2（数据来源：bp Statistical Review of World Energy 2021.）分别展示了世界主要国家的年度碳排放量和相对碳排放量。

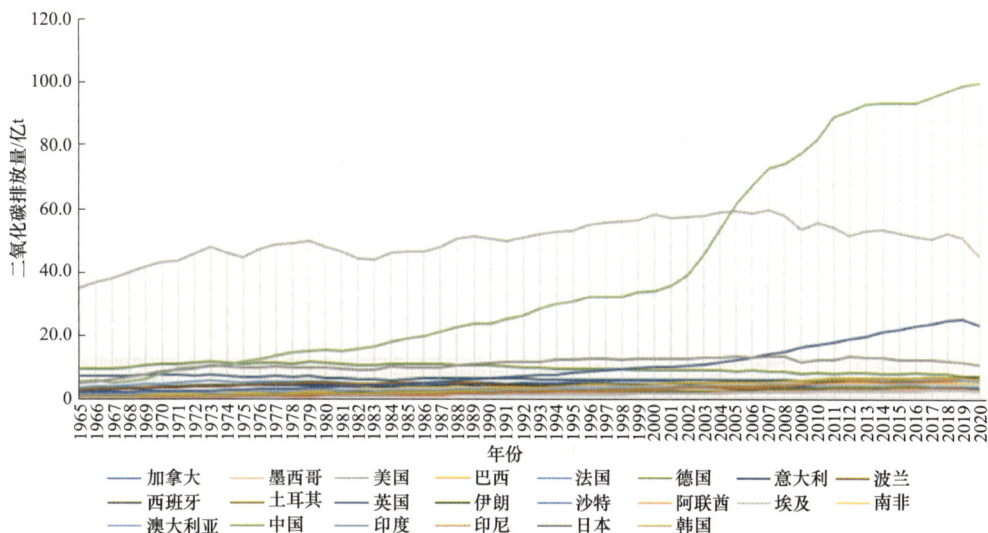

图 5-1　各国年度碳排放量

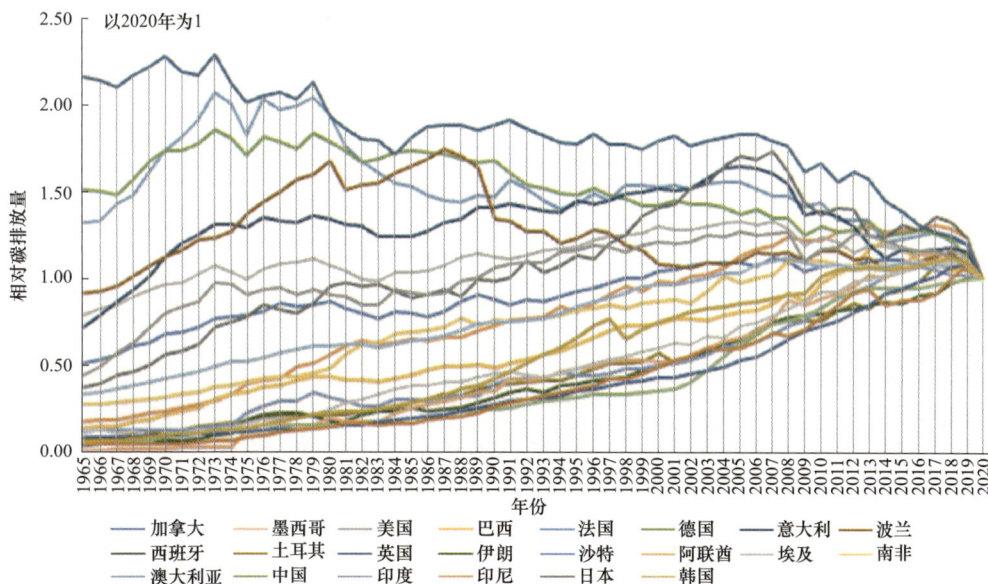

图 5-2　各国年度相对碳排放量（以各国 2020 年碳排放量为 1）

（2）我国的碳达峰承诺。国务院印发《2030 年前碳达峰行动方案》，要求将碳达峰贯穿于经济社会发展全过程和各方面，重点实施能源绿色低碳转型行动、节能降碳增效行动、工业领域碳达峰行动、城乡建设碳达峰行动、交通运输绿色低碳行动、循环经济助力降碳行动、绿色低碳科技创新行动、碳汇能力巩固提升行动、绿色低碳全民行动、各地区梯次有序碳达峰行动等"碳达峰十大行动"，并就开展国际合作和加强政策保障作出相应部署。

《方案》聚焦"十四五"和"十五五"两个碳达峰关键期，提出了提高非化石能源消费比重、提升能源利用效率、降低二氧化碳排放水平等方面主要目标。比如，到 2025 年，非化石能源消费比重达到 20%左右，单位国内生产总值能源消耗比 2020 年下降 13.5%，单位国内生产总值二氧化碳排放比 2020 年下降 18%，为实现碳达峰奠定坚实基础。到 2030 年，非化石能源消费比重达到 25%左右，单位国内生产总值二氧化碳排放比 2005 年下降 65%以上，顺利实现 2030 年前碳达峰目标。

需要指出的是，主要发达经济体均已实现碳达峰，英、法、德以及欧盟早在 20 世纪 70 年代即实现碳达峰[62]。美、日分别于 2007 年、2013 年实现碳达峰，且都是随着发展阶段演进和高碳产业转移实现"自然达峰"。作为制造业大国，我国人均碳排放不及美国一半，人均历史累计排放量更是仅有美国的八分之一。作为最大发展中国家，我国工业化、城镇化还在深入发展，发展经济和改善民生的任务还很重，能源消费仍将保持刚性增长。我国的碳达峰、碳中和目标，完全符合《巴黎协定》目标要求，体现了最大的雄心力度。我国的碳达峰行动，将完成碳排放强度全球最大降幅，并为之付出艰苦卓绝的努力[63]。

2. 碳中和

碳中和是指企业、团体或个人测算在一定时间内直接或间接产生的温室气体排放总量，通过植树造林、节能减排等形式，以抵消自身产生的二氧化碳排放量，实现二氧化碳"零排放"，有学者认为碳中和主要依靠技术驱动，在电力和交通领域体量较大，农业、建筑和化工行业成新关注点。通俗来讲，碳中和指一段时间内，特定组织或整个社会活动产生的二氧化碳，通过植树造林、海洋吸收、工程封存等自然、人为手段被吸收和抵消掉，实现人类活动二氧化碳相对"零排放"。

（1）全球为实现"碳中和"目标所做的努力。国际社会普遍认为，CO_2 过度排放是引起气候变化的主要因素。人类活动排放的二氧化碳等温室气体导致全球变暖，加剧气候系统的不稳定性，导致一些地区干旱、台风、高温热浪、寒潮、沙尘暴等极端天气频繁发生，强度增大。碳排放与能源种类及其加工利用方式密切相关。全球"碳中和"目标的提出始于 2015 年，由 200 个国家和地区达成的《巴黎协定》。截至目前，全球已有超过 120 个国家和地区提出了自己的碳中和达成路线，如图 5-3 所示。

从时间上看，包括欧盟、英国、加拿大、新西兰、南非在内的大部分国家均计划在 2050 年实现"碳中和"，美国新任总统拜登也已明确承诺在 2050 年实现碳中和。除此之外，一些国家计划实现碳中和的时间则更早：如冰岛（2040）、奥地利（2040）、瑞典（2045）、乌拉圭（2030）等。苏里南和不丹已经分别于 2014 年和 2018 年实现了碳中和目标，进入负排放时代。日本和新加坡则尚未公布具体的时间，部分国家碳中和承诺时间及性质，详见表 5-1。

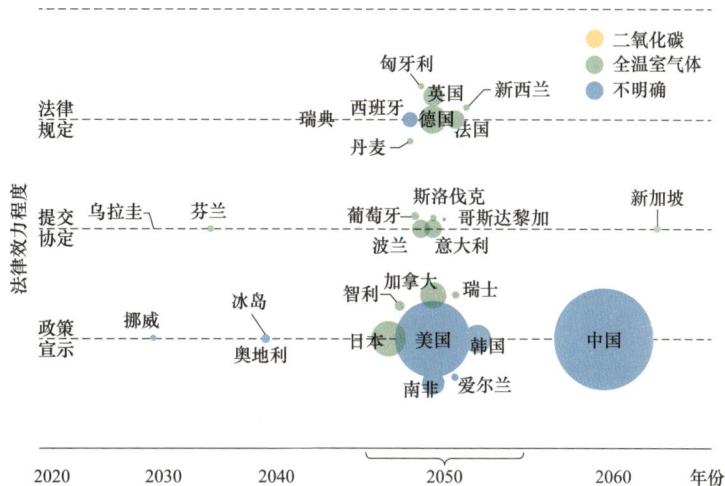

图 5-3 全球碳中和形势

（其中图中圆圈大小代表碳排放占全球比重，不同颜色代表碳中和温室气体覆盖范围。）

表 5-1 部分国家碳中和承诺时间及性质

国家	实现时间（年）	承诺性质	国家	实现时间（年）	承诺性质
中国	2060	政策宣示	丹麦	2050	法律规定
爱尔兰	2050	执政党联盟协议	法国	2050	法律规定
智利	2050	政策宣示	西班牙	2050	法律草案
挪威	2050	政策宣示	加拿大	2050	政策宣示
斐济	2050	提交联合国	新西兰	2050	法律规定
南非	2050	政策宣示	欧盟	2050	提交联合国
匈牙利	2050	法律规定	斯洛伐克	2050	提交联合国
瑞士	2050	政策宣示	德国	2050	法律规定
哥斯达黎加	2050	提交联合国	韩国	2050	政策宣示
葡萄牙	2050	政策宣示	英国	2050	法律规定
马绍尔群岛	2050	提交联合国	不丹	目前为碳负	自主减排承诺
冰岛	2040	政策宣示	芬兰	2035	执政党联盟协议
奥地利	2040	政策宣示	美国（加利福尼亚）	2045	行政命令
瑞典	2045	法律规定	新加坡	"本世纪后半叶尽早实现"	提交联合国
乌拉圭	2030	自主减排承诺	日本	"本世纪后半叶尽早实现"	政策宣示

　　从公布承诺的方式上看，主要分为政策宣示、法律规定和提交联合国承诺三大类。中、日、韩、加等大多数国家主要采取的承诺方式为政策宣示，通过国家政策来公布碳中和实现计划。法、西、英、德等国家则是选择将"碳中和"计划写进立法，进一步强化社会对碳中和议题的重视。还有部分国家和地区，比如欧盟、匈牙利、斐济、斯洛伐克等，现阶

段是通过向联合国提交承诺来公布碳中和计划的。

可以预测，在接下来数十年内，世界主要经济体均会致力于碳中和这一进程的推进，这也将对全球的各个行业的变动产生决定性的影响。

（2）我国的碳中和承诺。我国近年来减排成效显著，2019年碳排放强度比2005年下降48.4%。我国主动提出"双碳"目标（即碳达峰、碳中和目标），将使碳减排迎来历史性转折，这也是促进我国能源及相关工业升级，实现国家经济长期健康可持续发展的必然选择。实现"双碳"目标不是要完全禁止二氧化碳排放，而是在降低二氧化碳排放的同时，促进二氧化碳吸收，用吸收抵消排放，促使能源结构逐步由高碳向低碳甚至无碳转变。实现"双碳"目标，是一场广泛而深刻的系统性变革，而能源革命将是这场系统性变革的重中之重。

《中国能源电力发展展望（2020）》中提出，在深度减排情景下，我国在2035年煤电电源装机容量占比将减少到26%，2060年降低至8%，煤电发电量占总发电量的比重也将大幅降低。国家电网2021年3月发布"碳达峰、碳中和"行动方案，将推动电网向能源互联网升级，加快信息采集、感知、处理、应用等环节建设，推进各能源品种的数据共享和价值挖掘，到2025年，将初步建成国际领先的能源互联网。

中石油2020年制定公司绿色低碳转型路径，按照"清洁替代、战略接替、绿色转型"三步走总体部署，努力建设化石能源与清洁能源全面融合发展的"低碳能源生态圈"。力争到2025年左右实现"碳达峰"，2050年左右实现"近零"排放，为全球"碳达峰""碳中和"目标做出贡献。

为响应中国"碳中和"承诺，我国从政府层面逐一细化。各省市，部门间纷纷出台多项政策，力争在2060年实现"碳中和"目标。各行业、领域的大型企业也纷纷开展碳减排合作，从根本控制碳排放量，为中小企业提供行业转型方案，共同助力"碳中和"的实现，我国碳排放体系的全面改革，充分体现我国为实现"双碳"目标的决心，在碳中和行动中，进一步凸显大国的责任与担当。

二、碳达峰与碳中和的特性

碳达峰与碳中和的特性前瞻。在了解碳达峰与碳中和的特性前，首先需要回到"气候变化"这一具有时代特点的问题上来。当前气候变化在全球范围内造成了规模空前的影响，极端天气为我们的日常生产生活带来了诸多不便，天气模式的改变导致粮食生产面临威胁，海平面上升造成发生灾难性洪灾的风险不断增加，临海城市和国家面临巨大生存危机，全球生态平衡时刻遭到破坏。而这些是人类活动所造成的温室气体导致的严重后果。温室气体本来可以阻挡部分太阳光反射回太空，使地球保持在一个适合生物居住的温度下，这对人类以及其他数以百万计的物种生存至关重要。但是在经历了150多年的工业化发展、大规模砍伐森林及规模化农业生产之后，大气中的温室气体的含量增长到了300万年以来前所未有的水平[64]，随着人口的增长、经济的发展和人类生活水平的提高，人类活动所造成的温室气体排放总量也不断增加。目前根据全球范围内学者的研究得到一些基本科学关联：①地球大气中温室气体的浓度直接影响全球平均气温；②自工业革命以来，温室气体浓度持续上升，全球平均气温也随之增加；③大气中含量最多的温室气体是由焚烧化石燃料得到的二氧化碳，约占总量的三分之二。

"碳达峰"和"碳中和"由于其自身所具有的特性，能够更好地控制二氧化碳排放总量，增加碳汇能力，实现碳循环平衡目标，对于应对全球气候变化具有重要意义，这也是我国作为负责任大国应尽的国际义务。

1. 能源领域

鉴于我国以煤炭为主的能源供应体系，决定了我国的碳排放主要来自能源活动，实现"碳达峰"和"碳中和"目标，能源领域减排首当其冲。未来能源领域实现"碳中和"目标的途径主要集中在以下几点：

（1）清洁替代技术。能源生产清洁化是能源转型的必然趋势，主要涵盖了以清洁能源替代传统化石能源发电和终端清洁能源直接利用两种方式。21世纪以来，以太阳能、风能为代表的可再生能源发电技术成本不断下降，未来与化石能源相比具有强大的竞争力，为构建以可再生能源为主体的新型电力系统提供了条件。以太阳能热水器、太阳灶、生物质利用、地热采暖等终端清洁能源利用技术可以广泛应用。

（2）低碳燃料利用。氢能作为清洁能源对构建绿色、低碳、经济、多元化的能源供应体系具有重要意义。预计2050年全球对绿氢的需求将达到5.3亿 t，2060年我国氢能产量将达到6000万 t，在能源供应结构中占比将超过10%。氢能在灵活性发电、氢能交通、工业替代，以及建筑采暖等领域具有广泛应用前景。

（3）能源互联技术。能源互联网是清洁能源大规模优化配置的基础，包括特高压交直流、柔性交直流等先进输电技术及大规模储能技术。特高压直流输电技术的电压等级、输送容量、可靠性和适应性水平将不断提高，成本进一步降低，以解决我国东西部能源资源与需求在空间维度不匹配的问题。抽水蓄能和电化学储能装机规模将大幅度增加，氢储能效率不断提升，以大规模储能技术解决能源资源与需求在时间维度不匹配的问题。

（4）分布式综合能源系统。分布式综合能源系统是集中式能源供应模式的补充，通过整合分布的能源资源，利用高效能源生产转换技术，以及需求侧管理等技术来同时满足终端用户的冷/热/电/气/水/交通等多种能源需求，构建零碳社区/城市。瑞士洛桑联邦理工学院提出的第五代区域能源供应系统以二氧化碳为能源介质，实现未来社区和城市无碳排放的能源自治。

2. 电力领域

碳中和的实现有三大动因驱动，包括工业生产活动增加、建筑楼宇电气化、电动汽车的推广，这些都离不开电力领域的供应，因此电力领域是实现碳中和的重要组成部分。除经济发展带来的需求增长外，在减碳目标下，各行业大规模电气化以及电解制氢的普及，将推动电力需求的进一步提升。长期来看，我国电力需求将以年均 2%的速度增长，2050年的电力总需求将是2020年的2倍左右。直接电力需求将在2030年前稳步增长，主要受工业生产活动增加、建筑楼宇电气化、电动汽车的推广三大动因驱动。而在 2030～2050年间，工业用电和建筑楼宇用电需求的增速将放缓，交通运输业的用电需求则因电动车的加速推广将呈现更快的增长态势。因此，电力领域实现"双碳"目标，是达成各领域协同减排的基础。未来"双碳"目标实现还需以下几点：

（1）大力提升可再生能源发电。坚持集中式和分布式并举，大力提升风电、光伏发电规模。以西南地区主要河流为重点，有序推进流域大型水电基地建设。安全有序发展核电，合理布局适度发展气电。按照"控制增量、优化存量"的原则，发挥煤电托底保供作用，适度安排煤电新增规模。因地制宜发展生物质发电，推进可再生能源发电领域的发展。

（2）发挥电网基础平台作用。优化电网主网架建设，新增一批跨区跨省输电通道，建设先进智能配电网，提高资源优化配置能力。支持部分地区率先达峰。

（3）推动源网荷高效协同利用。多措并举提高系统调节能力，提升电力需求侧响应水平。推动源网荷储一体化和多能互补发展，推进电力系统数字化转型和智能化升级。

（4）大力推动技术创新。推动抽水蓄能、储氢、电池储能、固态电池、锂硫电池、金属空气等新型储能技术跨越式发展。促进低碳化发电技术广泛应用与智能电网技术迭代升级，加大前瞻性降碳脱碳技术创新力度。

3. 建筑领域

建筑业二氧化碳排放量在全球能源和过程相关二氧化碳排放中占比接近 40%，建筑领域减排迫在眉睫。根据 IEA 和 UNEP 公布数据，2017~2018 年全球建筑行业排放量增加了 2%达到历史最高值。据中国建筑节能协会能耗统计专委会发布的《中国建筑能耗研究报告 2020》报告，2018 年全国建筑全过程能耗总量为 21.47 亿 tce（吨标准煤当量，tonne of standard coal equivalent，是按标准煤的热值计算各种能源量的换算指标），占全国能源消费总量 46.5%，建筑全过程碳排放总量为 49.3 亿 tce，占全国碳排放总量的 51.3%。因此，在"碳中和"进程中，建筑领域节能减排任重道远。

建筑全过程包括建材生产阶段、建筑施工阶段（包括建筑拆除）和建筑运行阶段。2018 年建材生产阶段耗能 11 亿 tce，占全国能源消费总量的 23.9%；建筑施工阶段能耗 0.47tce（占比 2.2%），建筑运行阶段能耗 10 亿 tce（占比 21.7%）。因此建筑领域碳减排重点在建材生产阶段和建筑运行阶段。转变建造方式、大力发展绿色建筑、创新建筑用能方式等是建筑领域助力实现"双碳"目标的重要途径。

（1）在设计阶段，应从建筑的全生命周期角度考虑低碳环保因素，推动近零能耗建筑规模化发展，鼓励开展零能耗建筑、零碳建筑发展。同时在结构设计上统筹考虑建筑全寿期内多因素影响，提高材料利用率，加强绿色材料的应用，在生产和建造阶段加大绿色建造力度。

（2）在运行阶段，提高建筑电气化水平，通过推广清洁采暖、炊事电气化、电制生活热水等技术，降低建筑领域直接碳排放；通过超低能耗技术以及构建光/储/直/柔一体化建筑来促进其与交通工业领域的协同，降低建筑领域间接碳排放。

4. 交通领域

2021 年交通领域碳排放占全国终端碳排放的 15%，并且在过去的 9 年时间内，交通领域的碳排放年均增速保持在 5%以上，交通领域关乎民生，合理的减排制度能有效帮助交通领域尽快实现"双碳"目标。目前我国已经制定了包括调整出行结构、提高运输效率、提倡共享出行、推广新能源汽车在内的一系列交通减排政策。

鉴于目前我国城镇化建设有序推进、机动化快速发展、以公交出行优先为核心的绿色出行模式尚未完善，货运模式仍以公路为主，为了实现"双碳"目标，亟须在交通与城市协调有序发展、交通出行模式转变、货物运输结构优化、能源零碳转型及高效低排放技术应用等方面实现重大突破，诸多专家就交通领域减排提出以下建议：

（1）促进交通与城市协调发展打造低碳生活模式。优化城镇化空间和城镇规模结构，充分发挥城市群和都市圈吸纳人口和就业的潜力，构建功能混用、公交导向、多组团集约紧凑发展的城市布局。

（2）促进交通出行模式转变。出台充分利用经济杠杆减少小汽车依赖的需求管理政策，调节机动车的空间和时间出行结构，并通过立法明确相关措施的合法性。

（3）持续推动大宗货物"公转铁"。结合城市的发展阶段及货物特点，以适合铁路运输、需求量较大的货类为重点，推动大宗货物从公路转到铁路运输。

（4）智能交通助力交通运行效率提升。未来的交通应是在出行预约的前提下实现人、车、路协同发展，建立不堵车的交通系统，实现系统运行效率最优。

5. 工业领域

从工业领域来看，能源加工行业、钢铁行业及化学原料制造业等相关高耗能行业不仅是煤炭消费的重点行业，也是二氧化碳排放的主要行业。除去电力和热力之外的工业行业贡献了近30%的化石能源排放。工业领域深度减排路径多样。

（1）消除产能过剩，优化工业结构。通过技术创新提高工业过程效率，完善环境影响评价和能源技术评价标准，调整高能耗工业投资准入门槛，限制高耗能工业产能无序扩张；优先部署节能技术，控制能源需求总量，通过技术创新提高能效，以及材料替代和循环经济等途径降低能源需求。

（2）建设现代化工业体系，加速工业数字化进程。对制造业进行结构调整，调控工业能源需求的总体规模并逐步降低碳强度，通过数字化转型以及电能替代技术提高工业领域电气化水平，发展电炉炼钢、电窑炉、感应窑炉等电能替代技术。

（3）使用低碳燃料、原料替代技术，突破氢能炼钢技术等未来具有深度脱碳的技术路线，对于难实现电气化的设施，以绿氢或生物质能替代化石燃料；在产生高浓度二氧化碳设施中应用 CCUS 技术，降低工业领域碳排放。

三、碳达峰与碳中和的判别

1. 碳达峰判别

判断一个国家是否碳达峰的标准并不单指在某一年达到最大排放量，而是一个过程，即碳排放首先进入平台期并可能在一定范围内波动，随后进入平稳下降阶段，根据此标准综合得出实现碳达峰的国家。

根据 UNFCCC 网站公开的数据，在包含 LULUCF（土地利用、土地利用变化及森林）情况下，碳达峰国家共计 46 个，发达国家如法国、英国、美国等都实现了碳达峰；在不包含 LULUCF 情况下，碳达峰国家共计 44 个，巴西和澳大利亚在这一情况下未实现达峰。总体来看，对比包含 LULUCF 和不包含 LULUCF 两种情况，绝大多数国家在两种情形下的达峰时间一致或较为接近（达峰时间相差范围为 1～4 年，仅瑞士相差 8 年），大多数国家不含 LULUCF 情况下二氧化碳排放量要高于包含 LULUCF 下的二氧化碳排放量。整体来看，在实现碳达峰后，有些国家的二氧化碳排放趋势呈现升降反复现象。

根据数据的可得性，同时考虑对我国的参考和借鉴作用，对所有已实现碳达峰的发达国家和发展中国家巴西的人均 GDP（PPP）、城镇人口占总人口的比例、第三产业占 GDP 的比重、化石能源消耗占比等来分析已经实现碳达峰国家的特征。总体特征如下。

（1）大部分发达国家实现碳达峰目标的人均 GDP（PPP）在两万美元以上，但碳达峰后经济增长速度会放缓。目前已达峰的国家主要可以分为两类：一类主要为东欧国家，人均 GDP（PPP）为 5000～10000 美元，这其中有一些国家是因为经济衰退和经济转型而碳达峰，这部分国家主要集中在苏联的加盟共和国和东欧计划经济国家，说明尽管经济增长与碳排放峰值关系密切，但依然可以在较低的经济发展水平上实现达峰；另一类为美国、日本、法国等发达国家，人均 GDP（PPP）为 20000～40000 美元，大部分国家达峰时间为 1997 年后，因为严格的气候政策和经济快速发展实现了碳达峰，通常实现碳达峰后，经济增长速度明显下降，实现了经济发展与能源、排放增长的脱钩。

（2）大部分发达国家在达峰时的城市人口占比均超过 50%。城市人口规模的扩张以及由于生活水平提高导致的居民消费模式的改变，使得一个国家实现碳减排目标面临巨大压力，因此，城镇人口规模会影响一个国家的碳排放。不管是自然达峰还是受政策驱动实现碳达峰的发达国家，大部分发达国家在达峰时的城市人口占比均超过 50%，在 52.2%～97.0%。

（3）从产业结构看，除波兰外，1996 年以后所有实现碳达峰的发达国家第三产业占 GDP 的比重达 65%以上，美国等一些国家的比重甚至接近 80%。这些国家均是处于后工业化阶段的国家，即第三产业占比远超过第二产业占比，主导产业大多以高加工制造业和生产性服务业为主，所以碳达峰时碳排放强度也相对较低。

（4）除芬兰和冰岛外，2000 年以后所有实现碳达峰的发达国家化石能源消耗占比均达 65%以上。从能源消耗来看，由于法国、瑞典、芬兰、瑞士等国家大多发展了生物质能等可再生能源，其化石能源消耗占比在 60%以下外，其余国家化石能源消耗占比都高达 60% 以上。但是，不同国家的能源结构存在显著差异，一定程度上影响了达峰时间的差异。

（5）贸易隐含碳占碳排放的一半。对 2000 年后碳达峰的国家进行分析，所有国家在碳达峰后仍存在大量贸易隐含碳。数据显示，这些国家平均进口隐含碳和出口隐含碳占碳排放（包含 LULUCF）的比重分别为 59.85%和 45.08%。随着达峰后碳排放的持续下降，包括美国、日本、澳大利亚等在内的碳达峰国家贸易结构向着"低碳"方向持续优化，包括降低高碳排放行业出口，扩大服务行业进出口比重以及提升净进口隐含碳占国内碳排放需求比重等，从一定程度上可以说，碳达峰国家依靠碳排放转移降低了国内碳排放。

2. 碳中和判别

碳中和作为一种有效的环境管理工具，已获得越来越多的支持与关注。然而，将意识转化为行动并不容易，如果缺乏可量化和评估的统一标准来作为依据，就不能定义"怎样才算实现碳中和"，企业因而无法有效提升自身的碳管理能力，消费者也无法对环保产品或服务进行辨别。如此一来，人们就很难建立通过市场激励企业推行节能减排的良性循环，关于碳中和的讨论成了各说各话，碳中和的实施效果也会大打折扣。

当前，国际上常见的碳中和认证标准主要有三个，分别是 ISO 14064 标准、PAS 2060 标准和 INTE B5 标准。此外，国际标准化组织正在研究制定新的 ISO/WD 14068 标准。

（1）ISO 14064 标准。ISO 14064 标准由国际标准化组织在 2006 年提出，是一个主要针对温室气体量化的标准。它具体又细分为三个部分：

1）ISO 14064-1 是在组织层面上量化和报告温室气体排放和清除的规范和指南。它包括确定温室气体排放限值，量化组织的温室气体排放，清除并确定公司改进温室气体管理具体措施或活动等要求。这部分标准在 2018 年时还进行过一次更新，对间接的温室气体排放测定进行了进一步强调。

2）ISO 14064-2 是在项目层面上量化、监测和报告温室气体减排和加速清除的规范和指南。它包括确定项目基线和与基线相关的监测、量化和报告项目绩效的原则和要求。

3）ISO 14064-3 是温室气体声明审定和核查的规范和指南。它规定了核查策划、评估程序和评估温室气体等要素，适用于第三方机构进行报告验证。

这里要说明一点，ISO 14064 标准的这三个部分是可以独立使用、作为标准之一，所以我们在研究一些企业的盘查报告、核证报告或者碳中和报告时，可以看到"按照 ISO 14064-x 标准"这样的字样，这就是代表该企业在相应领域应用的是 ISO 14064 标准的其中一个分支。

ISO 14064 标准核算的温室气体种类包括二氧化碳（CO_2）、甲烷（CH_4）、氧化亚氮（N_2O）、氢氟碳化物（HFC_s）、全氟碳化物（PFC_s）、六氟化硫（SF_6）、三氟化氮（NF_3）。该标准规定了国际上最佳的温室气体资料和数据管理、汇报和验证模式。组织可以通过使用标准化的方法，计算和验证排放量数值，确保 1t 二氧化碳的测量方式在全球任何地方都是一样的。这使排放声明不确定度的计算在全世界得到统一。

（2）PAS 2060 标准。PAS 2060 标准也是一个常见标准，同时这也是全球第一个提出碳中和认证的国际标准。它由英国标准协会于 2010 年发布，可适用于各种类型的组织（例如商业组织、地方政府、社区、学术机构、会所和社会团体、家庭和个人）及各种主题（例如活动、城镇或城市、建筑或产品），是一个所涉甚广的标准框架。

根据上述适用范围，碳中和宣告分为以下两种：

1）碳中和承诺宣告（Declaration of Commitment to Carbon Neutrality）。进行此种宣告的实体必须建立宣告标的物的碳足迹报告，并且拟定碳足迹管理计划（CFM Plan），以描述该标的物将如何达到碳中和。

2）碳中和达成宣告（Declaration of Achievement of Carbon Neutrality）。进行此种宣告的实体必须实际完成减量行动，并抵换（Offset）残余排放量（Residual Emissions）。此种宣告只针对某时间范围内的特定范畴；若该实体想要延长时间或扩大范畴，必须重新进行查证。

PAS 2060 标准提出了达成碳中和的基本要求方式、考虑历史已实现碳减排的方式和第一年全抵消方式三种可选择方式。同时，该标准对实现碳中和的抵消信用额进行了明确规定，抵消所采用的方法学和类型均应符合以下原则：①发生于选定标的的减排之外；②应满足额外性、永久性、泄漏性和不重复计算性等准则；③抵消量应经由独立第三方进行认证；④碳抵消额度应在实现减排后方可发行；⑤碳抵消额度在达成宣告的 12 个月内撤销；⑥碳抵消项目的支持文件需对大众公开；⑦碳抵消项目的信用额应注册于一个独立可信的平台。

（3）INTE B5 标准。INTE B5 标准是哥斯达黎加在 2016 年发布的针对其本国碳中和项目的标准。哥斯达黎加在 2021 年就成为世界上第一个实现碳中和的国家。在温室气体的核算和核查方面，INTE B5 直接采用了 ISO 14064 标准的第一部分和第三部分，而在温室气体减排、排放抵消方面，INTE B5 则结合本国情况，提供了其他更具体的规范要求。

（4）ISO/WD 14068 标准。虽然前文提到的 ISO 14064 标准通行广泛，但该标准并没有像 PAS 2060 标准一样以碳中和为题。2021 年 2 月，国际标准化组织又成立了碳中和工作组，启动碳中和相关的 ISO 国际标准研制，即 ISO 14068 标准。该标准预计将于 2023 年完成制定并发布。

该标准当前还在草案阶段，讨论重点集中在标准范围、核心术语的定义、减排量要求、碳中和信息交流等方面。如果顺利的话，ISO 14068 标准的出炉将有助于为人们提供一种实现碳中和的统一方法和原则，并支持各国在制定本国气候变化的计划、战略和方案时更好地使用碳中和相关的目标和说明。

第二节 碳排放治理概述

碳排放的治理是利用低碳、零碳以及负碳技术以减少碳排放或吸收大气中的二氧化碳。本节主要从碳排放治理的概念、碳排放治理的边界以及碳排放治理的现状等三个方面对碳排放治理的概况进行介绍[65]。

一、碳排放治理的概念

1. 碳排放治理概念

依据碳源不同，碳排放可分为可再生碳排放和不可再生碳排放两种类型。可再生碳排放是指可再生能源的碳排放，包括在地球表面的各种生命体正常的碳循环及消耗可再生能源的碳排放；不可再生碳排放是指不可再生能源的碳排放，是指由于人类活动需要开发利用地下矿物能源产生的碳排放，主要是指化石能源的碳排放。相较于可再生碳排放，不可再生碳排放温室效应更大，对环境的影响也更严重。碳排放治理即碳减排，就是减少二氧化碳等温室气体的排放量，从而缓解人类的气候危机。诺贝尔奖获得者、化学家斯凡特·阿累利乌斯认为，化石能源的燃烧使用将不可避免地增加大气中二氧化碳的浓度，预计到2050 年，温室气体（CO_2）浓度将达到 550 ppm，它将扰乱自然生态系统的各种因素（如海水温度、洋流以及太阳辐射）间的微妙平衡。

2. 碳排放治理的意义

碳排放的持续增加，将造成全球气候变暖、冰川融化、海平面上升、淹没大陆，还会导致气候反常，海洋风暴增多；土地干旱，沙漠化面积增大；地球上的病虫害增加等。国内国外各项研究收集到的数据中，气候变化导致极端气候事件频发，影响日渐深重。同样的，从各项数据中可以看到，人类的活动已经超过地球生物承载力的状态，地球的再生能力已经跟不上人类的需求，人们将资源变成废弃物的速度远远高于自然把废弃物变成资源的速度。地球生态系统持续增长的压力正在导致动物栖息地的破坏或者恶化，以及生产能力的永久丧失，从而威胁到生物多样性和人类自身的利益。

减少碳排放的主要作用是遏制全球温室效应，减少大气粉尘污染。从减少碳排放的意义和侧面影响来看：第一可以减少地球上不可再生能源的开采，减少对矿藏的破坏，因为大部分的碳都是燃烧矿物燃料产生的；第二可以迫使各国加快对可再生能源和绿色能源的研究和使用；第三促进世界经济向绿色经济和持续可发展的经济形势方面转变。

二、碳排放治理的边界

1. 直接排放与间接排放

地区的直接排放是指来源于辖区内的全部温室气体排放，包括化石燃料消费、工业生产过程和固体废弃物处理产生的排放，而间接排放是指由辖区内部活动引起、来源于辖区外的排放，如处于辖区外部的一次能源生产设施、电力设施等排放源的排放。这种分类方法严格按照排放源的地理位置分类，为国家以下各层面（如州、省、企业）的碳排放核算规则所通用。学术文献中经常出现的另一种分类方法，即"边界内排放与跨边界排放"，与该方法内涵一致。

2. 组织边界和行政地理疆界

这一界定方法从公共部门对排放源的运行控制程度角度进行分类，目前主要出现在ICLEI 清单指南中，西方发达国家的城市使用较多，如纽约、伦敦的城市温室气体排放清单都坚持了这一分类思想。"公共部门排放（Government Inventory）与市域排放（Citywide Inventory）"的界定方法，与之等同。

组织边界核算的是城市公共部门（包括行政机关、公立学校等）在日常运营中排放的温室气体，排放源主要有市政建筑、供水、废弃物及污水处理、行政用车、路灯/交通信号灯、校园巴士等。而行政地理疆界的排放，主要涵盖来自居民、工业、商业、交通、废弃物处理等部门的所有排放，实际上就是全市的碳排放量。

公共部门这一组织的排放是行政地理疆界排放的一部分，之所以将其单独列出，是由公共部门的组织特殊性决定的。首先，西方国家的城市政府有向市民公布自身运行情况的义务，以接受纳税人监督；其次，公共部门的减排措施与其他部门不同，公共部门可以采取强制性手段进行减排，而城市其他部门的减排，只能通过政策鼓励或者财税刺激等市场手段进行。

3. 内部排放、核心外部排放和非核心排放

这种分类方法由 Kennedy 提出并系统定义，与上文提到的范围1、范围2 和范围3 依次对应，但以形象化的名称替代了用序号表示的抽象"范围"概念，该分类方法的关键价值在于通过定义四种系统边界，提出了一个判别城市具体活动的范围归属的标准。这四种边界分别是：

（1）地理边界（Geographical Boundary）。这一边界从地理学角度定义，既可以指城市的行政边界，也可以指代其他地理特征范围，但边界轮廓必须是"清晰可见"的。该边界用来区分发生在城市内部的排放和外部的排放[66]。

（2）时间边界（Temporal Boundary）。定义该边界的目的有两个：一是为了给可追

踪到的碳排放源确立一个可以纳入核算的起点时间；二是确立该活动产生碳排放的平均周期，以排除季节变化的影响。

（3）行动边界（Activity Boundary）。该边界所指的是城市理应负责并且有能力负责的碳排放活动，这一边界受多种因素影响，比如该活动排放温室气体的数量规模、与城市核心功能的相关性以及城市对这部分排放的监控能力等[67]。

（4）生命周期边界（Lifecycle Boundary）。除了对城市产品和服务在整个生命周期的排放外，该边界重点关注一些服务于城市的生产资料的排放是否应当纳入核算范围，如跨越城市边界的基础设施带来的排放[68]~[70]。城市的活动归属于哪种范围，取决于该活动相对于四种系统边界的位置。

4. 内部过程排放、上游过程排放和下游过程排放

对过程/流程进行分类是基于产品和服务的生命周期视角。辖区内部过程排放指消费的产品在辖区内的直接排放，包括能源消费、工业生产过程、农业、土地利用变化和林业。上游过程排放是指用于辖区消费的产品在生产、加工、运输等供应链上游环节的排放，包括一次能源生产、电力生产及进口的产品和服务。下游过程排放指产品在消费以后的处理环节过程中产生的排放，如固体废弃物处理、废水处理等，另外还包括在辖区内部生产，但用于出口的产品和服务所产生的排放。

5. 生产视角排放、消费视角排放与提取排放

这是三种不同的碳排放核算视角，主要是从碳排放责任主体这一角度出发进行考虑的。生产视角核算的是在辖区内生产商品和服务产生的温室气体排放，也包括家庭对燃料的最终消费，与前文所述的"直接排放"相对应。消费视角核算的是辖区内各种主体（政府、企业、居民）消费商品和服务的行为导致的温室气体排放，其排放源可以来自地理边界内，也可以来自地理边界外。

"提取排放"是从供应侧核算，由 Davis 最先提出[71]。该方法区分了产品（和服务）贸易的隐含排放与燃料贸易的隐含排放，实际上是将产品和服务的碳排放追溯到上游过程的最初燃料提取环节。如一种商品在 A 城市消费、B 城市生产，而 B 城市生产这一产品利用了从 C 城市矿藏中提取的燃料。这就涉及两个贸易环节：A 城市从 B 城市进口商品，B 城市从 C 城市进口生产商品的燃料。提取排放与生产排放的差值是燃料的净进口量产生的排放，也就是该案例中 B 城市进口燃料的隐含排放。由于在世界范围内，燃料的生产地有限，因此该方法的主要优势在于将减排工作限定在对少数几个参与者的规制中，从而能够提高减排效率[72]。不过，该方法仅能从全球布局，离可操作性还有一段距离。

6. 直接排放、应负责的排放、被认定排放和物流排放

这一边界划分方法所依据的是生产活动与消费活动的发生地点相对于辖区的位置[73]。直接排放反映的是生产和消费都发生在辖区内的排放，比如家庭、商业和工业部门的能源消耗引发的排放；"应负责的排放"指的是在辖区内部生产但在辖区以外的地方消费此类活动的排放，比如用于出口的制造业产品；"被认定的排放"与"应负责的排放"恰好相反，指生产设施在外地，但供本地消费的排放，如进口的消费品。而"物流排放"是指产品的生产与消费都不在本地，只是通过该地转运，比如过境贸易品在辖内部产生的排放。

三、碳排放治理的现状

党的十八大以来，我国生态文明建设和生态环境保护取得历史性成就，生态环境质量持续改善，碳排放强度显著降低。但也要看到，我国发展不平衡、不充分问题依然突出，生态环境保护形势依然严峻，结构性、根源性、趋势性压力总体上尚未根本缓解，实现美丽中国建设和碳达峰碳中和目标愿景任重道远。与发达国家基本解决环境污染问题后转入强化碳排放控制阶段不同，当前我国生态文明建设同时面临实现生态环境根本好转和碳达峰碳中和两大战略任务，生态环境多目标治理要求进一步凸显，协同推进减污降碳已成为我国新发展阶段经济社会发展全面绿色转型的必然选择。近年来，国家出台了很多关于碳排放治理的政策，也提出了一系列实施办法。以下是最新的政策和国家提出的实施办法（见表5-2）。

表 5-2　　　　　　　　　　　碳 排 放 治 理 政 策

政策文件 （发布时间）	政策的重点	政策的解决办法
《中国应对气候变化的政策与行动》（2021）	（1）加大温室气体排放控制力度，有效控制重点工业行业温室气体排放。 （2）推动城乡建设和建筑领域绿色低碳发展。 （3）构建绿色低碳交通体系。 （4）持续提升生态碳汇能力。 （5）充分发挥市场机制作用，持续推进全国碳市场建设，建立温室气体自愿减排交易机制	（1）大力推进碳达峰碳中和。 （2）减污降碳协同增效。 （3）大力发展绿色低碳产业。 （4）坚决遏制高耗能高排放项目盲目发展。 （5）优化调整能源结构。 （6）积极探索低碳发展新模式。 （7）推动城乡建设领域绿色低碳发展。 （8）构建绿色低碳交通体系。持续提升生态碳汇能力
《碳排放权交易管理办法（试行）》（2021）	应对气候变化和促进绿色低碳发展中充分发挥市场机制作用，推动温室气体减排，规范全国碳排放权交易及相关活动	（1）适用于全国碳排放权交易及相关活动，包括碳排放配额分配和清缴，碳排放权登记、交易、结算，温室气体排放报告与核查等活动，以及对前述活动的监督管理。 （2）全国碳排放权注册登记机构和全国碳排放权交易机构应当定期向生态环境部报告全国碳排放权登记、交易、结算等活动和机构运行有关情况，以及应当报告的其他重大事项，并保证全国碳排放权注册登记系统和全国碳排放权交易系统安全稳定可靠运行。 （3）组织建立全国碳排放权注册登记机构和全国碳排放权交易机构，组织建设全国碳排放权注册登记系统和全国碳排放权交易系统
《关于深入打好污染防治攻坚战的意见》（2021）	提出了"加快推动绿色低碳发展"的要求。明确要深入推动碳达峰行动	（1）将以实现减污降碳协同增效为总抓手。 （2）建议将碳排放评价纳入环境影响评价体系，将温室气体浓度监测纳入环境质量监测体系。 （3）增加控制温室气体排放相关内容，构建减污降碳协同的标准体系
《减污降碳协同增效实施方案》（2022）	关于碳达峰碳中和决策部署，落实新发展阶段生态文明建设有关要求，对推动减污降碳协同增效作出系统部署	（1）加强源头防控，包括强化生态环境分区管控，加强生态环境准入管理，推动能源绿色低碳转型，加快形成绿色生活方式等内容。

政策文件 （发布时间）	政策的重点	政策的解决办法
《减污降碳协同增效实施方案》（2022）	关于碳达峰碳中和决策部署，落实新发展阶段生态文明建设有关要求，对推动减污降碳协同增效作出系统部署	（2）突出重点领域，围绕工业、交通运输、城乡建设、农业、生态建设等领域推动减污降碳协同增效。 （3）优化环境治理，推进大气、水、土壤、固体废物污染防治与温室气体协同控制。 （4）开展模式创新，在区域、城市、产业园区、企业层面组织实施减污降碳协同创新试点。 （5）强化支撑保障，重点加强技术研发应用，完善法规标准，加强协同管理，强化经济政策，提升基础能力。 （6）加强组织实施，包括加强组织领导、宣传教育、国际合作、考核督察等要求
《关于加快建立统一规范的碳排放统计核算体系实施方案》	为满足应对气候变化国际履约要求，支撑实现我国提出的控制温室气体排放行动目标	（1）定期编制更新温室气体清单，为我国完成各项履约任务提供基本保障。 （2）形成碳排放强度指标核算发布机制，为实现国家自主贡献目标提供有力支撑。 （3）建立重点行业企业碳排放核算报告核查制度，为启动全国碳市场奠定坚实基础。 （4）初步建立了人才队伍和支撑平台，为我国应对气候变化能力水平提升注入动力
《中共中央 国务院关于完整准确全面贯彻新发展理念做好碳达峰碳中和工作的意见》（2021）	实现碳达峰、碳中和目标，要坚持"全国统筹、节约优先、双轮驱动、内外畅通、防范风险"原则	（1）推进经济社会发展全面绿色转型。 （2）深度调整产业结构。 （3）加快构建清洁低碳安全高效能源体系。 （4）加快推进低碳交通运输体系建设。 （5）提升城乡建设绿色低碳发展质量。 （6）加强绿色低碳重大科技攻关和推广应用。 （7）持续巩固提升碳汇能力。 （8）提高对外开放绿色低碳发展水平。 （9）健全法律法规标准和统计监测体系。 （10）完善政策机制。 （11）切实加强组织实施

早在 2005 年我国的"十一五"规划纲要中就提出要节能减排。自从 2005 年我国"十一五"规划中首次对节能减排提出要求后，我国宏观经济开始发生变化。从单位 GDP 的碳排放量来看，自 2005 年起我国单位 GDP 的碳排放量从 2.52kg/美元迅速下降至 2010 年的 1.39kg/美元，说明"十一五"期间节能减排效果明显。

随后我国持续采取节能减排的政策，我国单位 GDP 的碳排放量呈现进一步下降的趋势，2020 年我国单位 GDP 的碳排放量仅为 0.65kg/美元，仅为 2005 年的四分之一左右。可以看到我国节能减排政策有显著成效。

过去，由于电力、工业、交通和建筑的碳排放占据绝大部分，在碳排放治理的过程中，对于这四大行业的实施方式有很多，也取得了不错的成效。未来，也将继续在这四大行业重点落实减碳工作（见表 5-3）。各行业采取的减碳措施有很多，各个方式的技术成熟程度和减碳效果都不一样。在实现碳中和的道路上，我国需要在电力、工业、建筑、农业等领域共同努力，减少"黑碳"的排放量和发挥"灰碳"的可利用性[74]（见表 5-4）。

表 5-3   电力、工业、交通和建筑领域碳排放治理情况

领域	碳排放占比（2020）	减 碳 措 施
电力	45%	（1）提高清洁能源发电（风电、光伏发电、水电、沿海核电等）。非化石能源快速发展。我国非化石能源发电装机总规模达到 9.8 亿 kW，占总装机的比重达到 44.7%，其中，风电、光伏、水电、生物质发电、核电装机容量分别达到 2.8 亿 kW、2.5 亿 kW、3.7 亿 kW、2952 万 kW、4989 万 kW，光伏和风电装机容量较 2005 年分别增加了 3000 多倍和 200 多倍。非化石能源发电量达到 2.6 万亿 kWh，占全社会用电量的比重达到三分之一以上。 （2）发展储能技术。抽水蓄能、电网级储能电池等技术在规模化应用方面已经取得一定进展。 （3）建设电网基础设施。处理好清洁能源发展与系统安全、供电保障以及系统成本之间的平衡。 （4）2021 年与 2012 年相比，规模以上工业企业能源加工转换效率提高 1.8 个百分点，其中，火力发电提高 2.3 个百分点
工业	25%	（1）推进工业电气化。工业电气化已成功应用于低温和中温生产工艺，对于一些高温生产工艺，采用清洁氢能等作为替代燃料。 （2）提高能源效率。调整优化技术和工艺路线，提高系统能源利用效率，研发创新低碳产品等，既能减少能源活动二氧化碳排放，也能减少工业过程二氧化碳排放。 （3）发展循环经济。鼓励发展循环经济的技术，如废旧的钢、铝和其他金属以及塑料的回收利用。 （4）发展碳捕集技术。将生产过程中排放的二氧化碳进行收集，提纯并继续投入到生产过程当中，实现对碳的循环再利用。 （5）通过推动工艺升级、更新改造用能设备、加快淘汰落后产能、推广高效节能技术，单位产品综合能耗不断下降。2021 年，在统计的重点耗能工业企业 39 项单位产品生产综合能耗中，近九成比 2012 年下降。其中，吨钢综合能耗下降 9.8%，烧碱、机制纸及纸板、平板玻璃、电石、合成氨生产单耗分别下降 17.2%、16.8%、13.8%、13.3%、7.1%
交通	11%	（1）公路运输。为了覆盖不同类型的车辆（如重载车辆、公共交通、市政车辆、乘用车）和不同类型的应用场景（如场站、工业园区、商场、社区、路侧）的充电需求，需要建设多层次的充电解决方案，并与现有的用电系统进行有效调控，保证资源的最大化利用。 （2）轨道交通。我国轨道交通领域已经形成了相对成熟的电气化解决方案，其中高速铁路、货运干线铁路、地铁已经基本实现全面电气化。 （3）航空和船舶。在交通运输领域，航空和船舶行业的脱碳难度较高，使用燃料替代和港口岸电及空港陆电。 （4）燃料替代。在航空领域，生物能源特别是可持续航空燃料，与航空煤油相比减排可达 80%，是减少航空碳排放的主要方式。而在船舶行业，短期的液化天然气和中长期的清洁氢是两个主要的低碳燃料替代解决方案。 （5）港口岸电和空港陆电。港口船舶岸电供电系统替代船舶辅机发电，可实现靠港船只的零碳排放。飞机靠港也可以利用地面供电，实现廊桥电能替代：在登机廊桥下安装静电电源和飞机地面专用空调，在飞机停靠廊桥后关闭辅助动力装置，完全由地面以清洁能源方式提供飞机所需的电能，替代过去使用航空燃油的方式。 （6）联网新技术与智慧交通领域相互融合，让资源利用更高效。在智慧城市和智慧交通建设方面，新兴的数字孪生技术，构建起云端数字孪生城市，用于交通的整体规划调度、运营管理。在城际高速铁路、城际轨道交通、充电桩网络等新基建方面，通过 AI、大数据、云计算等技术的综合应用，提高土地利用效率、运输效率，减少资源的消耗和碳排放

领域	碳排放占比（2020）	减碳措施
建筑	7%	（1）在建筑设计阶段。采用绿色设计理念，根据地理条件合理设置太阳能采暖、制热水及发电装置、风力发电装置、水地源热泵，充分利用环境提供的天然可再生能源。同时，可采用节能的建筑围护结构及设备，使用适应当地气候条件的平面形式及总体布局。 （2）在施工阶段。通过快速施工工艺、清洁施工工艺、循环使用施工工艺、保温施工工艺等手段可以提高能源使用效率，节约能源，增加材料利用率。例如，建筑面积逾 30 万 m^2 的成都来福士广场，外墙安装低辐射中空节能玻璃，最高可以降低建筑能耗达 70% 以上。 （3）在运行阶段。绿色建筑内的暖通空调系统及热水系统可通过采用可再生能源、高性能系数的冷热源机组、变频泵等多项节能技术，提高其系统能效比。绿色建筑的照明和用电设备可以采用高效率的设备和先进的控制策略，从而提高能源利用率。例如，上海中心大厦，应用的节能环保技术涉及照明、采暖、制冷、发电以及可再生能源领域，每年能为大厦减少碳排放 2.5 万 t

表 5-4 　　　　　　　　　　　各领域碳排放治理途径

领域	途径	技术成熟度	减量源头
电力	新能源发电	技术成熟、早期应用	减少"黑碳"排放量
	储能技术	技术成熟、早期应用	
	提高能源转化效率	研发阶段	
	碳捕集与封存	示范阶段	减少"黑碳"排放量
交通	电动车	早期应用	减少"黑碳"排放量
	燃料电池动力系统	示范阶段	
	提高动力效率	研发阶段	
	生物质能替代	早期应用	发挥"灰碳"的可利用性
工业	清洁燃料替代	示范阶段	减少"黑碳"排放量
	锅炉电气化	示范阶段	
	提高能效	研发阶段	
	碳捕集与封存	示范阶段	减少"黑碳"数量
	人工碳转换	示范阶段	发挥"灰碳"的可利用性
建筑	清洁供热替代	技术成熟、早期应用	减少"黑碳"排放量
	分布式能源	示范阶段	
	电气化、热泵	早期应用	
	开发新型建筑材料	研发阶段	
农业	农机电气化	早期应用	减少"黑碳"排放量
	限制作物燃料	技术成熟	
	禽畜粪便、秸秆还田	技术成熟	发挥"灰碳"的可利用性
林业	植树造林	技术成熟	发挥"灰碳"的可利用性
生活	绿色出行	技术成熟	减少"黑碳"排放量
	电器及电子产品回收	早期应用	
	垃圾分类及回收	早期应用	
	节约能源消费	技术成熟	

第三节　碳排放治理方法

自工业革命以来，人类活动大量排放的二氧化碳使全球出现变暖趋势，严重危害人类生存和发展，亟须实施碳排放治理措施。本节主要介绍四种减排方式，分别是基于能源替代的减排方法、基于 CCUS 技术的固碳方法、基于碳汇手段的降碳方法以及基于节能增效的避免碳排放手段，并对四种方式对发展现状和前景进行对比。

一、基于能源替代的减排方法

可再生能源和新能源能够替代传统化石能源，既能缓解化石能源消耗增长过快、对生态环境造成严重影响的问题，又能有效补充能源供给、调整能源结构，是我国未来能源发展的战略重点，同时也是我国在 2030 年左右达到碳排放峰值的重要途径。按时达峰的关键是降低能源消费总量、合理调整能源结构，在保证一定的经济发展速度的前提下，努力提高新能源在一次能源消费中的占比。

可再生能源发展迅速、结构丰富，替代化石能源的能力增强。可再生能源是指不需要人力参与便会自动再生、相对于非再生能源（如石油、煤炭、天然气等）以外的能源。从资源禀赋、开发规模、技术成熟度、产业体系、经济性等综合考虑，我国典型的可再生能源主要包括水能、风能、太阳能和生物质能。发展可再生能源是减少二氧化碳排放的根本途径之一，一直作为各国应对气候变化的主要手段。《2021 年全球可再生能源现状报告》指出，2021 年是可再生能源发展取得巨大成功的一年，虽然各国能源行业均受到新冠疫情不同程度的影响，但全球可再生能源装机容量仍达 315GW，创历史新高；太阳能和风能新增装机量占所有新增可再生能源装机量的 90%，太阳能和风能发电量占比首次超过全球发电量的 10%。目前，全球已有超 135 个国家制定了温室气体净零排放目标，各国迫切需要在所有经济和社会活动中向可再生能源过渡。我国高度重视应对气候变化问题，实施积极应对气候变化的国家战略。随着生态文明建设整体布局中"双碳"目标的纳入，我国能源消费结构将迎来深刻的系统变革。据《中国可再生能源展望报告》初步估计，2060 年我国可再生能源占一次能源消费比重要由当前的约 15% 提升到 75% 以上，可再生能源发电总装机也将由 10 亿 kW 大幅攀升到 60 亿 kW 左右。

风能资源替代化石能源。风能资源的贮量取决于地区风速的大小和有效风速的持续时间，而对于风能转换装置而言，可利用的风能是在"起动风速"到"切出风速"之间的风速段，这个范围的风能即通称的"有效风能"。估算方法主要有：基于气象台站常规观测资料的风能资源评估，即运用气象台站的常规气象观测数据进行风能资源评估；利用风电场的测风塔观测数据进行风能资源的评估；结合观测资料和其他影响因子的多指标综合评估等。对我国风能资源理论开发潜力的估值主要分为陆上风能和近海风能两部分。对我国陆上风能资源估算较权威的结果为全国第一、二、三次风能资源普查所得到的技术可开发量，分别为 1.6 亿 kW、2.53 亿 kW、2.97 亿 kW，可以看到随着风能开发技术的进步，技术可开发资源量的递增较为明显。

太阳能资源作为替代能源。目前国内表征太阳能资源数量通常用太阳总辐射和日照时数这两个指标来表征。与风能资源评估类似，也存在利用气象台站观测数据、经验公式估算、卫星遥感反演等方法。全国太阳能开发潜力的估值研究较少，主要权威数值为中国气象局风能太阳能资源中心所公布的 2015 年陆地太阳能资源理论储量为 1.86 万亿 kW，其他学者的研究多集中于太阳能利用潜力的区域评价与分析，以及单独各省份的太阳能开发潜力估值。

生物质能资源作为替代能源。相比较于太阳能和风能资源潜力的研究，由于生物质能不属于商品能源，因此传统统计口径中通常不包括生物质能，一定程度上限制了农业生物质发电潜力方面的研究。一些学者从主要农作物秸秆和废弃物入手，结合主要农作物的种植面积、种植结构、单产以及秸秆的主要用途，对现有耕地主要农作物未来生物质能可开发利用潜力进行分析评价，如张晟义等研究表明 2018 年我国农业生物质净剩余量的发电潜力为 0.14 亿 kW[75]。

二、基于 CCUS 技术的固碳方法

CCUS 是在碳捕集与封存（Carbon Capture and Storage，CCS）技术基础上，结合我国实际，增加二氧化碳利用环节后首次提出的技术概念，具体指将碳源排放的低浓度二氧化碳进行分离捕集，提纯为高浓度二氧化碳后运输到适宜地方封存或循环利用于制取燃料、化学品、碳酸盐产品等，从而实现碳减排的技术手段。其技术基础 CCS 是指将二氧化碳从工业或其他排放源中分离出来，并运输到特定地点进行封存，以实现被捕集的二氧化碳与大气长期隔离，该技术最初受到二氧化碳驱油技术的启发，于 1989 年由麻省理工学院正式提出。CCS 技术虽然具有大规模碳减排的优点，但存在投入大且能耗高，简单封存无法盈利等多方面的问题，导致大多数发展中国家难以大范围推广和应用。相反，在当前全球依然以煤、石油和天然气等化石能源为主体的能源体系中，CCUS 技术尽管同样面临着高能耗的技术难点，但通过二氧化碳的资源化利用极大降低了生产成本，使其可以通过商业化获取盈利。目前，CCUS 技术已经逐步替代了 CCS 技术，成为世界各国应对气候变化和碳减排的重要手段，其主要包括二氧化碳的捕集、运输、封存和利用 4 个技术环节，以及碳排放交易系统商业交易方式。

1. 碳捕集

二氧化碳的捕集是指通过相关技术手段将不同排放源的二氧化碳进行分离和富集的过程，根据技术特点可以分为燃烧前捕集、燃烧后捕集和富氧燃烧三类：

（1）燃烧前捕集是将碳从未燃烧的燃料中分离出去，从而使燃烧不产生二氧化碳，具有纯度高、捕集成本低的优点，但存在捕集设施占地大、设备成本高的缺点。

（2）燃烧后捕集是指通过低温分馏法、化学溶剂吸收法、膜分离法、物理吸附法、低温分离法、变压吸附法和冷冻氨工艺（CAP）等手段，将二氧化碳从燃料燃烧后的烟气中分离出来，具有适用性强、纯度高和设备成本低的优点，但存在捕集成本高、能耗高的缺点。目前化学吸收法、物理吸收法和变压吸附法被认为具有良好的应用潜力。

（3）富氧燃烧是指利用高纯度的氧气代替空气作为主要氧化剂进行化石燃料燃烧的技术，具有纯度高、占地小、设备成本低和捕集成本低的优点，但存在技术要求高和制氧成本高的缺点。

2. 碳运输

二氧化碳的运输是 CCUS 捕集、运输和封存利用的中间环节，主要包括陆地、船舶和

管道运输三种方式：

（1）陆地运输。分为公路和铁路罐车两种，具有方便灵活、适应性强、技术简单和成本低的优点，但存在量小、运距短、装卸费时的缺点。

（2）船舶运输。具有长距离和大运量的优点，但存在二次运输和装卸费时的缺点。

（3）管道运输。包括陆上和海底两种方式，具有运量大、快速、连续、平稳、占地少、建设费用低和自动控制等优点，缺点是技术复杂，包括管道材料、网线设计和压缩技术等，以及日后可能存在泄漏隐患和产业配套规模投资成本高等。目前仅有美国具有相对完善的二氧化碳管道选型方案、管道模型和运输技术。

3. 碳封存

二氧化碳地质封存是指通过管道技术将超临界状态下的二氧化碳注入到含油、气、水或者无商业价值煤层的密闭地质构造中，形成长时间或永久性地对二氧化碳的封存，封存方式通常包括废弃矿井、不可采煤层、枯竭油田、海洋、矿物碳化、油气层、深部咸水层和陆地生态系统封存等。依据封存条件可将封存能力分为理论封存能力、有效封存能力、可实施封存能力和匹配封存能力（见表5-5）。

表5-5　　　　　　　　　　　　封　存　能　力　等　级

封存能力级别	定　　义
理论封存能力	地质系统内能接受的物理封存极限。假定孔隙空间可以全部用来封存二氧化碳，或在地层流体中以最大饱和状态溶剂，或在整个煤体中以100%饱和状态吸附的封存能力
有效封存能力	理论封存能力中满足一系列地质和工程标准而得到的部分封存能力
可实施封存能力	通过考虑二氧化碳封存技术、法律法规、基础建设等因素获得的有效封存能力
匹配封存能力	在考虑地质封存站点容量、注入能力和供应速率的约束下，通过大型固定碳源、地质封存站点进行源汇匹配，测算二氧化碳封存的能力

4. 碳利用

二氧化碳依据自身的物理性质和化学性质可分为地质利用、化工利用、生物利用、矿化利用和能源利用五种方式：

（1）地质利用。包括二氧化碳驱油、驱煤层气、驱天然气、驱页岩气、驱深部咸水层、驱铀矿和驱地热能技术等。

（2）化工利用。是指将二氧化碳通过化学反应生成化学产品的方法，主要包括二氧化碳制备合成气技术、二氧化碳制备液体燃料或化学用品技术、二氧化碳合成甲醇技术和合成碳酸二甲酯技术。

（3）生物利用。是指通过植物固定二氧化碳，利用光合作用进行转化利用，目前主要以具有快速生长速率和转化速率的螺旋藻、小球藻和盐藻这三种微藻类植物为主，包括微藻转化生物燃料和化学产品技术、微藻转化有机肥料技术、微藻转化添加剂技术和二氧化碳温室增产利用技术等。

（4）矿化利用。主要指利用碱土金属氧化物与二氧化碳在一定温压条件下，发生化学反应生成稳定碳酸类化合物的过程，其中我国研发的二氧化碳固化磷石膏和氯化镁受到各国广泛关注。

（5）能源利用。自 20 世纪 40 年代发展至今，随着储能技术与二氧化碳减排技术的交叉融合，已不限于二氧化碳自身能量的物理或化学变化。根据反应原理和实际需要，可实现"混合储能二氧化碳电池技术""回收能量的二氧化碳电容器/电池技术"和"深度发电二氧化碳矿化发电池技术"等，这些技术在碳减排和实现煤炭发电清洁利用方面具有广阔前景。

现阶段，我国 CCUS 多个环节的关键技术实现了长足进展，新技术类型不断面世，但在技术经济成本、示范规模与推广和有效性评价等方面仍有待进一步挖掘[76]。

捕集方面：我国燃烧前捕集技术较为成熟，类似胺基吸收剂、常压富氧燃烧等正开展工业示范的第一代捕集技术，部分已具备商业化能力。燃烧后捕集技术处于示范阶段，特别是燃烧后化学吸收法与国际上商业化应用差距较大，其他包括新型膜分离、新型吸附、增压富氧燃烧和化学链燃烧等第二代捕集技术仍处于研发阶段，预计 2035 年前后实现技术衔接。

运输方面：陆地运输及内陆船舶运输技术已经相对成熟，但是配套的陆地输送管道及管网设计仍处于前期阶段，针对海底管道的输送技术发展，则还在概念性雏形阶段。

封存方面：还未开展海底封存示范项目，其他封存项目的体量与美国、挪威、日本和巴西等国家相比差距显著。

利用方面：目前除了化工与生物利用技术，特别是二氧化碳合成化学材料技术，已基本实现大规模商业化并产生较好经济效益外，其他利用技术包括强化采油、驱替煤层气、浸采采矿和强化深部咸水层等技术，仍处于小规模工业示范研发阶段。

三、基于碳汇手段的降碳方法

自然生态系统深度参与着全球碳循环过程，其吸收二氧化碳的固碳作用对中和碳排放贡献巨大。自然碳汇作为最经济且副作用最小的方法，是未来我国应对气候变化，实现碳达峰、碳中和最有效的途径之一。据预测，即使到 2060 年我国非化石能源占比从目前的16%左右提高到80%以上，非化石电力占比由目前的33%左右提高到90%以上，仍有大约20 亿 t 温室气体排放难以消减。因此，在现有的节能减排技术基础上，发掘新的固碳增汇途径显得十分迫切。

自然生态系统是指在一定时间和空间范围内，依靠自然调节能力而维持相对稳定的生态系统，如森林、草原、湖泊湿地、耕地、海洋等。自然生态系统是地球表层生态系统的重要组成部分，深度参与着全球碳循环过程。大气中的二氧化碳被陆地和海洋植物光合作用吸收后进入生物圈、岩石圈、土壤圈和水圈，部分被吸收的碳在生物地球化学作用下最终成为碳汇，另一部分通过土壤呼吸和微生物分解重新返回大气。自然生态系统的稳定与否直接决定了大气二氧化碳的浓度高低，对全球碳循环有着重大影响。一些研究结果显示，人为排放碳大约有55%被自然所消除，其中海洋占24%，陆地生态系统占30%。2008 年，世界银行发布报告，首次提出了全球气候变化"基于自然的解决方案"（NbS），指出自然界的生物多样性增加能够减少碳排放和增加碳汇，可以对全球减缓气候变化做出贡献。在2019 年联合国气候行动峰会上，NbS 被列入加快全球气候行动的九大领域之一。我国最新的研究数据也发现，2010～2016 年，我国陆地生态系统年均吸收约 11.1 亿 t 碳，占同时期人为碳排放的45%。

1. 自然碳汇面临的现实困境

自然碳汇也存在很大的不确定性和不稳定性。由于不同研究者的数据来源不同，自然碳汇的计算结果往往差异较大。自然生态系统储存的碳汇也可能随着吸收饱和而碳汇量趋于零，甚至有重新释放的风险。例如青藏高原多年冻土区，土壤有机碳储量虽然很高，但气候变暖会导致土壤碳大量分解释放成为碳源。在不受干扰的情况下，土壤泥碳地储存的二氧化碳比地球上所有其他植被的总和还多。但是当它们被退化、干枯时，每年可以释放出大量二氧化碳。此外，自然碳汇研究的监测设施和评价手段还不完善，观测技术还有待提高，存在着体积大、成本高、运维难度大、在线化程度低等缺点。相关的自然资源监测技术指南大多仍停留在部门规范性文件的层面，相关的调查标准制定工作滞后，专业技术人才缺乏。现有的自然碳汇数据平台系统的坐标体系、数据内容、数据形式等都不统一，不利于系统掌握全国自然碳汇数据信息。

2. 自然碳汇手段降碳的未来发展

未来需重点加强自然碳汇过程调查研究，以地球系统科学理论为指导，综合空—天—地一体化技术，开展自然资源系统中自然碳汇综合调查和潜力评价，系统掌握不同气候类型、不同地质背景及不同自然资源要素的地球关键带碳循环模式、动态过程、演化趋势和碳汇通量；分析林草生长、湖泊湿地吸收、河流输送及土壤固定等自然过程的碳循环过程和碳汇速率；探索不同人工干预对自然生态系统碳循环的影响过程和机理，在林草增碳、湖泊湿地固碳、土地利用调节吸收等方面探索更多人工固碳增汇途径和生态修复措施，构建因地制宜的人工固碳增汇模式，构建全国自然碳汇数据库系统，形成全国自然碳汇调查标准体系，提高我国应对气候变化的能力，服务我国碳达峰和碳中和的战略目标[77]。

四、基于节能和提高能效的治理方法

节能和提高能效不是简单的少用能源，而是通过重塑生产生活方式、调整经济结构、优化产业布局、增加清洁高效能源比重、改进能源利用效率等措施，提高能源生产率、增强产业竞争力，构建高效的现代能源体系。

从全球来看，主要国家和经济体均重视节能和提高能效，将其作为呵护美丽地球的先决条件和推进能源绿色低碳发展的重要抓手。《巴黎协定》的达成表明绿色低碳发展已经成为全球共识，绿色低碳转型的核心是大幅提高社会生产力和经济整体效率，减少发展过程对能源资源的消耗和温室气体的排放。为此，主要发达国家都制定了中长期能源效率提升目标，将其作为增强能源安全、优化能源结构、改善环境质量的基础。欧盟将提升能效作为应对气候变化的主要抓手，提出 2020 年能源效率较 2008 年提高 20%，2030 年能源消费总量比 1990 年降低 30%。美国民主党和共和党的能源发展理念有所不同，但都非常重视节能和提高能效，特朗普政府宣布退出《巴黎协定》，但并没有放松美国的节能工作，依然出台了建筑、电动汽车、工业等部门的能效政策。日本历来重视节能和提高能效，先后出台了一系列节能降耗的法律法规，推进全社会的节能工作，成为人均能耗最低的发达国家，还通过提升能效成为世界全球制造业竞争力最强的国家。对于广大发展中国家和新兴经济体，能效提升的空间更大，将能效作为"第一能源"对其可持续发展意义重大。节能和提高能效不仅是各国应对气候变化自主减排贡献的重要内容，更是实现人与自然和谐相处、呵护美丽地球的先决条件。

重点用能产品设备广泛应用于生产和生活的方方面面，是全社会重点行业、重点领域节能降碳工作的重要抓手。国家发改委等五部门联合发布《关于严格能效约束推动重点领域节能降碳的若干意见》，行动方案指出：到 2025 年，钢铁、电解铝、水泥、平板玻璃、炼油、乙烯、合成氨、电石行业达到标杆水平的产能比例超过 30%，行业整体能效水平明显提升，碳排放强度明显下降。同时，国家发展改革委等部门联合印发了《关于发布〈重点用能产品设备能效先进水平、节能水平和准入水平（2022 年版）的通知》（简称《通知》），聚焦重点用能产品设备，明确能效先进水平、节能水平和准入水平，提出了加快淘汰落后设备，鼓励扩大高能效产品设备消费，推动相关产业提质升级的措施安排。《通知》的印发对强化重点用能产品设备能效管理,深挖重点用能产品设备节能降碳潜力将发挥重要作用，对于实现碳达峰碳中和具有重要意义。

五、不同治理方法的对比分析

1. 发展现状及发展规模

随着化石能源的减少，需要相应增加可再生能源，以满足日益增长的能源需求。"十三五"期间，非化石能源装机容量以年均 13.1% 的速度增长，到 2020 年实现了 15% 非化石能源份额目标。然而,实现碳中和意味到 2050 年非化石能源至少占一次能源总量的 85%。因此，基于可再生能源巨大的资源潜力、低碳排放甚至零碳排放、成本逐步下降等特点，可再生能源将是我国向碳中和过渡的核心。我国的目标是在 2030 年将风能和太阳能发电装机容量提高到 1200GW 以上,年复合增长率要达到 10% 左右。到 2050 年,我国需要约 1500～2600GW 的风力发电能力以及 2200～2800GW 的太阳能发电能力来帮助实现《巴黎协定》，这大约是 2020 年发电量的 10 倍。此外，核能也将成为满足碳中和背景下的重要能源。2007 年，我国发布了《核电中长期发展规划（2005～2020 年）》，目标是到 2020 年将核电装机容量提高到 58GW，但截至 2020 年底只实现了 50GW。"十四五"规划纲要明确提出核电装机容量达到 70GW，这意味着"十四五"期间 20GW 的核电装机容量将投入运行。到 2050 年，核能发电装机容量预计将达到 120～500GW。

CCUS 作为重要的负排放技术之一，我国二氧化碳封存潜力估计为 1800～3000Gt，高于目前年均二氧化碳排放量（约 10Gt 二氧化碳）数百倍。因此，我国在"十二五"期间已经开始推广 CCUS 试点。目前，我国有三个运行中的商用 CCUS 设施，年最大捕获能力约为 0.82Mt 二氧化碳，约占全球碳捕获和封存总量的 2%。

植树造林是一项在我国得到广泛应用的负排放技术，目前我国是全球绿化趋势的最大贡献者。2010～2016 年，陆地汇达到年均（1.11±0.38）Gt C［约（4.0±1.4）Gt 二氧化碳］，抵消人为排放量的 45%。我国的海洋也有巨大的碳汇潜力，为实施各类负排放技术提供了良好的基础。我国沿海大陆架边缘沉积的有机碳年均约为 75.1Mt 二氧化碳，我国大型海藻养殖的初级生产力年均约为 12.9Mt 二氧化碳。此外，人工上升流项目也可以帮助养殖区每年增加 0.3Mt 二氧化碳的固碳量。总的来说，我国海洋年均碳汇量超 300Mt 二氧化碳。联合国环境署在一份报告中指出，控制碳排放的最佳方法是"自然碳汇"。据统计，全球大洋每年从大气吸收二氧化碳 20 亿 t，占全球每二氧化碳排放量的 1/5 左右；滨海湿地作为重要的海岸带蓝碳生态系统，每平方千米的年碳埋藏量预计可达 0.22Gt；林木每生长 1m^3，平均吸收 1.83t 二氧化碳,但其成本仅是技术减排的 20%;草地是全球陆地生态系统分布面积最广的类型之一,按照天然草地每公顷可固碳 1.5t/年计算,我国的草地资源每年总固碳量约为 0.6Gt;长江、珠江、黄河三大河流每年固定的二氧化碳也有 57Mt 左右;我国岩溶作用每年可回收大气二氧化碳量 51Mt;依托土地综合整治等手段可实现农田减排增汇,促进农业空间降低净碳排放。据统计,到 2030 年,我国农业空间最大技术减排潜力约为每年 667Mt 二氧化碳。综上,到 2030 年,我国陆地森林、草原、湿地等生态系统的最大技术减排潜力约为每年 3.6Gt 二氧化碳(不包含海洋碳汇)。自然碳汇是未来我国应对碳达峰、碳中和最有效的途径之一,也是最经济且副作用最小的方法。

当前我国工业化已进入中后期,工业部门的能源需求趋于稳定,而随着城镇化的快速发展,未来建筑、交通部门将成为拉动我国能源消费增长的主要驱动因素。只有加强节能和能效提升,才能有效控制能源消费总量。我国政府高度重视节能和提高能效工作,"十一五"期间单位 GDP 能耗下降 19.1%,"十二五"期间单位 GDP 能耗下降 19.7%,为全球应对气候变化作出了重大贡献。各减排方式如表 5-6 所示。

表 5-6　　　　　　　　　　　　　减 排 方 式 对 比

减排方式	减排能力及未来减排潜力
能源替代	2020 年已实现 15%非化石能源份额目标,目标在 2030 年将风能和太阳能发电装机容量提高 1200GW 以上,2050 年,核能发电装机容量预计将达到 120GW 到 500GW 替代化石能源,以达到减排目的
CCUS 固碳技术	二氧化碳封存潜力估计为 1800~3000Gt,高于目前年均二氧化碳排放量(约 10Gt 二氧化碳)数百倍。目前我国三个运行中的商用 CCUS 设施,年最大捕获能力约为 0.82Mt 二氧化碳,约占全球碳捕获和封存总量的 2%
碳汇手段	2010~2016 年,陆地汇达到年均(1.11±0.38)Gt C[约(4.0±1.4)Gt 二氧化碳];我国海洋年均碳汇量超过 300Mt 二氧化碳;到 2030 年,我国农业空间最大技术减排潜力约为每年 667Mt 二氧化碳
节能与提高能效	"十一五"期间单位 GDP 能耗下降 19.1%,"十二五"期间单位 GDP 能耗下降 19.7%。到 2025 年,钢铁、电解铝、水泥、平板玻璃、炼油、乙烯、合成氨、电石行业达到标杆水平的产能比例超过 30%,行业整体能效水平明显提升,碳排放强度明显下降

2. 国际减排技术及进程

目前全球所有大型 CCUS 项目中,二氧化碳驱油项目占到 70%。2019 年,美国通过驱油开采封存的二氧化碳量约 24Mt。我国在 2010 年到 2017 年期间通过驱油项目累计注入二氧化碳超过 1.5Mt,累计原油增产超过 0.5Mt。从经济性分析,美国驱油技术比较成熟,成本相对较低,再加上相关免税补贴政策,可实现捕集封存成本与驱油利用收益的基本平衡。当原油价格高于每桶 70 美元时,甚至可产生一定利润。我国驱油技术与美国有一定差距,相关补贴政策还不健全,目前仍处于工程示范阶段,尚未实现大规模商业应用。钢铁、煤化工、焦化、化肥、水泥等,这些行业与火电行业情况大致相似,捕集技术都已经比较成熟,但都缺少封存和利用的有效方式,捕集环节的成本和能耗也存在偏高的问题。美国作为最早一批开始进行碳减排的国家,具有丰富的实践经验且实行效果显著。在消费领域,美国最新推出"零碳排放行动计划"(ZCAP),这是一项针对美国国内的战略,其中,工业生产占美国相关能源碳排放的 20%,耐用品制造、食品、纺织加工、采矿和有色金属生产等，通过提高协调效率、电气化和发电脱碳实现碳减排。其他行业如钢铁、水泥和化学原料的生产，解决方案为碳捕获与储存（CCS）及使用其他合成燃料替换现有能源。欧盟的欧盟排放交易体系（EU ETS），采用分权化治理模式。当前覆盖了 27 个主权国家，它给予了参与国家很大的自主决策权，成员国在经济发展程度、产业结构、体制制度等方面差异化明显，该体系规定，在一定区域内，如果污染排放总量不超过规定范围排放量，则可在国家内部通过货币交换相互调剂排放量，采用这种模式不仅让欧盟完成减排目标，还通过差异化获得了更多利益。这种集中和分散控制的平衡能力，使其成为排放交易体系的典范。澳大利亚国家温室气体清单的季度更新显示，2021 年该国碳排放量增加 0.8%，比 2020 年同期增加 410 万 t。随着新的工党政府上台，2022 年 6 月 16 日，澳大利亚新的政府正式签署了联合国《巴黎协定》下的最新气候承诺，即到 2030 年，将碳排放量在 2005 年的水平上降低 43%。澳大利亚深受全球气候变化影响，近年来连续出现极端高温天气、大堡礁白化、林火灾害等。虽然澳大利亚民众及环保协会积极推动能源结构优化，但受党派之争和能源产业既得利益者影响，澳大利亚节能减排工作未能全方位开展。化石燃料是澳大利亚主要出口商品，它还是经济的主要驱动力。澳大利亚拥有占世界 6% 的煤炭储量和 2% 的天然气储量。从全球范围来看，澳大利亚天然气出口量在全球排名第 4，煤炭出口量在全球排名第 2，且两者出口额共占澳大利亚 GDP 的 6.3% 左右。2021 年，澳大利亚的矿物燃料和石油的出口额更是上涨到 947.6 亿美元，占总出口额的 28%。因此，化石燃料行业在很长一段时期内仍是澳大利亚的经济命脉。短期内放弃化石燃料的生产对澳大利亚来说将伴随着巨大的沉没成本。澳大利亚的煤炭游说利益集团拥有着巨大的影响力[78]。

在碳减排路径的选择上，所有国家的目的都是一致的，皆是为节约资源、保护环境、缓解国际社会减排压力、创造良好的外部经济环境等，而我国为实现这样的目的，不仅要加大力度控制碳排放量，打造低碳环境，同时还要向有经验的国家学习，从而因地制宜地制定出适合我国的碳减排措施。

第四节 碳排放治理应用

针对于不同的经济、资源、政策环境，应当应用不同的碳排放治理方法，而不同场景下各类治理方法成本效益是选择的重要依据。本节将对可再生能源电力、煤电 CCUS、BECCUS、DAC、森林和海洋碳汇以及节能增效等典型碳排放治理应用进行分析，并对多种碳排放治理应用的成本效益进行对比。

一、基于可再生能源电力的碳排放治理

当前我国可再生能源发电方式主要包括光伏发电、光热发电、陆上风电、海上风电、水电、生物质发电及地热发电。

1. 可再生能源电力发电成本分析

可再生能源发电项目运营期间主要包括建设成本和运营成本两部分。其中建设成本多为一次性投入费用，包括初期发电设备的购置、安装成本、运输设备成本、设备调试费用、土地建设费用以及基础建设费用。风力发电及光伏发电项目的建设成本占比具体情况如图 5-4

（数据来源：李志学，秦子蕊，王换换等. 我国风电成本水平及其影响因素研究 [J]. 价格理论与实践，2019，No.424（10）：24-29+166.）和图 5-5（数据来源：冯赫，龙妍，周铭. 湖北省光伏发电项目经济性预测研究 [J]. 能源与节能，2021，No.187（04）：10-13+26.）所示。

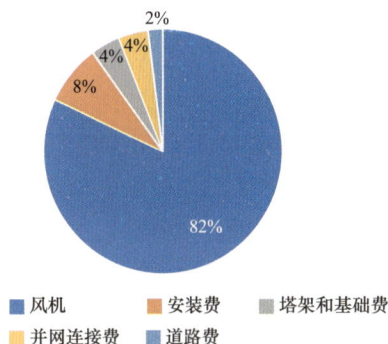

图 5-4 风力发电项目建设成本占比

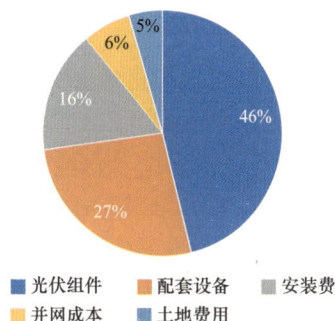

图 5-5 光伏发电项目建设成本占比

建设完成后，项目进入运营维护期，这一时期的成本构成相对繁琐。需要雇佣专业人员对风电场以及光伏电厂管理和常规的设备维护，维持发电秩序的正常运行。一旦发电上网，获得发电收入，则需要缴纳增值税、城市维护建设税、教育费及附加等税费。此外，发电侧要按前期与金融机构签订的上网合同偿付贷款并支付利息。同时项目运行期间会产生偶生成本，所谓偶生成本即逆变器等设备的偶然更换成本。可再生能源发电设备的建设过程中，尤其是含有光伏发电的建设系统中，偶生成本主要包括蓄电池和逆变器的更换成本，蓄电池处于频繁的充放电状态和浮冲状态，在寿命周期内循环使用。逆变器则配合交流供电设备使用，并网逆变器还有安全设计，若未连接到电源，会自动关闭输出，所以整个运行期间直至发电项目结束，蓄电池和逆变器的工作时间较长，通常情况下需要更换 2至 3 次蓄电池和逆变器。最后当可再生能源发电设备消耗殆尽时，便进入了报废回收阶段，这一阶段主要是回收、运输报废设备，部分设备寿命周期截止后还可以重复利用，虽然发电效率较低，但可以降级使用，以大代小继续工作。有些设备如储能电池等则需要返厂分解，进行统一的无害化处理。报废阶段还需要把报废的发电厂的垃圾清理干净，支付所需要的交通费用、人力成本、清算费用。

上述在项目运营维护期间产生的成本称为运营成本，主要包括贷款引发的资本成本、人工管理费用、运行过程中的维护费用，需缴纳的税费成本在效益部分予以计算。

2. 可再生能源电力综合效益分析

可再生能源发电作为碳排放治理方法的重要方法之一，在进行效益分析时不仅要考虑以度电成本为代表性指标的经济效益，更要考虑以投资减排成本为代表性指标的环境效益。可再生能源发电项目的经济效益是投资决策者尤其是企业投资者最关心的部分，但我国大力引导和投资可再生能源发电项目时，更看重其生态环境效益，这是建设环境友好型、资源节约型社会的重要途径，也是促进能源转型的必要措施。因此，本文将经济效益和环境效益同时进行评价，具体的指标选择包括平均度电成本、单位成本减排量等。其中，平均度电成本又称平准化度电成本，是对项目生命周期内的成本和发电量先进行平准化，再计算得到的发电成本，即生命周期内的成本现值/生命周期内发电量现值；单位成本减排量即生命周期内的总减排量/生命周期内的总增加成本。

（1）经济效益分析。根据 IRENA 统计数据，2020 年全球光伏发电平均度电成本为 0.415 元/kWh，相比 2010 年下降 85.05%；光热度电成本虽然较高，但也有大幅下降，2020 年全球光热发电平均度电成本为 0.787 元/kWh，相比 2010 年下降 68.23%；陆上风电成本仍显著低于光伏发电成本，2020 年全球陆上风电平均度电成本为 0.284 元/kWh，相比 2010 年下降 56.17%；海上风电虽然降本成效显著，但仍为陆上风电成本 2 倍之多，2020 年全球海上风电平均度电成本为 0.612 元/kWh，相比 2010 年下降 48.14%。陆上风电是目前价格最低廉的可再生能源，随着水能资源较好的流域逐渐被开发利用，新建水电工程地理位置偏远，自然条件恶劣，地质条件复杂，基础设施落后，对外交通条件困难，工程勘察、施工难度加大，水电开发的建设成本、并网成本相对增高。同时随着社会经济发展和人们生活水平提高，耕地占用税等税费标准提升，征地移民投资大幅增加，生态环保投入不断加大，水电开发成本急剧增加，2020 年全球水电平均度电成本为 0.321 元/kWh，相比 2010 年增长 15.88%；2020 年全球生物质发电平均度电成本为 0.554 元/kWh，相比 2010 年不变；2020 年全球地热发电平均度电成本为 0.517 元/kWh，相比 2010 年增长 44.82%，目前全球新增地热发电项目较少，发电成本对所在国技术水平、地热资源储量、设备成本比较敏感，规模经济效应仍未显现[79]。具体度电水平如图 5-6 所示。

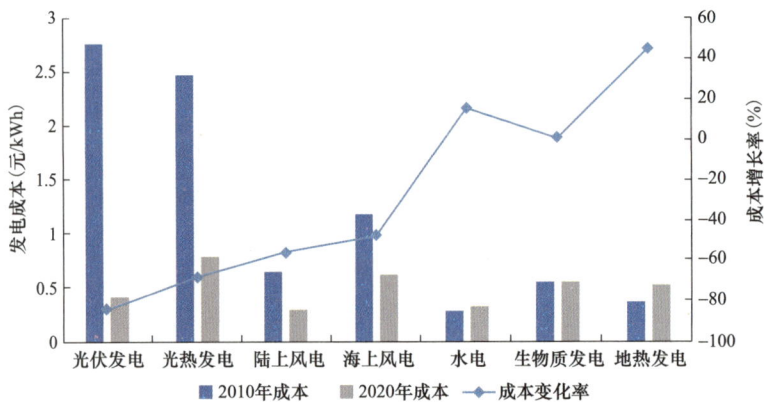

图 5-6　2010 年与 2020 年各类可再生能源度电成本

（2）环境效益分析。可再生能源发电成本效益分析中的环境效益体现在与各种可再生能源发电的投资减排成本的多少。可再生能源发电的最大优势体现在环境协同效益上，风电机组和光伏发电机组在运行期内基本不排放大气常规污染物，温室气体排放量得到有效控制无需专门治理环境污染。因此，可再生能源发电的环境效益是相对于常规火电机组发电而言的，火电机组产生的环境污染治理成本可看作清洁能源发电的环境效益。传统火电机组过量排放 CO_2、SO_2、NO_x 等有害气体，粉尘、悬浮颗粒物等废弃物也会降低环境质量。煤炭燃烧产生的污染物如粉尘、SO_2、NO_x 等占据地方和区域大气污染的 70%～90%，但更严重的是，燃煤发电所产生的温室气体和 SO_2 排放量分别占全国工业总排放量的一半以上。用可再生能源发电替代燃煤发电可以达到减排的目的，也为环境治理节约成本，所以，本文将为减排而发生的货币成本看作可再生能源发电的环境效益，以单位成本减少的 CO_2 为主要的环境效益评价指标[80]。具体可再生能源的单位投资减排成效如表 5-7 所示。

表 5-7   2010 年与 2018 年可再生能源单位投资减排成效   单位：kg/元

可再生能源种类	2010 年	2018 年
光伏	0.288	1.194
光热	0.316	0.549
陆上风电	1.263	1.826
海上风电	0.673	0.796
水电	2.911	2.169
生物质发电	1.442	1.647
地热发电	2.252	1.414

二、基于煤电 CCUS 的碳排放治理

CCUS 是目前公认的唯一能够实现大规模减排的技术手段。CCUS 是指将 CO_2 从工业过程、能源利用或大气中分离出来，直接加以利用或者注入地层以实现 CO_2 永久减排的过程。燃煤电厂碳排放占全球的 37%，其在碳减排方面潜力巨大。因此，煤电 CCUS 的成本效益分析是典型碳排放治理方法成本效益分析中不可或缺的重要环节，通过成本效益分析可以衡量当前此种碳排放治理方法的发展水平，并作为未来 CCUS 项目以及碳排放治理方案的参考。

1. 煤电 CCUS 的经济效益分析

在 50%净捕集率、420 元/桶原油价格、140 元/t 碳价的前提下，通过煤电 CCUS 源汇匹配优化模型可得，CCUS 改造后燃煤电厂平准化额外发电成本为−451.377～294.703 元/MWh；当净捕集率增加至 85%时，平准化额外发电成本为−1457.634～500.98 元/MWh。根据各省市 2018 年上网标杆电价 262.217～453.85 元/MWh 计算，50%净捕集率改造后的总减排电价为−78.228～670.328 元/MWh，其中结合项目的总减排电价为−78.228～502.801元/MWh，CO_2-EWR 项目的总减排电价为 508.555～670.328 元/MWh。具体 CCUS 煤电总减排价格如表 5-8 所示。

表 5-8   煤电 CCUS 在 50%与 85%捕集率时的总减排价格

煤电 CCUS 价格	总减排价格（元/t CO_2）
50%捕集率	−78.228～670.328
85%捕集率	−77.063～874.056

2. 煤电 CCUS 的环境效益分析

煤电 CCUS 的环境效益主要体现在减排成本上。煤电 CCUS 的具体减排成本如表 5-9 所示[81]。

表 5-9   不同捕集率下的煤电 CCUS 减排成本

捕集率（%）	平均成本 （元/t CO_2）	捕集成本 （元/t CO_2）	运输距离（km）
50	−957.018～447.225	159.005～265.567	63.11～249.03
85	−1818.109～447.808	252.821	109.25

总体而言，燃煤 CCUS 的上网电价具有一定的价格竞争力。国家能源投资集团有限责任公 36 家燃煤电厂的全流程 CCUS 改造总平准化发电成本分析表明，以成本最低为目标对电厂与封存地进行源汇匹配后，在 50% 净捕集率条件下，75% 的燃煤电厂总减排电价低于我国 2018 年燃气电厂标杆上网电价的下限（564.49 元/MWh），100% 的燃煤电厂总减排电价低于燃气电厂标杆上网电价的上限（801.218 元/MWh），燃煤电厂加装 CCUS 比燃气电厂更有成本竞争优势。考虑 CCUS 技术进步、激励政策效应之后，可能实现更高捕集率条件下的成本竞争优势。燃煤发电耦合 CCUS 技术目前处于示范阶段，不同煤炭价格下我国燃煤电厂 CCUS 的平准化度电成本为 0.4~1.2 元/kWh，整体上与太阳能、风能、生物质发电水平相当。当燃煤电厂耦合 CCUS 处在煤炭资源较为丰富、CO_2 运输距离较短的理想条件下，燃煤电厂耦合 CCUS 与可再生能源发电技术存在比较竞争优势。国家能源投资集团有限责任公司燃煤电厂 CCUS 改造的成本经济性研究表明，与风电相比，在燃煤电厂净捕集率为 85% 的条件下，44% 的电厂改造后总减排电价低于最小风电价格，56% 的电厂改造后总减排电价低于最高风电价格。CCUS 技术成本会随着技术进步、基础设施完善、商业模式创新以及政策健全而逐渐降低，在可再生能源补贴力度持续退坡之后，未来燃煤电厂 CCUS 发电成本优于可再生能源发电技术的可能性将进一步提高[82]。

三、基于 BECCUS 和 DAC 的碳排放治理

生物质能—碳捕集、利用与封存（Biomass Energy CCUS，BECCUS）是 CCUS 中的一类特殊技术，能将生物质燃烧或转化过程中产生的 CO_2 进行捕集、封存，与传统 CCUS 技术的区别是可以实现负排放。其技术原理是：利用植物的光合作用，将大气中的 CO_2 转化为有机物，并以生物质的形式积累储存下来，这部分生物质可以直接用于燃烧产生热量，或者通过化学反应合成其他高价值的清洁能源。生物质燃烧和化学合成过程中产生的 CO_2，被认为是植物生长所储存的 CO_2 释放出来（这个过程属于"净零排放"）。然后利用 CCS 技术捕获释放出来的 CO_2，将其进一步压缩和冷却处理后，用船舶或者是管道输送。最后被注入合适的地质构造中永久储存（这一过程属于"负排放"）。因此，BECCUS 技术是一种负排放技术。

空气直接捕集（Direct Air Capture，DAC）主要有碱性溶液法和固体吸附法两种方法。对于碱性溶液法的综合成本，CE 公司基于中试工厂给出的分析在 84.68~1689.84 元/t CO_2 之间[83]，Nikulshina 给出的分析在 1281.95~1602.44 元/t CO_2[84]。基于以上对能耗和耗材这一固定成本的分析，该方法的成本不低于 874.06 元/t CO_2。再考虑到净捕获量因素后，在电网发电结构中化石燃料燃烧占比高的地区，采用碱性溶液法最优工艺净捕获 1t CO_2 的成本在 4370~7284 元。若改用清洁能源供能 DAC 装置，则随着净捕获量的提高，最终成本有望降至 1456.76 元/t CO_2[85]。对于固体吸附法而言，固体法的耗材主要来自吸附剂的更换，吸附剂寿命从几次循环到一万多次循环不等，极少能超过一万个循环。一般来说，现有吸附剂虽然价格较低（7.28~43.70/kg），但无法同时满足稳定性高、高吸附容量和长循环时间三个条件，绝大多数吸附剂在经过 2000 次以上的循环后，吸附容量至少降低 70% 以上，采用不同吸附剂耗材所带来的成本估计在 145.68~437.03 元/t CO_2。美国国家科学院预测，在未来十年内基于固体吸附剂的 DAC 技术潜在成本为 640.97~1660.70 元/t CO_2[86]。具体

情况如表 5-10 所示。

表 5-10　　　　　　　　　　　　不同方法下的 DAC 减排平均成本

DAC 方法	平均成本（元/t CO$_2$）
碱性溶液法	1456.76
固体吸附法	640.97～1660.70

BECCUS、DAC 可有效降低实现碳中和目标的边际减排成本。作为重要的负排放技术，BECCS、DAC 技术在深度减排进程中可降低碳中和目标实现的总成本。BECCS 技术的成本为 728.38～1456.76 元/t CO$_2$，DAC 技术的成本约为 728.38～4370.28 元/t CO$_2$。英国研究案例表明，以 BECCUS、DAC 技术实现电力部门的深度脱碳，要比以间歇性可再生能源、储能为主导的系统总投资成本减少 37%～48%。在更加严格的 CO$_2$ 减排目标下，负排放技术的部署可通过取代中远期更为昂贵的减排措施来实现 35%～80% 的成本降低[62]。基于 MIT 经济预测和政策分析模型（EPPA 模型）综合了代表 BECCUS 技术的多种指标，包括土地可用性、内生土地利用变化、内生政策对 GDP 的影响、内生价格及部门消费影响、土地利用变化的直接和间接排放、生物质作物生产和运输、生物质发电和二氧化碳封存，以及 BECCUS 与其他低碳技术的竞争，该方法详细描述了土地利用决策、约束和转换成本，分析了 2℃ 和 1.5℃ 气候目标情景下 BECCUS 技术对能源和经济系统的影响。研究结果发现，在 2℃ 和 1.5℃ 气候目标情景，BECCUS 可以为 21 世纪下半叶的二氧化碳减排做出巨大贡献，即 BECCUS 具有成为重要减缓气候变化技术的经济潜力。研究结果显示，若不使用 BECCUS 技术，在 1.5℃ 目标下，到 2100 年全球消费量将减少近 20%，而使用 BECCUS 时仅减少 5%。与没有 BECCUS 相比，其部署使碳价降低了一个数量级。当其作为支撑技术时，碳价约为 1748.112 元/t。如果仅靠经济因素驱动，BECCS 的部署将增加生产性土地用于生物能源生产，从而导致土地利用用途发生重大变化。此研究表明，BECCUS 的大规模部署不会显著降低减排成本[87]。

四、基于森林与海洋碳汇的碳排放治理

碳汇是指从空气中清除二氧化碳的过程、活动和机制。森林碳汇即是利用森林植物吸收大气中的二氧化碳并将其固定在植被或土壤中，从而减少该气体在大气中的浓度。通俗地说，就是森林中的树木通过光合作用吸收了大气中大量的二氧化碳，减缓了温室效应。海洋碳汇是指利用海洋活动及海洋生物吸收大气中的二氧化碳，并将其固定在海洋中的过程、活动和机制。其中，海草床、红树林和盐沼等海岸带生态系统能够捕获和储存大量的碳，并将其永久埋藏在海洋沉积物里，也被称为蓝碳。

1. 森林碳汇的成本效益分析

森林碳汇是固碳减排的重要手段，我国的林业碳汇来源以人工林为主，固碳的经济效益主要来自国家补贴和林业碳汇交易。资料表明，林木每生长 1m^3 蓄积量，大约可以吸收 1.83t CO$_2$，释放 1.62t O$_2$。林业碳汇交易使森林的固碳能力成为一种商品，能够像普通商品一样进行交易，是近年来国际上刚刚发展起来的新兴产业，也是应对气候变化、抵消和减少碳排放的重要手段。我国的林业碳汇主要来自人工林的贡献。由于系统内生物量的差

异，人工林的固碳效果比自然林低。我国造林良种利用率为 51%，与林业发达国家 80% 的利用率相比差距较大。我国造林多为人工单层林，生物量低，加之种植培育时间短，多数低于 30 年，蓄水、固碳能力弱。我国森林面积约占全球的 5%，但森林植被碳密度只有相似纬度的美国森林的 62.4%，森林固碳能力只有全球中高纬度地区平均水平的一半。目前森林固碳的补偿方式除国家补贴之外，主要为林业碳汇交易。碳交易市场中，一般允许用碳汇交易抵免 5%～10% 的碳配额（全国碳交易市场实行 5%，七个试点中，上海 1%、北京 5%、重庆 8%，其余为 10%）。

林业碳汇是目前最经济的负碳手段。去除二氧化碳的成本在 70～360 元/t，其余途径成本均高于 700 元/t。此外，森林等植物群落碳吸收效果佳，林业碳汇单位产出高。2021 年 8 月，林草局、发改委联合印发《"十四五"林业草原保护发展规划纲要》，明确指出，到 2025 年，我国森林覆盖率达到 24.1%，森林蓄积量达到 190 亿 m³，叠加我国森林覆盖率远不及全球平均水平的现状，林业碳汇具有生态优势。目前我国林业碳汇 CCER 审定项目 97 个，备案项目 15 个，减排总量 5.6 亿 t。林业碳汇 CCER 项目的类型主要分为碳汇造林、森林经营、竹子造林和竹林经营，其中占主流的主要是碳汇造林和森林经营。目前已公示林业碳汇 CCER 项目 97 个，其中造林 68 个、森林经营 23 个、竹林经营 5 个、竹子造林 1 个，审定预计减排总量 5.59 亿 t。已备案项目 15 个，年减排量总计 209.62 万 t CO₂ [88]。具体情况如表 5-11 所示。

表 5-11　　　　　　森林碳汇平均减碳成本

参　数　名	取　值	单　位
农业用地净现值	32871.61	元/hm²
木材平均价格	923	元/m³
木材蓄积与材积的转换系数	0.7	—
实际利率	5.5	%
森林碳汇交易成本系数	0.3	—
轮伐期延迟 1 年的平均机会成本	1584	元/(hm²·a)
轮伐期平均延迟年数	2	a
对应树种木材密度	0.31	kg/m³
对应树种生物量扩展因子	1.53	—
对应树种平均含碳率	0.5	—
对应树种生物量根冠比值	0.24	—
贴现率	5.5	%
平均减碳成本	217.24	元/t

2. 海洋碳汇成本效益分析

海洋碳汇的经济效益主要来自碳市场交易。海洋碳汇交易市场中，资源的供给者可以将有效的碳汇经济价值通过碳市场进行交易，不仅有利于碳汇功能价值的实现，而且碳汇收益可以作为碳汇生产者的价值补偿和生态建设投入。

我国海洋碳汇市场潜力巨大。300 万 km² 主张管辖海域、1.8 万 km 大陆岸线、6.7 万 km² 的滨海湿地，给我国带来了包括红树林、盐沼、海草床等生态系统，以及大型藻类、海水贝类、浮游植物等在内多元的海洋碳汇资源。按全球平均值估算，我国仅探明储量的滨海三大生态系统（红树林、盐沼、海草床）的年碳汇量即达 307.74 万 t，年海洋碳汇价值超过 35 亿元人民币。我国的海水养殖面积和总产量均为世界第一，其中超过 8 成产量为贝类和大型藻类，碳汇资源相当丰富，碳汇项目市场潜力巨大。

海洋碳汇价值量计算方法不尽统一。可以按照《议定书》给出的工业化国家 1092.57～4370.28 元/t 碳减排成本折合当年汇率来计算我国区域的海洋碳汇价值量。同时，海洋碳汇的价值量高低与实物量密切相关，如威海市 2016 年贝藻类固定的 45 万 t 碳的经济价值约为 4.4 亿～17.9 亿元人民币，广东省 2009 年贝藻类减排 39.6 万 t 碳的经济价值约为 0.59 亿～2.38 亿元人民币。总体而言，海洋碳汇价值约为 1360 元/t。具体情况如表 5-12 所示。

表 5-12 海洋碳汇成本效益

成本效益指标	元/t
海洋碳汇价值	1360
碳减排成本	−1037～600

五、基于节能和提高能效的碳排放治理

节能和提高能效的碳排放治理方法可以运用在各个不同领域。企业在进行节能减排时，需要进行成本收益的考量，比如对节能减排工作成本收益分析，决定人力、资本的投入。在下文的分析中，重点从企业角度出发，通过分析企业对节能减排工作的认识、人力、设备投资等的成本收益分析，寻求符合企业利益的节能减排方式。

1. 节能减排对企业效益的影响

节能减排对企业的有形资源产生影响。企业在开展节能减排的相关工作时，一般是通过事前预防与事后控制两种形式。事前预防是以资源利用率的提高及流程创新等诸多形式来降低资源的浪费与污染；而事后控制则主要是通过末端手段来管控污染，一般是以强制性的制度规定或相关政策进行约束与实施。在实践中，如果企业是通过事前预防的形式开展节能减排工作，其是通过清洁生产技术的应用、生产流程的改造等方式进行节能减排，进而为企业自身积累了能够降低污染且创造效益的异质性有形资产。企业自身通过灵活、创新的生产流程，更为节能的生产模式，获取相关的科技创新支持，有效地提高企业自身的能源使用效率及生产效率等，进而达到降低资源及原材料消耗的目的，为企业经营成本的降低提供助力，最终帮助企业实现效益的增长。而从另一个角度来看，通过事前预防实现节能减排能够使企业自身能耗降低、污染降低的技术等获得不断积累，进而帮助企业在政策更迭时能够更为快速地实现节能减排工作的优化与提高，进而避免企业由于环境污染等问题被起诉等，这也是一种变相的有利于企业发展与效益提高的积极影响。当企业通过事后控制的方式开展节能减排工作时，其并未在技术上或流程上进行变革与创新。其虽然

在一定程度上降低了污染，但对企业自身的有形资源积累并未产生实质性的成效，对企业自身效益的影响并不能产生更为积极正向的作用。因此，这也进一步说明了，企业在开展节能减排时，应更注重事前预防，其更为促进企业自身效益的提升。

企业在开展节能减排时，在改善企业资源与环境的过程中也会对企业人力资源以及组织结构等造成影响。节能减排在企业发展的过程中，对于管理、市场、产品及其研发等诸多业务均有所关联。而通过技术与生产流程的创新与改造等，能够使企业的生产经营活动变得更为灵活。与此同时也对企业前端业务人员在技术等方面提出了更高的要求，并需要企业各层员工积极参与并配合节能减排相关工作的开展，由此能够帮助企业形成一种更为先进的人力资源管控方式，而这无疑也会对企业效益产生更为积极的影响。另外，企业在积极开展节能减排的过程中，其在社会当中所树立的企业形象会对优秀人才更具吸引力。且企业节能减排所带来的优良工作环境能够为员工提供更为健康、优质的工作空间，而这无疑会进一步的提高员工对自身工作的满意度及忠诚度。因此，企业在积极开展节能减排时，其在提高资源利用率并降低污染的过程中，能够进一步地累积相关的人力资源，而更为优质的人力资源及组织构成能够帮助企业在效益增长方面产生正面影响。

节能减排对企业的无形资源也会产生影响。当前，随着经济发展与资源环境之间的矛盾日益明显，社会公众对企业节能减排的相关事宜关注度明显提高，大众对企业是否承担起所应履行的环保责任愈加重视，这同时也可能会成为公众或客户选择企业产品的主要影响因素。企业通过节能减排工作的开展，不断地强化环境管理力度，有效降低污染，为保护资源环境贡献自身力量。而这能够极大地提高企业自身的整体声誉与形象，给所面对的客户带来一种更为积极的影响。例如，当前诸多政府部门在进行采购业务时，其对于供应商的选择会更倾向于致力于节能减排的企业。与此同时，企业积极地开展节能减排而建立的良好环保声誉，能够帮助企业与政府、环保等相关组织及其他外部利益者建立更稳定和谐的关系，而这能使得企业进一步地降低或减少责任成本，避免产生罚款及高额诉讼费用等。而这些因素的存在，无疑是企业通过节能减排促进企业效益与环保的双赢。

企业在不断开展节能减排的过程中，能够为企业积累有形资源、无形资源及人力资源等。企业通过技术创新、流程改造等方式，以事前预防的形式进行节能减排，进而在此过程中形成了诸多不可替代的人力资源、有形资源及无形资源等。而企业开展节能减排的过程中亦是一次对资源积累的过程，同时也是企业自身竞争力与效益提高的过程。因此，企业通过节能减排不断地积累异质性资源，对效益的提高有较为积极的影响。虽然部分效益的体现存在一定的滞后性，但从宏观视角来看，企业应当更加积极地响应国家政策号召，从长远的战略角度规划自身的节能减排计划，进而促进企业效益的提高。

2. 提高节能减排效益的建议

积极响应节能减排政策，促进企业发展与效益提升。在我国经济与社会发展过程中，企业作为主要的发展动力来源，其不仅为社会创造财富物质，还需承担并履行保护环境、促进生态文明的责任与义务。通过上文所述，节能减排的开展能够为企业带来有形资源、无形资源及人力资源等诸多异质性资源的积累，是促进企业发展，提升企业效益的来源。并且在过往的一些研究报告中也能够体现出节能减排是有利于企业效益提高的，具体来说，一些学者的实证结果表明，企业在降低能耗时，能够提高自身的资产报酬率。排放水平降低，会拉升企业销售净利率。而在一些滞后模型的回归结果中表明，即便企业在开展节能减排时，当期对自身投融资决策、效益分配会产生不利影响，但从后期表现来看，不利影响正在逐步降低，并呈现出有利影响的趋势。例如，蔚来控股有限公司 2020 年所有业务净亏损，而出售碳排放额度所得的收入却有 1 亿元人民币；特斯拉公司 2020 年出售碳排放额度所得的收入达 14 亿美元，成为特斯拉"赚钱之最"。基于此，企业管理者应打消节能减排会给企业带来不利影响的顾虑，要积极地响应并实施节能减排战略，促进我国社会经济与资源环境的稳定发展，同时也能在此过程中不断提高企业效益。

合理选择节能减排方式。当企业以事前预防的形式开展节能减排时，其能够为企业积累有形资源、无形资源以及人力资源等。而事后控制的方式是无法为企业积累有形资源的，且在人力资源方面提升程度也较低。企业自身效益的提升与有形资源之间有着重要的关系，是对企业效益产生正向积极作用的关键要素。因此，以事前预防的方式开展节能减排更有利于企业长远发展。基于此，企业在选择节能减排的方式时，应当更加注重有形资源的积累，也就是以事前预防的形式开展节能减排工作。企业要积极地引进并普及相关清洁技术，提高生产成本的精细化管理，减少资源浪费并提高资源使用效率。通过创新技术的支持与能耗的降低减少污染排放。通过采用科学合理的节能减排方式提高减排效率，进而促进企业效益的提升，为企业的长远与健康发展提供助力。

平衡资金在节能减排与企业效益间的分配。对于企业来说，其自身的资金量必然是有限的，而如何使用好资金，平衡好资金在节能减排与企业效益间的关系与分配工作是极为重要的。首先，资金方面不能简单地进行平均分配，要分析企业的实际情况，企业管理人员需将节能减排落实到具体的战略规划中去，积极地进行战略扶持，并要求各部门主动地参与配合。但需要着重指出的是，企业节能减排的资金平衡并非扩大投入金额，应当是寻求效益与节能减排两者之间的平衡关系与理想状态。不要片面地追求量的提升与投入，要积极地在质上做学问。企业要加快产业结构转型升级步伐，要淘汰落后高能耗低能效的设备，迅速更新符合国家能效水平的设备，能效水平要达到国内或国际先进水平。企业节能减排工作需要在具体实践过程中不断地探索，结合企业自身状况寻找到效益与节能减排两者之间的平衡点，确保企业不仅能够保障节能减排的有序开展，还能够由此进一步促进自身的效益提升，从而持续且稳定地为企业的长远发展提供源源不断的动力。

通过科技创新开展低碳技术的研发。在当前"双碳"的政策背景下，企业在进行节能减排的过程中，要通过科技创新进一步地降低碳排放量，诸多企业的科研持续能力在一定程度上决定着我国低碳经济与工业化转型的实现。由此，政府方面应通过各项政策对碳达峰实现路径进行总结，提出碳排放达峰和空气质量达标、能源与气候的协同治理路径，并从能源结构转型、碳排放权交易市场、绿色金融市场、低碳技术发展等方面对企业进行激励与引导，使其能够进一步加大对低碳技术的研究力度。与此同时，在当前愈加复杂的市场环境下，企业也应当更为主动地投入到适合企业自身发展的低碳技术研发中，通过自主创新，在国家政策的扶持下探索低碳技术的应用。企业在开展节能减排的同时，要不断地采用新技术，实现能源利用效率的提升，使节能减排与企业效益获得同步的发展，进而在当前的市场竞争中获取低碳竞争优势。

构建低碳经济发展的政策保障体系。在我国"双碳"发展目标实现的过程中，政府应当处于主导地位，并积极出台与完善低碳经济发展保障制度。政府方面应通过激励机制来引导企业加大科技投入，依据制度环境与人才培养等方面适时适度地为企业节能减排的开展提供政策与制度的扶持，进而构建与碳达峰、碳中和目标实现相配套的政策体系。政策体系的构建要从多个角度共同发力：首先，政府方面要大力扶持企业节能减排的开展，要构建低碳科技投入的支持机制，进而为一些在技术创新积极探索的企业提供相应的资金支持，为其研发工作的投入提供助力；其次，需要进一步强化科技创新水平，资金的支持是一个方面，另一方面政府要帮助企业引进国外的先进技术等，而在此过程中要积极地防范发达国家向我国进行碳排放转移，在合作的同时要形成自主研发与技术引进结合的形式，进而使得我国低碳经济发展的方式与创新技术保持一致；再次，政府方面要制定并创造良好的制度环境，要使得政策框架的设计与构建，是与当前诸多企业节能减排的开展相契合的，能够使我国低碳经济的发展与制度环境相适应；最后，要积极地培养节能减排、低碳技术创新的相关人才。人才是企业节能减排以及我国低碳经济实现的重要基础，唯有不断地培养相关领域的人才，才能够使我国碳达峰、碳中和的愿景目标尽快实现。要开展低碳经济发展的人才战略，以发挥人才动能帮助企业实现节能减排与效益之间的平衡关系，加快我国实现碳达峰、碳中和的步伐。

六、不同碳排放治理方法的对比

图 5-7（数据来源：IEA）是在 7% 贴现率下的世界各种技术的平准化度电成本。以单位减排成本为代表性指标分析减碳成本。由上述数据可知，在可再生能源发电方式中，投资减排效果最好的是水电；煤电 CCUS 在不同捕集率下的减排成本跨度较大，由于煤电规模较大，因此运用煤电 CCUS 减排量较大。在 DAC、森林碳汇以及海洋碳汇三种经典碳排放治理方法中，森林碳汇的单位减排成本最低，其次是海洋碳汇，DAC 由于技术限制原因，单位减排成本较高。

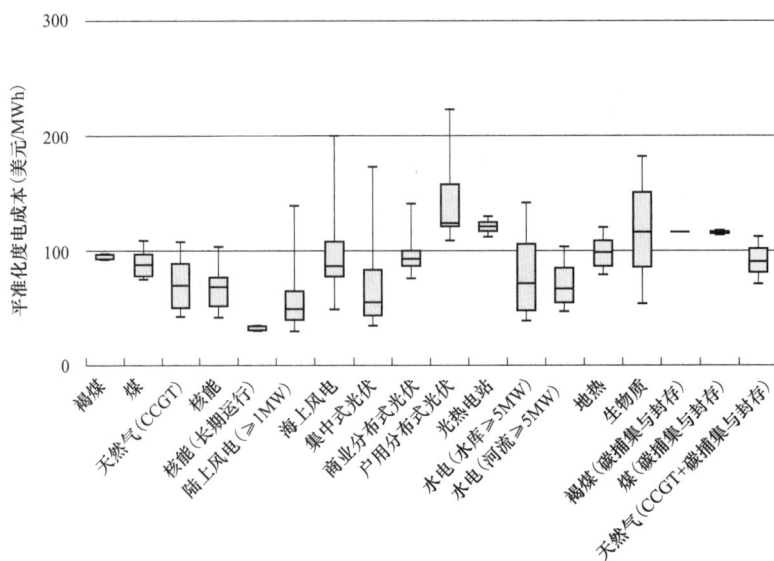

图 5-7　按技术划分的平准化度电成本

不同碳排放治理方法需要因地制宜、因时制宜，在不同的地区以及不同的情况下开展。森林碳汇和海洋碳汇主要依靠国家补贴和碳交易市场。林业碳汇减排力度大，适宜在地形广阔、适宜种树的地区发展；海洋碳汇主要在我国东南部沿海开展；风电项目、光伏项目适宜在风光资源丰富的西北地区开展；煤电 CCUS 项目主要在煤资源丰富，已有丰富煤炭发电的地区开展。BECCUS 和 DAC 作为新兴碳排放治理技术，主要应用程度取决于技术进步水平，要在国家政策重点扶持的地区开展。

本 章 知 识 结 构 图

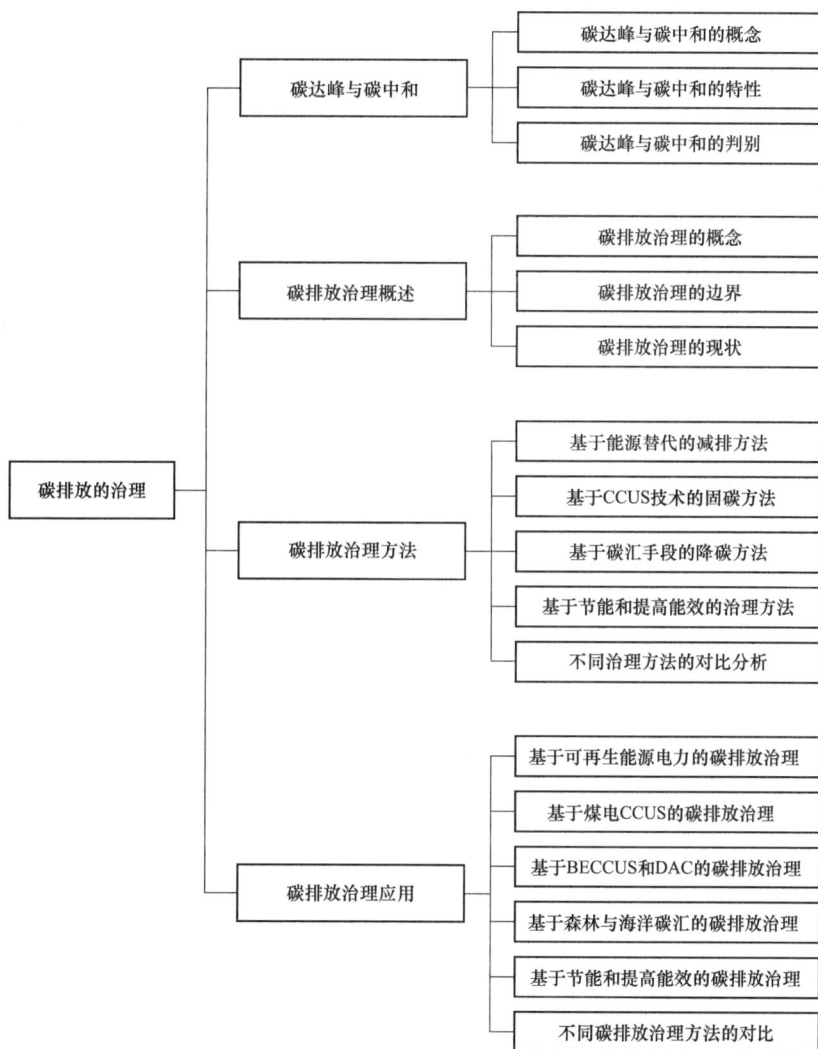

```
                        ┌─── 碳达峰与碳中和的概念
          碳达峰与碳中和 ──┼─── 碳达峰与碳中和的特性
                        └─── 碳达峰与碳中和的判别

                        ┌─── 碳排放治理的概念
          碳排放治理概述 ──┼─── 碳排放治理的边界
                        └─── 碳排放治理的现状

                        ┌─── 基于能源替代的减排方法
                        ├─── 基于CCUS技术的固碳方法
碳排放的治理 ── 碳排放治理方法 ──┼─── 基于碳汇手段的降碳方法
                        ├─── 基于节能和提高能效的治理方法
                        └─── 不同治理方法的对比分析

                        ┌─── 基于可再生能源电力的碳排放治理
                        ├─── 基于煤电CCUS的碳排放治理
          碳排放治理应用 ──┼─── 基于BECCUS和DAC的碳排放治理
                        ├─── 基于森林与海洋碳汇的碳排放治理
                        ├─── 基于节能和提高能效的碳排放治理
                        └─── 不同碳排放治理方法的对比
```

思 考 题

1. 有人说，养牛会造成很高的碳排放，人类应当减少吃牛肉以减少碳排放，你怎么看？

2．温室气体有很多种，为什么二氧化碳受到的关注更多呢？

3．种树增加碳汇即可以吸收二氧化碳，为什么还需要碳捕集、利用和封存（CCUS）技术？

4．节能技术是否可以减少碳排放，为什么？

5．有一种观点认为：目前，我国的电力结构中火电占比较大，碳排放因子较高，因此燃油汽车转向电动汽车并不能实现碳减排。你怎么看？

6．为什么要对各种碳排放治理方法进行成本效益分析？

7．可再生能源电力中，风电的度电成本要比生物质发电低很多，那么是否可以只发展风电而不再发展生物质发电呢？影响碳排放治理方法选取的因素有哪些？

8．如果我国想要在 2030 年实现碳达峰，那么所有省、市都要在 2030 年实现碳达峰吗？

9．在"双碳"目标提出后，很多行业为了留足发展空间，提出了要"碳冲峰"，受到了众多专家学者以及中央政府的一致批评。"碳冲峰"为什么不利于应对气候变化？

10．实现碳中和后，人类还可以排放二氧化碳吗？

第六章　碳排放的监管

碳排放监管是碳管理的核心内容之一，有效的碳排放监管是"双碳"目标顺利实现的重要保障，理解碳排放监管有助于全面、系统地学习碳管理知识。本章主要从碳排放监管的基本内涵、碳排放监管的主要内容、碳排放监管的体系设计以及常用的碳排放监管工具四个方面介绍碳排放监管体系。

第一节　碳排放监管的基本内涵

碳排放监管的有效实施，在提高碳排放数据质量方面起到重要作用。本节主要从碳排放监管的定义、碳排放监管的特征以及碳排放监管的作用等三个方面阐述碳排放监管的基本内涵。

一、碳排放监管的定义

监管，也被称为管制或者规制，常被应用于经济学、政治学和法学等研究领域，是矫正和解决市场失灵的一种手段和过程。保罗·萨缪尔森认为，监管（regulation）的基本内容是制定政府条例和设计市场激励机制，以控制厂商的价格、销售或生产等决策[89]。丹尼尔·F 史普博在《管制与市场》中指出，"管制是由行政机构制定并执行的直接干预市场配置或间接改变市场中的主体，即企业和消费者的供需决策的一般规则或特殊行为"[90]。经济合作和发展组织（Organization for Economic Co-operation and Development，OECD）对监管的界定包括了政府和由政府授权的所有非政府部门、自律组织所颁布的所有法律、法规、正式与非正式条款、行政规章等，是政府为保证市场有效运行所做的一切[91]。

目前监管在环境保护、食品安全、金融风险等问题上研究较多。在环境领域，监管通常被称为规制，即国家为了实现可持续发展，制定相关政策法规来达到生态环境、经济与人口发展相互协调的状态。环境规制是当今促进企业技术创新实现绿色发展的主要力量，也是唤醒公众环保意识的主要方式。碳排放作为环境规制中的一个重要内容，在其领域内制定的相关政府规章以及激励机制主要有《碳排放权交易管理办法（试行）》《碳排放权登记管理规则（试行）》《碳排放交易管理规则（试行）》《碳排放权结算管理规则（试行）》等。《碳排放权交易管理办法（试行）》明确了碳市场中的交易主体，即控排企业和参与碳市场的个人，并对碳市场主体的进入条件、交易产品、交易方式、各参与方权利和义务等作出了规定。企业在碳市场中交易碳排放权，借助市场手段实现碳减排成本最低的最优分配。碳排放权登记、交易、结算三个管理规则，针对登记、交易、结算活动各环节明确了监管主体和责任，细化了监管内容，实现了整个碳市场运行各环节的全覆盖，形成了精细化的闭环监管。山东省生态环境厅制定的《控排企业碳排放报告质量弄虚作假有奖举报实施方案》鼓励社会公众参与控排企业碳排放报告质量监督工作，旨在规范市场运行管理的各个环节，维护整个市场秩序和公平。

结合监管的概念以及目前碳排放相关的政策文件，我们认为，碳排放监管是指政府、社会公众和媒体等综合运用法律、经济和行政等方面的规制手段，对碳排放行为进行干预和控制的活动。精确地披露碳排放信息，公平合理地分配碳排放权配额、有效降低温室气体排放量等是碳排放监管的目的。政府监管是控制碳排放量的主要手段，政府对碳排放监管的主要方式有制定碳税政策和碳交易政策，具体的，政府可以通过限制企业的生产、征收碳税、补贴等方式促使企业提高能源利用效率，降低碳排放量，以期达到节能减排的效果。

二、碳排放监管的特征

碳排放监管的实施具有强制性，监管目标具有独立性，监管体系具有复杂性，监管过程具有动态性，监管方法具有系统性。碳排放监管的特征如图6-1所示。

1. 强制性

碳排放监管工作由国家及地方各级生态环境部执行。监管机构依据《碳排放权交易管理办法（试行）》对碳排放权交易纳入的温室气体种类、行业范围和重点排放单位确定标准，企业依据要求制定排放监测计划并报上级碳交易主管部门备案，按照经备案的监测计划实施监测活动，并按时披露相关信息，监管机构对相关企业开展温室气体排放的复查工作。《全国碳排放权交易管理办法（试行）》第六章对碳排放单位的不良行为做出法律责任的说明，一旦碳排放单位不按照规定

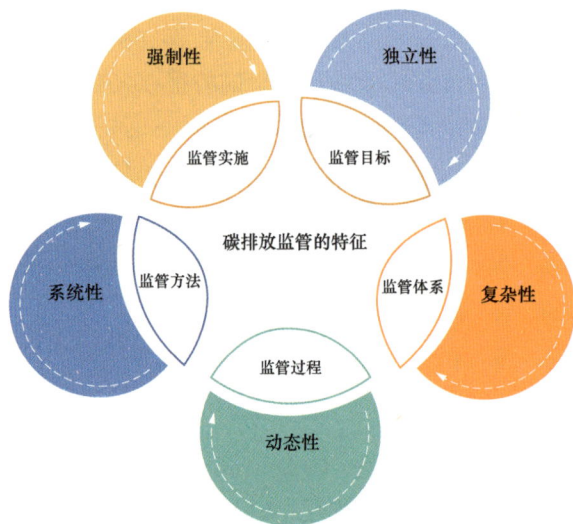

图 6-1　碳排放监管的特征

履行自己的义务，监管机构有权根据相关法规实施减少其下一年度碳排放配额、责令限期改正、罚款等处罚，涉嫌犯罪的可以按规定移交司法机关，要求其承担刑事责任，这些惩罚均具有法律效力。因此，在碳排放监管下，企业必须按时披露信息，发生不良行为将遭到一定的处罚，这表明了碳排放监管具有一定的强制性，并且这种强制是政府对碳排放有效监管的保证。

2. 独立性

碳排放监管的独立性主要是指监管目标和监管手段的独立。碳排放监管的目标是清晰且唯一的，即促进清洁生产和资源循环利用，实现碳达峰和碳中和。监管手段的独立性主要体现在监管机构的独立性以及执法的独立性。具体的，执法的独立性是指执法机关严格

按照监管的相关条例法规进行执法，拥有不受利益集团等外部干扰的独立执法权。监管机构的独立性指的是监管机构的组织结构高度自治，监管口径的高度统一，并且监管机构始终保持监管的透明度。监管机构的独立性并不是完全以主观意愿为中心，而是主动适应和配合政治和经济政策，独立决定如何实现监管目标。碳排放监管的独立性是实现良好的监管治理的关键。

3. 复杂性

碳排放监管体系的设计具有一定的复杂性，在宏观上需要顶层设计对监管方向进行把控，微观上需要细化各个政策，对监管主体的权责进行划分。碳排放监管主体职责的设计具有一定的复杂性。碳排放监管主体包括环保部门、财政部门、金融部门、证监会等多个部门，各个监管主体的监管责任需要进行明确的划分，一旦权责界限模糊可能导致监管工作存在隐患，各个主体之间沟通协调不顺畅，监管工作效率低下。因此，合理地设计碳排放监管主体的职责显得十分重要。碳排放监管政策的设计具有一定的复杂性。长期以来，以降低碳排放为导向的政府监管与碳排放交易市场信息不对称、碳税政策不完善之间的矛盾一直存在。从碳交易市场来看，碳排放信息披露程度远不及股票市场，企业为了实现自身利益最大化，可能对政府隐瞒或编造不实信息，给监管带来一定的困难。从碳排放激励与约束机制来看，碳税的征收虽然是遏制碳排放的有效方式之一，但若征收不合理，则可能对经济的增长造成不利影响。为制定合理的碳税政策，同时保障经济平稳运行，如何采取恰当的约束措施使得企业主动配合监管成为碳排放监管工作中要考虑的重要问题。

4. 动态性

碳排放监管作为一项系统性工程，与环境规制等其他监管系统必然是关联和内嵌的。碳排放监管体系服务于国家碳达峰和碳中和的使命和任务，需各个层级、各个主体共同完成任务，其监管内容、监管方式、监管职责等必然随着国家宏观政策与微观产业的发展而不断调整变化。在国家的建设和发展过程中，碳排放监管体系将不断地调整和完善。

从碳排放监管主体和监管内容来看，生态环境部发布的《企业温室气体排放报告核查指南》介绍了重点排放单位温室气体排放报告的核查原则、程序、信息公开等内容。《碳排放权交易管理暂行条例（草案修改稿）》中提到，个人作为全国碳市场的交易主体之一，可以参与碳排放配额交易。可以看出，目前对企业的监管主要聚焦在企业碳排放量监测、碳排放权交易的监管等方面，针对个人的监管主要聚焦于个人参与碳市场投资的合规性。广东东莞搭建了碳普惠平台，将核算涉及二十多种生活场景的个人减碳，以增强个人碳交易的活跃度。未来，随着碳排放交易主体范围的扩大及碳排放监管体系的不断完善，碳排放监管的内容将会不断扩充。

从碳排放监测技术来看，目前的碳排放监测技术主要有碳排放遥感监测方法和基于物联网及区块链的碳排放量监测方法等。为了使碳排放监测的数据更加精准，监测技术不断调整，迭代更新，向国际化、现代化、多元化方向发展，将融合更多的先进技术，从而为碳减排措施的制定及其减排效果评估提供有力的技术支持。

5. 系统性

碳排放监管方法具有系统性。监管机构在监管过程中有清晰的职能目标，各个领域、各个部门互相协调，实行分岗设权、分事行权，精准把握整个碳排放管理的信息，系统化促进监管制度化水平的提升，不断固化系统监管的成果，促进新的监管理念和价值观的形成和转变。监管机构将进入市场的企业及时纳入监管，开展当期和事中监督，并对高耗能企业适时配置更多的监管资源，对企业碳排放的不合规事项，及时提醒、叫停或做相应的处理。碳排放企业和监管机构加强监管和互动，其信息披露呈现透明化和通俗化的特点，一旦碳排放企业出现违法行为，将加大加强处罚力度以起到警示作用。

三、碳排放监管的作用

1. 有利于推进国家能源革命

能源革命即开展能源消费革命、能源供给革命、能源技术革命、能源体制革命，全方位加强国际合作，实现开放条件下能源安全。能源革命的目标就是要改变过去粗放的、以能源投入为主要动力的经济发展方式，打造低碳清洁、高效安全的能源体系。

碳排放监管下，政府通过完善相关政策，驱动企业创新能力，改进生产技术，形成绿色低碳生产方式，从源头助力脱碳，促进节能减排，深入推动能源技术革命。碳排放监管下的经济发展所需要的能源优先使用清洁能源，化石能源将受到一定的限制，高耗能产业将会减少，将会促进现代化的能源供给系统的逐步建立，并且碳排放监管体制和能源监管体制存在耦合，对碳排放进行监管有助于推动能源体制机制建设。

2. 有利于提高生态环境质量

持续改善空气质量是我国的一项重大政治任务，也是满足人民群众对良好生态环境需求的集中体现。尽管在当前的环境保护活动中，生态环境已经有了显著提高，但距离我国实现"双碳"目标还有一段路程要走，政府通过制定碳交易、碳税等政策进行碳排放监管，细化环境保护的内容，如实时监测温室气体排放信息并如实披露温室气体的排放量等，进而采取相应的激励与约束手段等监管政策，针对性地降低碳排放水平，改善生态环境。开展碳排放监管工作能够将环境污染控制在一定范围内，实现生态绿色发展，既是可持续发展的要求，也是我国承担大国责任的体现。

3. 有利于提升企业竞争优势

根据碳排放监管的内容，我们可以知道，在监管中，政府通过限制企业的生产、征收碳税、补贴等方式促使企业提高能源利用效率，降低碳排放量，以期达到节能减排的效果。碳排放监管需要建立相关的政策和奖惩机制，遏制高耗能、高排放项目盲目发展，淘汰落后产能和化解过剩产能，推进传统产业集群绿色低碳化改造。对于高耗能企业而言，如果一味地规模性扩张而不考虑强化科技支撑势必会被市场淘汰。因此为了稳固企业自身的市场地位以及长远的经济利益，企业将会持续优化升级能源结构，加大环境和技术投入力度，努力开拓、推广和普及大众消费频率高的高附加值绿色低碳产品。例如，大力开展风光发电，生产新能源汽车等。合理高效的碳排放监管具有良性调节作用，有助于激励企业承担减排工作，主动披露碳排放信息，开展绿色生产活动；有助于加快企业开展绿色技术革命，构建绿色低碳循环经济产业链，提升自身竞争优势。

4. 有利于增强公众环保意识

二氧化碳的浓度在工业革命之前只有280ppm，现在的浓度是414ppm。过去的一百年，地表温度增加了1.09℃，其中1.07℃是由于人类社会活动造成的，温室气体排放造成的气候问题对人类的影响非常直观，如冰川融化，栖息地减少，极端天气等。习近平总书记在党的十九大报告中明确提出，"打造共建共治共享的社会治理格局"，未来碳排放监管将会增大公众参与的比重，公众作为监管主体参与到监管中去，更能从自身做起认真落实减碳政策。政府一方面要加强对环境的宣传，组织开展低碳活动，让民众逐步树立低碳意识，倡导绿色出行，比如，自觉乘坐公共交通工具、减少使用私家车、行驶新能源汽车等。另一方面通过碳税补贴政策，激励低碳型企业，促进更多的企业加入其中，企业将更多的低碳产品进行推广宣传，公众在行动上为减碳贡献自己的力量。因此，碳排放监管有助于提高公众环保意识，实现全民监管、全面低碳的环保格局。

5. 有利于促进经济高质量发展

碳排放监管政策不仅能起到减排的目的，还能够在一定程度上充当经济发展的"稳定器"，带动低碳产业与国民经济稳步增长。

碳排放监管中的各种监管手段能够将监管的力量融入经济建设之中，保证碳排放项目的稳定推进、营造良好的碳市场环境、带动低碳经济的发展。例如，碳排放数据监测技术和碳排放权交易信用等级评价的应用，能够精确披露碳排放信息，保证碳交易公平，促进环保产业健康有序发展；创新的监管模式可以推进生态环境治理与低碳产业发展融合，提升碳排放产业自身的造血功能，对优化资源配置、推动产业升级、拓展消费市场、促进经济高质量发展具有重要作用；碳普惠平台的推广能够量化公众的低碳行为，全面打开个人碳市场，增加碳汇项目的实际需求量，加强第三方机构与国家监管机构的合作，有效推动经济快速增长。

第二节　碳排放监管的主要内容

碳排放监管是一项复杂而庞大的系统工程，监管内容覆盖全领域，涉及多类主体。本节主要从碳减排项目审定与核证、碳排放审计以及碳排放履约信用监管等三个方面介绍碳排放监管的主要内容。

一、碳减排项目审定与核证

1. 碳减排项目审定与核证的概念

碳减排项目是指根据碳排放管理有关机制的项目方法学和程序开发的能够实现二氧化碳排放替代、吸附或者减少的合格项目。

碳减排项目包括：基于能源替代的减排方法，可再生能源项目和甲烷回收与利用项目；基于 CCUS 技术的固碳方法，碳捕获利用与封存项目；基于碳汇手段的降碳方法，林业碳汇项目。

碳减排项目的审定和核证是为认证碳减排项目符合相关标准，确保项目减排质量，而设置的重要监管环节。碳减排项目审定是指相关主管部门或机构，根据法律、法规、行政规章及有关文件对参与碳减排的项目进行的限制性管理行为。碳减排项目核证则是在项目审定通过后，对项目实施过程中的实际减排量进行监测、核验和认证的过程，通过核验的减排量才具有碳排放抵消、碳市场交易等价值。

2. 碳减排项目的标准

不同碳减排项目有其对应的标准，达到标准要求才能够通过项目申请，并获得相关部门、行业领域的认可，从而达到碳减排项目应有的环保效果及实现经济利益等。我国现有CCER 标准，除此之外国际上项目减排标准还有：VCS，气候、社区和生物多样性标准（Climate，Community and Biodiversity Standards，CCB），CDM 和 GS。

（1）核证碳标准（VCS）。核证碳标准由气候组织（The Climate Group，CG）、IETA及世界经济论坛（World Economic Forum，WEF）于 2005 年开发，目前由非营利的独立协会管理。VCS 标准是为项目级的自愿碳减排而设计的一个全球性的基线标准，为自愿性碳市场提供了一个标准化的级别，并且建立了可靠的 VERs，可供自愿性碳市场的参与者进行交易。VCS 标准要求项目自愿减排必须是真实、企业额外的（非日常进行的运营活动）、可测算的、永久的（非临时的）、独立核实和唯一的，为开发标准化方法学提供了一套最新完整的要求，并引领国际市场先机。

（2）气候、社区和生物多样性标准（CCB）。CCB 标准由 CCBA 经过两年在亚洲、非洲、欧洲和美洲的项目测试，基于社区和环境团体、公司、学者等专业人士意见，于 2005年 5 月发布第一版。该标准通过了国际林业研究中心（The Center for International Forestry Research，CIFOR）、热带农业研究和哥斯达黎加高等教育中心（The Tropical Agricultural Research and Higher Education Center，CATIE）和世界农林业中心（International Centre for Research in Agroforestry，ICRAF）同行评审，旨在评估和证明陆上碳项目在减缓和适应气候变化方面的表现，以及它们对促进当地社区和生物多样性共同受益的影响，作为对使用自愿碳市场中可用的其他碳标准开发碳项目的额外验证。达到该标准，相当于获得国际通行的碳交易双重"许可证"，意味着在碳交易时会具有更高的市场价值。CCB 标准作为国际先进标准，能够与 VCS 有效结合使用，适用于所有类型的土地管理项目，包括造林、再造林、植被恢复、森林恢复、农林业、可持续农业和其他土地管理，使达到标准的农业、林业和土地利用（Agriculture Forestry and Other Land Uses，AFOLU）项目等具有优先市场准入资格。在 CCB 标准下开发的项目必须严格遵循其规则和要求，根据适用的方法学进行量化核算，并由具有资质的第三方机构进行独立审查，通过审查项目方可进入登记系统。目前，CCB 标准正在发挥刺激项目和推动市场发展的作用，将碳市场投资引导到可持续发展、改善生计和生物多样性保护等最需要资金的领域，同时也对于生态价值市场化、完善碳汇市场交易、助力实现碳中和具有积极意义。

（3）清洁发展机制标准（CDM）。CDM 是《京都议定书》中引入的灵活履约机制之一，是基于项目的温室气体抵消机制，也是唯一一个包括发展中国家的弹性机制[92]。通过 CDM合作，发展中国家可向发达国家出售项目的碳减排量，CDM 的实施使得发展中国家通过合作可以获得资金和技术，有助于实现可持续发展，发达国家可以大幅降低其在国内实现减排所需的高昂费用。为确保 CDM 项目的环境效益，确保项目能带来长期的、实际可测量的、额外的减排量，CDM 执行理事会建立了方法学委员会，负责向 CDM 执行理事会推荐其认为有效的、透明的和可操作的 CDM 方法学。目前已批准发布了超过 130 项的不同项目减排量的核算方法学标准。

（4）黄金标准（GS）。黄金标准（GS）是 CDM 和 JI 的质量标准。经过广泛地与环境、商业和政府机构协商之后，世界自然基金会（World Wide Fund for Nature，WWF）制定了该标准，并将在 2003 年设计并启动"碳标识"计划。该计划基于黄金标准，为 CDM 和 JI 之下的减排项目，提供了第一个独立的、最佳的实施标准。这一标准具备完善的利益相关者程序，可作为项目实施者的工具，用以保证项目的环境效益，并且这些项目相当于对可持续能源服务的新增投资，有利于项目所在地的社会经济发展[93]。

3. 碳减排项目审定与核证的内容与程序

在不同的机制、标准下，碳减排项目审定与核证的监管主体、内容及流程略有不同，但核心环节大体一致。在此，以我国的温室气体自愿减排交易管理体系为例，对 CCER 政策下的碳减排项目审定与核证的内容及流程进行介绍。

CCER 项目减排量经备案后，在国家登记簿登记并在经备案的交易机构内交易。用于抵消碳排放的减排量，应于交易完成后在国家登记簿中予以注销。具体而言，碳减排项目审定与核证主要包括目的、范围、准则、内容和程序五个方面，如图 6-2 所示。

（1）碳减排项目审定。

1）审定目的。审定的目的是通过独立的第三方机构对项目进行评估。通过审定申请项目的资格条件、项目设计文件、项目描述、方法学选择、项目边界确定、基准线识别、额外性论证、温室气体减排量的计算和监测计划以确认其是否符合已识别的相关准则。审定活动是保证申请

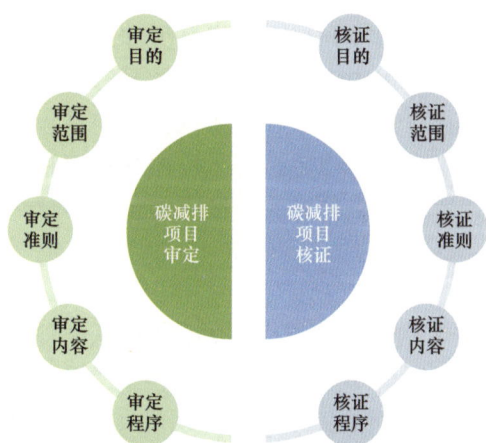

图 6-2　碳减排项目审定与核证

项目符合国家发展和改革委员会关于温室气体自愿减排项目的相关要求的必要活动。审定活动将确保备案温室气体自愿减排项目能够为相关方提供预期的减排量。

2）审定范围。审定范围包括对项目设计文件进行独立和客观的评审以及现场访问。审定组根据《温室气体自愿减排交易管理暂行办法》《温室气体自愿减排项目审定与核证指南》对项目设计进行评审，审定活动无意向项目参与方提供任何咨询建议，但是审定中提出的不符合澄清要求及进一步行动要求将帮助项目参与方改进和完善项目设计文件。

3）审定准则。审定准则包括《温室气体自愿减排交易管理暂行办法》《温室气体自愿减排项目审定与核证指南》、与项目对应的已获得备案的 CCER 方法学、其他适用的法律法规和标准等。

4）审定主要内容。主要包括：项目合格性、项目设计文件、项目描述、方法学选择、项目边界确定、基准线识别、额外性、减排量计算和监测计划。审定组将按照审定要求对上述内容进行审定，并在审定报告中描述审定发现，得出审定结论。

5）项目审定程序。①安排审定组。基于对人员能力和可用性的综合分析，确定审定活动人员及职责，并告知项目委托方。②评审文件。查阅的文件包括项目设计文件、项目

可行性研究报告、项目环评报告及其他相关支持性材料，重点关注项目设计的数据和信息的真实性与可靠性，并对项目设计文件中提供的数据和信息与其他可获得的信息来源进行交叉核对，确定该项目的建设环境、设备安装均与《项目设计文件》中的描述一致，项目的设计合理并符合要求。③进行现场访问。通过访问项目委托方代表，解决文件评审阶段提出的问题。现场访问期间，审定组对涉及项目设计和基准线的项目设计文件、项目可行性研究报告、环评报告及其他背景文件进行有效审阅，同时对项目现场及业主单位进行访问，观察项目的建设环境、设备安装，并采访当地利益相关方和相关政府部门，进一步判断和确认项目的设计是否满足审定准则的要求并能够产生真实的、可测量的、额外的减排量。④编写审定报告。在审核委托方解决了所有的不符合、澄清要求并提交相应的书面证据后，审定组关闭不符合和澄清要求，并编制审定报告。审定报告需要提交技术评审。如果对项目有进一步行动要求，审定组会将问题反映在报告上，并待核查组进一步核实并关闭。⑤要对审定报告质量进行控制。在提交国家发展和改革委员会之前，审定报告将经过两轮技术评审。技术评审活动将由审定机构任命的具有温室气体自愿减排项目审定与核证项目技术评审资格的人员执行。技术评审应确保审定过程满足所有适用的我国自愿减排项目要求，确保所有审定发现的问题都基于证据并被清晰阐述，确保项目参与方提供的证据充分有效。技术评审的结果可能会导致审定意见和评估结果的确认或修改。

（2）碳减排项目核证。

1）核证目的。核证的目的是通过独立的第三方机构对项目进行评估，以确认监测报告中描述的内容是否符合已识别的相关准则，从而确定在待定的核证期内所产生的温室气体减排量是合理、符合准则的。核证活动是保证申请项目符合国家发展和改革委员会关于温室气体自愿减排项目相关要求的必要活动，以确保备案的温室气体自愿减排项目在确定期间产生的减排量是正确、合理的。

2）核证范围。核证范围包括确认项目是否按照已备案的项目设计文件或者修改后的项目设计文件进行实施和运行；确认项目监测报告中所概述的监测活动是否符合应用的已备案方法学以及已备案的监测计划；确认项目监测报告中所概述的温室气体减排量的数据和计算过程及结果是否正确地得到评估，以支持减排量声明。核证活动无意向项目参与方提供任何咨询建议。但是核证过程中提出的不符合、澄清要求及进一步行动要求是对监测报告中的信息不充分、错误和存在的风险进行纠正、澄清或在下一个核证周期需要关注或调整。

3）核证准则。核证准则包括《温室气体自愿减排交易管理暂行办法》《温室气体自愿减排项目审定与核证指南》、与项目对应的已获得备案的 CCER 方法学、其他适用的法律法规和标准等。

4）核证主要内容。主要包括：自愿减排项目减排量的唯一性、项目实施与项目设计文件的符合性、监测计划与方法学的符合性、监测与监测计划的符合性、校准频次的符合性、减排量计算的评审。核证组将按照核证要求对上述内容进行核证，并在核证报告中描述核证发现，得出核证结论。

5）项目核证程序。①安排核证组。基于对人员能力和可用性的综合分析，确定核证活动人员及职责，并告知项目委托方。②评审文件。对该项目监测报告的格式及完整性进行评审后，在"中国自愿减排交易信息平台"公示本项目的监测报告以征询利益相关方意见。对项目的监测报告以及相关的支持性材料，包括备案的项目设计文件和审定报告、校准记录、结算凭证等进行文件评审，重点关注项目的实施、监测计划与方法学及项目设计文件的符合性以及减排量计算的合理性，并对项目监测报告中提供的数据和信息与其他可获得的信息来源进行交叉核对。③进行现场访问。考核项目建设设备的安装、运行情况，数据记录及证明文件，监测设备安装使用情况等，并与项目技术及管理、项目委托方进行会谈。④编写核证报告。在核证委托方解决了所有的不符合、澄清要求并提交相应的书面证据后，核证组关闭不符合和澄清要求，并编制核证报告并提交技术评审。⑤要对核证报告质量进行控制。在核证报告交付给核证委托方并申请减排量备案之前，将经过技术评审。技术评审活动的执行以及技术评审人员的相关资质均符合核证机构相关规定。

二、碳排放审计

1. 碳排放审计的概念

作为监督与控制经济的一种重要手段，现代审计应运用自身的知识特征、技术专长和专业能力，促进人类社会从工业文明、知识文明向低碳与生态文明的转变。根据全球碳管理广泛采用的标准《温室气体核算体系》，碳排放审计指在定义的空间和时间边界内进行碳足迹计算的过程，它是审计机构接受政府授权或其他有关机构委托，依据国家政策、法律和有关规章、制度、标准，遵循审计准则，对被审计单位或部门的低碳生产经营、资源利用、财务信息、职责履行等活动进行的特殊管理。碳排放审计的作用在于建立"碳足迹"以此作为衡量温室效应的一种工具。从这个意义上来说，碳排放审计立足于国家战略和全局高度，将审计融入经济社会发展，间接参与资源环境保护。因此它是通过审计监督促进节约资源、保护环境政策目标落实的一种重要手段[94]。

目前，部分学者将环境审计、节能减排审计与碳排放审计等同。实际上，这三者截然不同。环境审计是对审计对象整个环境管理体系的检查和验证。节能减排审计主要是对节能和减排两方面审计，评估是否落实相关政策以及评估目标是否实现。节能减排审计的范围不仅包括碳，还包括各类环境因素。相比之下，碳排放审计主要追踪碳元素，凡是与碳元素有关的物质，一定程度上都属于碳排放审计的范围，其价值在于其可以帮助整个社会产生经济利益，促进全球经济可持续发展。

2. 碳排放审计的主体与客体

（1）碳排放审计的主体。目前碳排放审计的主体主要由政府审计、第三方审计和行业自律三部分组成。其中，政府审计的主要作用在于事前的预防，政府作为行业的主管部门能够充分调动各种社会资源，能够方便地解决问题，制定相应的规章制度对行业进行规范从而促进碳排放审计工作的持续有效进行。除了预防和解决问题外，政府审计另一个主要功能是处罚，即通过对违规企业的处罚来维护市场的公平。第三方审计是指由独立于企业和国家的第三方机构对企业的碳排放进行审计，第三方审计机构由于其专业性和独立性的特征，在碳排放审计中扮演着重要角色。随着全国性碳排放市场的建立、企业碳排放审计意识的增强以及相关标准的建立，市场对于第三方审计机构的需求将会越来越大。行业自律是指由行业协会来进行行业内部的核查，是企业碳排放审计的重要补充，随着碳排放审计规模的扩大，行业自律将成为企业碳排放内部审计的重要组成形式。为了充分发挥碳排放审计的作用，落实其碳减排的评估和监督功能，需要各主体之间的合作与协调。

（2）碳排放审计的客体。由于碳排放审计的特殊性，它所要监督审查的部门是与从事温室气体排放有关的行业。结合国内目前的情况，我国是工业大国，制造业大国，碳排放审计客体侧重于与低碳生产经营管理、资源利用管理、财务信息管理、职责履行等活动有关的政府及企事业团体或部门，包括钢铁、采矿、制造、电力、燃气、建筑、交通运输等碳源行业、企业、家庭或个人。碳排放审计对一些大型的零售企业也格外关注，例如，某些大型连锁超市，应制定统一的碳减排政策，它们在日常经营过程使用照明、制冷设备等的总用电量数目也非常庞大。同时，产业集群的经营模式也令零售产业与其上下游以及衍生行业产生密切联系，这些行业对碳排放的影响也值得关注。由于我国是全球所公认的"制造工厂"，企业所带来的二氧化碳排放量显然占有极其显著的地位。因此，我国把低碳经济审计的重点集中放在企业中进行开展。值得注意的是，碳审计在全世界都属于新兴学科，又结合我国具体国情，它前期的被审对象和审计内容主要围绕一些传统的消耗温室气体的行业，但随着时间推进和该学科的逐渐完善，被审对象不是一成不变的，会逐渐推广延伸到各行各业。

3. 碳排放审计的特征

（1）开展的紧迫性和全球性。根据 2014 年 IPCC 的评估报告：自工业革命以来人类的活动给环境带来了不可逆转的伤害，导致冰川消融、气候变暖，在未来的一百年间气候变化将成为全人类需要共同面对的威胁和挑战。当前大气中以二氧化碳为主的温室气体的浓度已达到史上最高水平，随着温室气体含量的增加，全球气候变暖所带来的全球性环境问题日益凸显。近年受拉尼娜现象和厄尔尼诺现象的影响，出现了全球范围内的气候异常，多个国家和地区出现干旱和洪涝等自然现象，我国也出现了风沙、雾霾和洪涝等自然灾害。为应对一系列恶劣的环境问题，各国均提出了各自的解决方案，其中美国国家科学院提出的通过建立碳交易系统减少温室气体的排放得到了很多国家的认可。根据美国国家科学院的观点，以碳排放额的形式对企业的碳排放量进行限制，通过碳排放审计对企业的碳排放量进行监督等措施，能够增加企业的碳排放成本，这样就可以让高排放、高污染的企业自动退出市场，让市场来实现优胜劣汰以降低整体的碳排放水平。为保障企业碳配额交易的公平进行，就必须进行碳排放审计，因此碳排放审计具有时间上的紧迫性和范围上的全球性。

（2）实施的复杂性。碳排放审计与传统财务报表审计有很大的不同，传统的财务报表审计依靠相关的凭证和财务报表之间的勾稽关系运用适当的审计程序便可以获得充分的审计证据作为发表审计意见的基础，并且很少涉及专家的工作。然而在企业碳排放审计中，审计人员需要根据不同行业的特点采取不同的核算方法以获得企业碳排放的真实数据，从而将审计风险降低至可接受水平。由于不同行业间差别很大，例如钢铁行业和水泥行业因使用的原材料及原材料的使用方法不同而采取的计量方法便会有很大的不同，因此会涉及不同行业审计专家的工作。

（3）制度和结果的不确定性。目前碳排放审计的不确定性主要表现为制度上的不确定性和结果的不确定性。所谓的碳排放审计制度的不确定性主要是指碳排放审计的标准和程序的不确定性。我国目前全国性的碳交易制度与机制正处于建设的初期阶段，全国对碳审计的需求相对较少，导致我国的碳排放审计发展缓慢，相关的审计程序并不健全，没有统一的审计标准，便造成了审计制度的不确定性。所谓审计结果的不确定性，主要是指由于审计制度的不确定性而导致的审计结果难以准确计量。企业碳排放审计不同于财务报表审计，由于企业碳排放审计的特殊性，实行不同的标准或者不同的计量方法往往都会对审计的结果带来很大的影响，因此在进行碳排放审计时一般会估算出一个区间值，只要被审计单位的碳排放量处于区间内便认为企业的碳排放披露是合理可靠的。

4. 碳排放审计的内容与程序

（1）碳排放审计的内容。碳排放审计的内容包括合规性审计和真实性审计两个部分，其中合规性审计包括企业对于低碳政策的执行情况以及政府补贴资金的使用情况，真实性审计指对于相关碳排放量的披露情况。对于合规性审计应重点关注企业有关碳排放政策的制定和执行是否具有相关的法律依据，依据相关政策制定的相关企业准则是否得到有效执行，以及相关的政府补贴是否按照规定进行使用等。对于碳排放的真实性审计应重点关注企业使用的计量方法是否符合行业标准，计量方法的确定是否存在管理层偏向。

（2）碳排放审计的程序。碳排放审计程序主要分为七步：主体与客体的明确、目标的确定、计划的制定、预审（包括现场考察、评价能耗状况、确定审计重点）、项目现场实施审计（包括确定排放源、编制排放清单、计算碳足迹）、低碳减排方案的确定（包括筛选减排方案、确定减排方案、实施减排方案）、报告的形成。不同于传统审计程序的是，碳排放审计需要对碳足迹进行计算。在充分了解被审计单位公司环境与业务后，审计人员对获取的数据进行分析，评估企业能耗状况，确定审计重点，实地审计，形成审计报告。

（3）碳排放审计的重点。基于碳排放审计的复杂性特点，在实施碳排放审计时应注意以下几点：

1）合理确定碳排放审计项目。碳排放审计项目的确定对保证审计效果至关重要。碳排放审计是针对碳燃料使用及排放进行的专项审计，要点是贴近企业经营管理，切中能源管理的薄弱环节或挖掘其潜力点。审计机构在编制节能减排环境审计计划时，综合考虑应该收集和掌握的信息，通过分析和评估，最终确定节能减排审计项目。

2）科学制定碳排放审计方案。这一阶段主要是收集碳排放相关资料，了解内控风险评估的情况来确定审计重点。可能涉及的文件资料主要包括：能源管理制度及落实情况，能源、原材料实物消耗平衡表，生产部门统计台账和报表，节能部门的能源消费台账和考核结果等。审前调研能够对审计对象有一个较为全面、完整的认识，为审计工作的实施奠定良好基础。

3）严密落实碳排放审计过程。碳排放审计项目的组织实施主要包括两个阶段：一是审计证据的收集。审计人员应紧紧围绕审计目标，根据审计证据的相关性、可靠性、充分性进行调查取证。二是编制、复核审计工作底稿。与一般财务审计相比，碳排放审计工作底稿更侧重于碳燃料使用范围、耗费、排放的统计与计算，应当把国家有关节能减排政策的执行情况贯穿到审计方案中，考察被审计主体从工艺技术的选择，到设备、材料和燃料的选购，是否均坚持了节约和效能相结合的原则。

4）综合编写碳排放审计报告。节能减排情况直接关系到企业的经济效益、社会效益和生态效益。因此，节能减排环境审计报告的内容应注意：一方面，保证报告内容和要素齐全，事实清楚、证据准确，能够满足政府部门、社会公众等利益相关者了解企业经济活动的效率和效果情况及政策方针的执行情况的需要；另一方面，在真实、合法审计的基础上，进行比较和总结，查明企业碳燃料使用过程中出现的浪费等不必要的情况，围绕问题展开分析，提出解决问题的方案和建议，纠正偏差以求改进。

三、碳排放履约信用监管

对碳排放履约信用的监管包含对控排企业碳排放量监测真实性、碳排放报告编制可靠性、碳排放市场交易公平性等方面的监督管理，按照控排企业的碳排放履约程序，搭建起监测、报告、核查的 MRV 监管体系。MRV 最初来源于《联合国气候变化框架公约》第 13 次缔约方大会形成的《巴厘行动计划》中对于发达国家支持发展中国家缔约方加强减缓气候变化的国家行动及其可监测、可报告、可核查的要求，随后在多个国家的碳交易管理中运用、发展和完善[95]。MRV 体系既是制定低碳发展政策、高耗能企业低碳转型、实行碳交易制度的重要基础，又是碳交易市场的基石，可以为政府有关部门、企业等组织提供监管、碳管理、数据基础、公信力保障、政策支撑等[96]。

监测是指为了计算控排企业的碳排放量而采取的一系列技术和管理措施，包括能源、物料等数据的测量、获取、分析、记录等。报告是指控排企业将碳排放相关监测数据进行处理、整合、计算，并按照统一的报告格式向主管部门提交碳排放结果。核查是指第三方独立机构通过文件审核和现场走访等方式对控排企业的碳排放信息报告进行核实，出具核查报告，确保数据真实可靠性。

MRV 体系的参与者主要有政府主管部门、企业和第三方机构，各参与者的职责及 MRV 体系的程序如下：政府或者得到政府授权的机构作为监管和规则的制定者，进行控排行业温室气体排放量算法的制定，并要求企业按照该算法的要求进行监测和报告，以及认可第三方的机构对企业监测和报告的结果进行核实。控排企业按照生态环境部发布的《企业温室气体排放报告核查指南（试行）》和《企业温室气体排放核算方法与报告指南发电设施》进行温室气体排放情况的监测、收集数据，并形成固定的模板要求形成排放报告。企业可自主监测也可委托具有相关资格的第三方监测机构完成，碳排放报告也可委托咨询服务机构协助编制。控排企业向环境主管部门提交排放报告后，由得到环境主管部门授权的第三方核查机构根据已有算法对排放报告进行核查并出具核查报告，核查结果作为控排企业碳排放配额清缴的依据。

第三节　碳排放监管的体系设计

完善的碳排放监管体系，是确保碳排放监管工作有序开展的关键。本节主要从碳排放监管主体、碳排放监管流程以及碳排放监管标准等三个方面介绍碳排放监管体系设计的核心内容。

一、碳排放监管主体

1. 碳排放监管主体的概念

碳排放监管的三要素分别为碳排放监管主体、碳排放监管客体（被监管的对象）、碳排放监管工具，如图 6-3 所示。碳排放监管主体是指碳市场中的监督者和管理者，主要包括国家监管机关、经国家备案的审核机构、社会公众等。监管主体通过优化碳市场的资源配置使市场内的生态环境和经济相互促进、协调发展，避免出现以牺牲生态环境为代价追求短时间的经济迅猛发展，最终导致生态遭受严重损害进而扼制经济发展的情况。

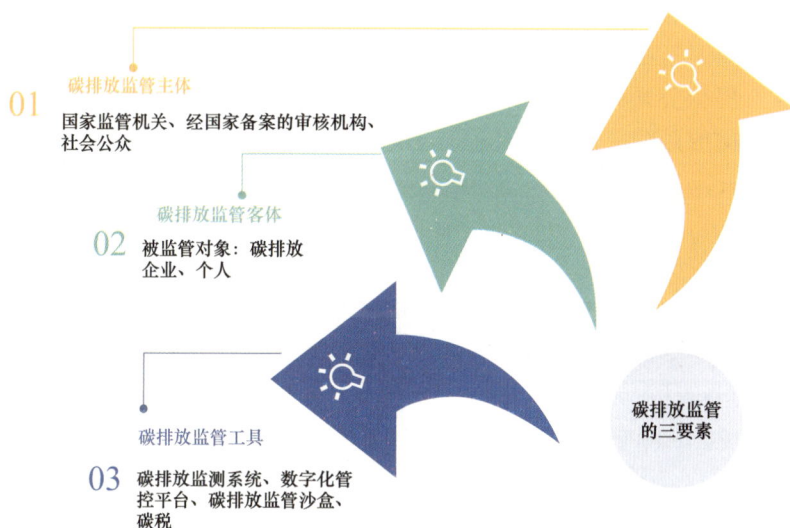

01 碳排放监管主体
国家监管机关、经国家备案的审核机构、社会公众

02 碳排放监管客体
被监管对象：碳排放企业、个人

03 碳排放监管工具
碳排放监测系统、数字化管控平台、碳排放监管沙盒、碳税

碳排放监管的三要素

图 6-3　碳排放监管的三要素

2. 国外碳排放监管主体

不同国家的监管主体在国家政治背景的不断演变下，依据国家的政策方针履行不同的职责。本节主要介绍国外典型发达国家英国和德国的监管主体及其监管职责。

（1）英国碳排放监管主体。英国是全球首个以国内立法形式确立净零碳排放目标的国家。作为碳排放监管的先行者，英国已初步形成了以政府为主导，以市场为基础，以企业、公共部门和居民为主体的政府—市场—企业—公众一体化监管体系。

英国碳排放监管的监管主体主要有海洋石油环境与退役监管机构（Offshore Petroleum Regulator for the Environment and Decommissioning，OPRED）、气候变化委员会（Committee on Climate Change，CCC）等。

OPRED 是英国商业、能源和工业战略部（Department for Business，Energy and Industrial Strategy，BEIS）的一部分，主要职责为处理与近海石油和天然气环境监管框架有关的国内和国际政策（与其他部门、环境机构和国际组织合作）；制定、管理和执行近海石油和天然气环境监管制度（包括近海天然气卸载和储存以及二氧化碳储存）；实施石油、天然气和碳捕集与封存退役制度，并确保费用由石油公司而非纳税人来承担；管理该部门对海上能源项目的战略环境评估；与其他监管机构合作，推动减少近海石油和天然气作业的温室气体排放；与政府的净零战略和能源白皮书的承诺保持一致。

气候变化委员会的成员主要来自经济分析与预测、商业、金融、投资、技术研发、能源、气候科学和社会发展等领域，不同领域的专家汇集有利于更加客观公正地评价气候变化减缓措施的成本、收益和风险。气候变化委员会的主要职责是在节能减排和适应气候变化等方面提供相关建议并对碳排放工作的开展状况以及相关碳预算的执行情况进行监督评估。具体地：一是在新能源和可再生能源的大力开发等领域提出建议，协助政府执行节能减排政策；二是对碳排放预算制定的幅度、实现碳排放预算的政策措施提供建议；三是对国内降低二氧化碳排放指标和通过项目或贸易体系获得的交易指标之间的分配比例提供建议；四是为国际航空业和国际海运业的碳排放提供建议；五是监督政府碳排放预算的实施情况，检查核实国家每年的减排情况，针对政府在降低碳排放工作所取得的成绩以及存在的问题，向议会提交公开透明的年度进展报告。

（2）德国碳排放监管主体。德国是欧盟的主要成员国，也是欧盟开发、利用新能源和可再生能源的标杆国家。从 1977 年至今，德国联邦政府一直致力于能源效率的提高和可再生能源的开发，先后出台了五期能源研究计划，并取得了巨大成就。德国主要的监管主体有欧盟委员会、德国碳排放交易管理局和五人气候问题专家委员会等。

欧盟委员作为欧盟成员国公认的监管机构在最高层面推进成员国法律，在碳排放交易体系当中主要承担法案的起草和执行等责任，并对其他违法行为进行监管。欧盟委员会同时负责 EU ETS 运行的一系列具体事务的监管，如拍卖行为、交易流向和交易量等方面，同时还负责监督 EU ETS 的运行情况防止市场滥用等违规行为，并向欧洲议会和欧盟理事会提交年度报告。欧盟委员会根据市场情况相应提出提高碳市场透明度和改善市场表现等建议。

德国联邦环境署于 2004 年成立德国排放交易管理局，专门负责管理碳排放交易活动，在德国联邦环境、自然保护、建筑和核安全部（Federal Ministry for the Environment，Nature Conservation，Building and Nuclear Safety，BMUB）的指导下开展工作。德国排放交易管理局是为碳排放单位、评估机构及政府提供服务和沟通的平台。其职责主要有分配碳排放配额；监督配额的拍卖过程；评估企业的碳排放年度排放报告；审批《京都议定书》框架下的气候保护项目；对欧盟排放交易体系登记处和《京都议定书》国家登记处中由德国管理的账户进行账户监督管理；为独立评估机构监管排放数据提供支持；履行国家和国际报告职责；与各类机构开展国际合作，建立和健全国家和地区排放交易体系，并且协助 BMUB 和欧盟分析和改进欧盟碳排放交易体系。

与英国一样，德国的法律同样设立了独立的五人气候问题专家委员会负责审查碳排放数据，委员会的成员来自气候科学、环境、社会问题和经济领域的专家，分别是科隆大学经济学教授兼能源经济研究所（EWI）马克·奥利弗·贝茨（Marc Oliver Bettzüge），应用科学大学创新管理和项目管理教授常务董事托马斯·海默（Thomas Heimer），太阳能系统研究所（ISE）主任汉斯马丁·海宁（Hans-Martin Henning），墨卡托全球公地与气候变化研究所（MCC）秘书长布里吉特·诺夫（Brigitte Knopf）和弗劳恩霍夫系统与创新研究所（ISI）能源政策和能源市场能力中心能源政策司司长芭芭拉·施洛曼（Barbara Schloeman）。委员会每两年提交一次关于实现德国目标的排放发展和措施有效性的报告，在每年的 3 月 15

日前后一个月在报告中审查和评估排放数据，评估拟议应急措施的温室气体减排效果，就不断变化的年度排放预算、气候行动计划发表意见，政府或联邦议院可以责成理事会编写特别报告。

3. 我国碳排放监管主体

我国碳排放监管主体有政府部门和社会公众，涉及碳排放监管的政府部门主要有国家及各省、自治区、直辖市发展和改革委员会生态环境部、证监会、统计部门、财政部门、金融部门、交易所、工商税务部门等，其中最主要的政府机构为生态环境部。

生态环境部按照国家有关规定负责全国碳排放权交易市场的建设，拟订全国碳排放权交易市场覆盖的温室气体种类和行业范围，按程序报批后实施并向社会公开，组织建立全国碳排放权注册登记机构和交易机构，注册登记系统和交易系统。

生态环境部的具体职责主要有：一是对市场各参与主体严格按照相关制度规定开展业务进行指导监督，加强对市场参与主体以及生态环境系统的碳市场相关能力建设；二是推动各个单位相关方懂制度、守制度、用制度，依据有关法律法规，协调相关部门，组织开展对碳市场运行各个环节的联合监管，推动《碳排放权交易管理暂行条例》尽快出台，以更高层次的立法保障碳市场各项制度有效实施。

省级生态环境主管部门的主要工作是加强数据质量监管。具体为：一是确定发电行业重点排放单位名录，根据核查结果，将年度碳排放量达到 2.6 万 t 二氧化碳当量并拥有符合纳入配额管理标准机组的发电行业重点排放单位纳入下一年度全国碳市场配额管理的重点排放单位名录；二是严格落实整改，针对在碳排放数据质量监督帮扶专项行动中通报的典型案例，各地方进一步核实整改；三是加强对发电行业重点排放单位开展日常监管，组织设区的市级生态环境部门，按照"双随机、一公开"的方式对名录内的重点排放单位进行日常监管与执法；四是通过核查技术服务机构自查、省级生态环境主管部门抽查等方式，依据《企业温室气体排放报告核查指南（试行）》对核查技术服务机构内部管理情况、公正性管理措施、工作及时性、工作质量和利益冲突等内容进行评估；五是加强对检验检测机构、编制排放报告的技术服务机构的联合监管。

二、碳排放监管流程

碳排放监管的主要流程，主要分为：设计监管原则与监管依据→开展监管工作→提交监管材料→审核监管材料→监管事后复查→保存监管记录→监管工作结束，具体流程图如图 6-4 所示。

1. 设计监管原则与监管依据

（1）设计监管原则。碳排放监管应该遵循客观公正、专业诚信的原则。

1）客观公正原则。指的是监管主体在开展监管活动时需要公平对待所有监管对象，不因监管对象的不同而有差异。建立统一的监测体系，根据各地的实际情况制定相应的碳排放标准，并严格按照标准执行，对未达标的地区给予相应的处罚。

2）专业诚信原则。于监管主体而言，指的是监管主体需要有专业的碳排放核查能力，并且实事求是对监管内容进行披露，确保监管数据的完整性和准确性；于监管客体而言，指的是监管客体需要如实记录碳排放监管数据，做到不瞒报，不漏报、不谎报。

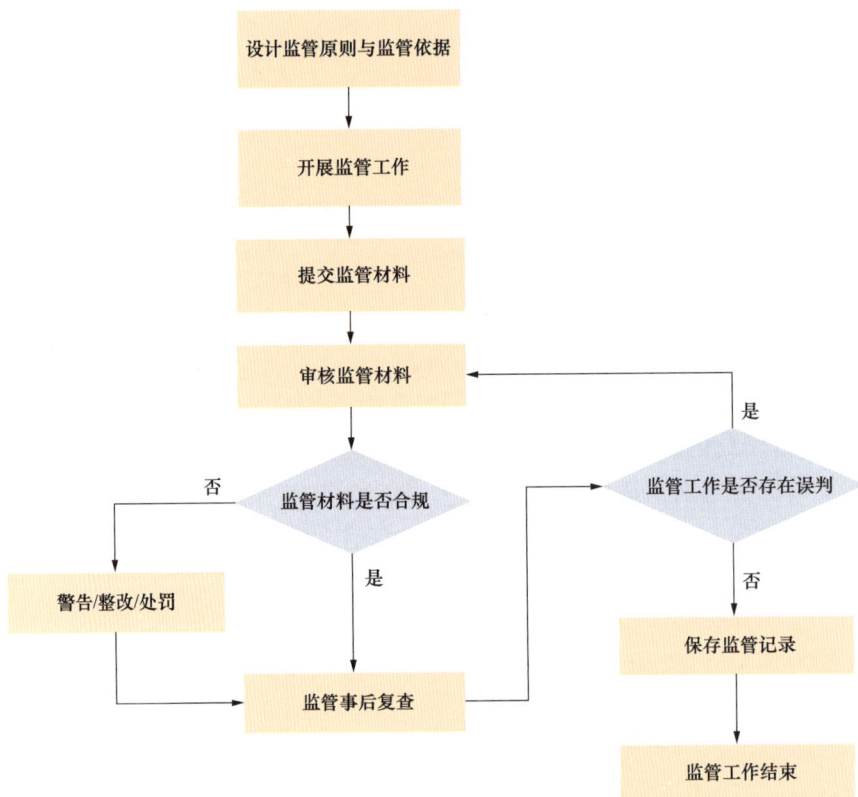

图 6-4　碳排放监管的流程

（2）设计监管依据。即在碳排放监管工作开始之前，设计相应的监管政策，如《碳排放权交易管理办法（试行）》《全国碳排放权交易第三方核查参考指南》《温室气体自愿减排交易管理暂行办法》等。全面的监管政策是监管工作的依据和执行的标准，是监管工作规范开展的条件之一。因此，制定完善有效的监管政策并且依据政策开展相应的监管工作，有利于监管工作在开展时"有法可依"，能够充分发挥碳排放监管的强制性、有效性和系统性，实现监管资源的合理分配和监管工作的可持续发展。

2. 开展监管工作

碳排放监管的开展工作主要有：监管部门确定碳排放单位名录，并对相关企业的碳排放活动情况进行监督检查和指导；碳排放企业根据《企业温室气体排放报告核查指南（试行）》《企业温室气体排放核算方法与报告指南发电设施》等监管要求和相关政策，对污染物的排放量进行监测，收集数据，编制规范的碳排放报表，及时公开碳排放权交易及相关活动信息，自觉接受公众监督；根据对碳排放企业监管报告的核查结果，确定监督检查重点和频次；定期公开碳排放企业年度碳排放配额清缴情况等信息；建立风险管理机制和信息披露制度，制定风险管理预案，及时公布碳排放信息；鼓励公众、新闻媒体等对碳排放企业进行监督等。

碳排放监管工作开展的平台为碳排放统一管理平台，通常指通过数字化技术（大数据、人工智能、物联网、区块链等）实现碳资产智能化管理，包括碳资产管理平台、碳排放管理平台、碳账户管理平台、碳足迹管理平台等。碳排放统一管理平台是碳排放监管流程高效开展的一个中介，它可以快速地将政府和企业有机地联系在一起。碳排放企业无论是对国内产业监管的要求，还是面向绿色供应链的要求，都可以基于碳资产管理平台披露碳排放数据，该平台同样适用于企业出口欧盟、美国等国家的产品。并且该平台能够积累碳排放管理的数据，为企业提供准确和可追溯的碳排放数据披露信息，是助力企业快速实现零碳园区智能化管理最佳方式之一。

3. 提交监管材料

碳排放监管需提交材料包括碳排放监测数据、碳排放统计分析报告及第三方核查报告，即 MRV 体系，这三个要素是确保碳排放数据准确、可靠的重要基础和保障。

碳排放监测是指通过综合观测、数值模拟、统计分析等手段，获取温室气体排放强度、环境中浓度、生态系统碳源汇等信息，其主要监测对象为二氧化碳（CO_2）、甲烷（CH_4）、氢氟碳化物（HFC_s）等人为活动排放的温室气体。

碳排放报告是一个数据上报或公布的过程，由中国标准计量认证（China Inspection Body and Laboratory Mandatory Approval，CMA）资质或中国合格评定国家认可委员会（China National Accreditation Service for Conformity Assessment，CNAS）认可的检验机构和实验室编制碳排放单位的元素碳含量测试报告，该报告包含元素碳含量、低位发热量、氢含量、全硫含量、水分等参数，以便进行数据真实性的交叉核实，同时加盖 CMA 认证标志或 CNAS 认可章。

碳排放核查是针对碳排放报告进行定期审核或第三方评估。评估机构必须是经国家备案的审核机构，不同的审核机构所审定与核证的领域有所不同，不过这些机构大多都需要审核能源行业的碳排放。评估机构应当对核查结果的真实性、完整性和准确性负责。这些审核机构根据《企业温室气体排放核算方法与报告指南发电设施》（环办气候〔2021〕9 号）规定，为省级生态环境部门开展年度排放报告的核查提供技术支持，编制并向省级生态环境部门报告年度公正性自查报告。按照《企业温室气体排放报告核查指南（试行）》规定，审核机构不得向碳排放单位提供碳排放配额计算、咨询或管理等方面的技术服务；不应接受任何资助、合同或其他形式的服务或产品，以防影响核查活动的客观公正性；不应参与碳资产管理、碳交易，或与从事碳咨询和交易的单位存在资产和管理方面的利益关系，如隶属于同一个上级机构等。

MRV 体系内嵌于碳市场中，是碳排放监管的实施基础，科学健全的 MRV 监管体系，可以精确地获取碳排放数据，从而增强碳排放企业的信用，是碳市场平稳运行的保证。欧盟、美国和日本等国家和地区的交易机制相对较为完备，我国与这些国家和地区碳排放监管的管理机制、数据基础、政策实施背景与需求等方面存在一定差异。目前我国经过近 8 年的试点实践，各试点地区已建立各自相对完善的 MRV 体系，为构建全国统一碳市场的 MRV 体系提供了丰富的经验。

4. 审核监管材料

审核小组对所提交的监管材料的合规性进行审核评估，如果碳排放企业排放量进行虚报、瞒报，或拒绝履行温室气体排放报告义务的，监管部门有权对其进行警告、责令整改或者处罚。严格审核监管材料，可以督促企业低碳生产，促进企业绿色技术的开发，提升企业的竞争优势。

5. 监管事后复查

监管事后复查主要是为了评估监管工作是否存在误判现象。一旦误判，监管机构将重新审核监管材料，并且公民、法人和其他组织发现监管主体存在有违反监管政策规定行为的，有权进行举报，并按照相关规定对监管工作的真实结果进行反馈。监管主体中的相关工作人员，在监管工作中存在滥用职权、玩忽职守、徇私舞弊等行为的，由其上级行政机关责令改正，并依法给予处分。对监管工作进行事后复查有利于监管工作的公开、公平、公正，可以有效避免以及预防监管不当可能带来的风险，是事后监管中关键的一环。

6. 保存监管记录

监管部门将监管过程中形成的记录进行保存，企业中的有关部门将相关记录纳入企业内部质量管理体系进行后续管理，监管记录的保存是碳监管流程中的最后一环，为之后监管后评估打好数据基础。

三、碳排放监管标准

碳排放监管标准，是以实现控制二氧化碳排放量（广义也包含其他温室气体）为目的，并根据碳减排体系制度中采取的各种措施和实践，制订并颁布一套涉及碳排放各个环节的要求和准则。碳排放标准的实施，对于完善低碳发展制度体系、促进低碳技术进步、促进国际谈判和国际贸易谈判、推动低碳经济发展、推进碳排放目标的实现提供了强有力的支持。

国际上在碳排放评估、碳足迹、碳捕集、产品和服务标识等领域拥有较丰富的研究基础，基本构建了碳排放管理标准体系。

国际标准化组织设立了温室气体管理分技术委员会（ISO/TC 207/SC 7）负责制定温室气体领域标准，以实现联合国可持续发展目标。二氧化碳捕集、运输和地质封存技术委员会（ISO/TC 265）工作范围为 CCS 的设计、建设、运行、环境规划与管理、风险管理、合格评定、监督检验和相关行动领域标准化。气候变化协调委员会（ISOCCCC）主要研究气候变化减缓和适应两个方面的标准，评估利益相关方对标准的需求。钢技术委员会（ISO/TC 17）负责钢领域的标准化，涵盖化学成分测定方法、钢产品、钢铁企业二氧化碳排放强度计算方法等领域。国际电工委员会（IEC）等组织均开展碳排放标准研究，制定了温室气体排放与减排量化、温室气体核算、评估报告与标准体系。WRI 与 WBCSD 联合制定了包括企业、项目、产品及供应链等 4 个层面在内的温室气体核算体系，IPCC 提供了一系列的评估报告、特别报告、方法报告和技术报告，均已成为各国温室气体核算标准和管理计划的基础。

美国通过《温室气体排放报告强制性条例》强制规范不同行业和设备的温室气体报告标准；通过限制机动车油耗及建筑节能来控制交通和建筑领域的碳排放；制定《能源设备二氧化碳排放标准》，以控制发电设备等能源设备碳排放。英国标准协会 BSI 发布了公用可用规范（PAS），推出企业及商品碳减排标识制度，评价产品和服务的温室气体排放。日本也自愿推出产品碳标识制度，在商品包装上详细标注产品生命周期每个阶段的碳排放量。

此外，韩国、泰国、瑞士、瑞典、美国、德国、加拿大等国家和地区也纷纷推出碳标识计划或制度。

我国的全国碳排放管理标准化技术委员会（SAC/TC 548）于 2014 年 4 月成立，并提出了我国温室气体管理标准体系框架、标准的发展计划和重点方向、单位产品碳排放限额，涉及碳排放管理术语、统计及监测、核算与报告等领域，为国家及地方碳排放管理标准体系建设提供指引。2016 年发布《轻型汽车污染物排放限值》（GB 18352.6—2016）、2019 年发布《水泥制品单位产品能源消耗限额》（GB 38263—2019）、2021 年发布《乘用车燃料消耗量限值》（GB 19578—2021）等强制性标准，在移动源碳排放、高耗能行业与移动源能耗控制方面加强了管控力度。全国碳排放管理标准化技术委员会统筹规划碳排放管理标准的制定和落实工作；出台重点行业企业温室气体排放核算和报告标准共计 11 项；发布《国家重点节能低碳技术推广目录》（2017 年版低碳部分）和《低碳社区试点建设指南》等。同时一些低碳省市试点地区也纷纷先行先试，如山西晋城市编制了低碳产业园区、工业企业、农业企业、服务业企业、乡村、社区、公共机构和家庭等 8 个示范标准。标准已逐渐成为有效服务于实现碳排放目标的重要手段之一。负责专业范围包括碳排放管理术语、统计、监测、区域碳排放清单编制方法，企业、项目层面的碳排放核算与报告，低碳产品、碳捕获与碳储存等低碳技术与设备，碳中和与碳汇等领域。表 6-1 和表 6-2 为国家现行碳排放管理标准与不同行业温室气体国家标准。

统一的监管标准对于明晰监管主体管理工作职责，理清监管思路，增强监管成效，防范监管风险具有重要意义。在监管过程中，可以通过不断调整监管标准避免监管效率低下等问题，未来的监管标准将会不断发展完善并且更加严格，从而保障我国碳排放监管的科学性与高效性，促进行业健康发展。

表 6-1 　　　　　　　　　　　　　国家现行碳排放管理标准

低碳评价标准	核算、核查标准	监测标准	能源、绿色建筑、移动源管控标准
产品生命周期评价技术规范	《温室气体排放核算与报告要求》	温室气体测定方法	能源审计技术导则
绿色产品评价标准	《基于项目的温室气体减排量评估技术规范通用要求》	设备节能检测方法	绿色建筑设计、施工、评价标准
低碳企业评价体系指南	《工业企业温室气体排放核算和报告通则》	能耗在线监测技术要求	移动源排放与能耗标准

注　资料来源：《基于项目的温室气体减排量评估技术规范》（GB/T 33760—2017）、《工业企业温室气体排放核算和报告通则》（GB/T 32150—2015）。

表 6-2 　　　　　　　　　　　　　不同行业温室气体国家标准

序号	标准号	标准中文名称	发布日期	实施日期	标准状态
1	GB/T 32151.12—2018	温室气体排放核算与报告要求第 12 部分：纺织服装企业	2018-09-17	2019-04-01	现行

序号	标准号	标准中文名称	发布日期	实施日期	标准状态
2	GB/T 32151.11—2018	温室气体排放核算与报告要求 第 11 部分：煤炭生产企业	2018-09-17	2019-04-01	现行
3	GB/T 33756—2017	基于项目的温室气体减排量评估技术规范　生产水泥熟料的原料替代项目	2017-05-12	2017-12-01	现行
4	GB/T 33755—2017	基于项目的温室气体减排量评估技术规范　钢铁行业余能利用	2017-05-12	2017-12-01	现行
5	GB/T 33760—2017	基于项目的温室气体减排量评估技术规范　通用要求	2017-05-12	2017-12-01	现行
6	GB/T 32151.4—2015	温室气体排放核算与报告要求 第 4 部分：铝冶炼企业	2015-11-19	2016-06-01	现行
7	GB/T 32151.10—2015	温室气体排放核算与报告要求 第 10 部分：化工生产企业	2015-11-19	2016-06-01	现行
8	GB/T 32151.2—2015	温室气体排放核算与报告要求 第 2 部分：电网企业	2015-11-19	2016-06-01	现行
9	GB/T 32150—2015	工业企业温室气体排放核算和报告通则	2015-11-19	2016-06-01	现行
10	GB/T 32151.3—2015	温室气体排放核算与报告要求 第 3 部分：镁冶炼企业	2015-11-19	2016-06-01	现行

注　资料来源：《基于项目的温室气体减排量评估技术规范》。

第四节　碳排放监管的常用工具

为了保证碳排放数据质量，助力碳排放监管科学高效的工具也是必不可少。本节主要介绍碳排放监测系统、数字化管控平台以及碳排放监管沙盒这三种碳排放监管的常用工具。

一、碳排放监测系统

1. 碳排放监测系统的概念及功能

碳排放监测系统是依据特定的算法和技术，对一定区域或排放主体的碳排放监测因子进行实时分析和数据收集处理的工具。

碳排放监测系统采用稳定可靠高灵敏度传感器等感知组件和技术，对排放出的二氧化碳、甲烷、一氧化碳等因子连续自动感知、监控和测量，对各类气体在不同时间的排放浓度等数据进行记录，并运用复杂的算法对数据进行分析处理，从而得到碳排放质量的客观评价结果。可靠的碳排放监测系统可得到排放主体真实的碳排放情况，反映出排放主体的碳排放治理成效，是环境主管部门实施碳排放监管的重要工具，能够为各级政府的碳排放管理提供决策支撑。

2. 碳排放监测系统的类型

发展可靠的碳排放监测技术，准确而全面获取碳排放数据，可以为碳减排措施的制定及其减排效果评估提供有力的技术支撑[97]。目前根据不同的监测主体及监测原理设计出了多种碳排放监测系统。

（1）基于遥感、卫星定位导航和无人机的三维空间碳排放监测系统。将卫星定位导航组件、无人机自动驾驶仪组件、碳排放检测传感器组件集成至电动无人机平台上，与无人机地面指挥控制台组件组成生态环境立体空间碳排放量监测装置。

卫星定位与导航实现航线全自动规划，飞行航迹、高度和姿态高精度计算机自动控制，可实时传输碳数据至地面指挥控制台上生成数据分布图，与无人机的地面碳排放采集点的监测数据进行数据集成，按区域、空域、时域形成立体空间碳排放量数据的分布与变化趋势图表，解决地面至3000m各高度层的碳排放监测技术难题，实现碳排放环境的立体空间监测的区域、时域、空域数值分布可视化。基于遥感技术（Remote Sensing，RS）的三维地理信息系统（Geographical Information System，GIS）引擎的立体空间，通过系统仿真技术，将碳排放量监测数据进行三维空间分布可视化，实现区域间各省市区的碳汇交易数据的海量数据立体透视[98]。

（2）连续排放监测系统（CEMS）。分别由气态污染物监测子系统、颗粒物监测子系统、烟气参数监测子系统和数据采集处理与通信子系统组成。系统设备如图6-5所示。

气态污染物监测子系统主要用于监测二氧化碳、二氧化硫、氮氧化物等气态污染物的浓度和排放总量；颗粒物监测子系统主要用来监测烟尘的浓度和排放总量；烟气参数监测子系统主要用来测量烟气流速、烟气温度、烟气压力、烟气含氧量、烟气湿度等，用于排放总量的计算和相关浓度的折算；数据采集处理与通信子系统由数据采集器和计算机系统构成，实时采集各项参数，生成各浓度值对应的干基、湿基及折算浓度，生成日、月、年的累积排放量，完成丢失数据的补偿并将报表实时传输到相关部门。

CEMS采用高精度电化学气体传感器，通过传感器、光谱分析等技术，连续、自动地监测环境中的二氧化碳、甲烷、氨气、氧化亚氮浓度等参数得到碳排放量，精度高、响应速度快、重复性好，实现碳排放核算的实时化、自动化。同时，利用实时监测数据，建立基于监测数据的碳排放核算方法体系，可进一步提升碳排放核算数据的准确性和实时性[99]。

（3）用户电表耦合碳排放量监测系统。包括中央处理器、电量计量模块、碳排放量监测及计算模块、通信模块，其中电量计量模块、碳排放量监测及计算模块、通信模块

图6-5 连续排放监测系统

分别与中央处理器连接。中央处理器、电量计量模块、碳排放量监测及计算模块和通信模块设置在智能电表内，通信模块连接网络或碳排放碳资产管理云平台。

碳排放量监测及计算模块采用区块链技术时，碳排放量监测及计算模块利用分布式的

节点进行分布式碳排放记账，每个节点的碳排放量数据不可篡改地分布式保存在网络中，采用区块链网络中的公有链、联盟链或私有链技术与其他区块链节点进行点对点的碳资产交易；碳排放量监测及计算模块不采用区块链技术时，碳排放量监测及计算模块利用中心化的碳排放碳资产管理云平台，统一进行碳排放量计算和碳资产管理。电量计量模块和碳排放量监测及计算模块均配置有加密管理单元，用于对数据进行加密和管理用户的加密信息。

该系统能够实现用电量和碳排放量两种数据的直接采集，避免了人工抄表统计和计算所造成的误差和争议，会极大帮助对各省市区域电网内用户的碳排放量的监控，从硬件上帮助碳排放量和其相关碳资产的统计和计算，增加碳资产的可信度，帮助建立未来全国乃至全球的统一碳市场[100]。

（4）民用机场桥载设备和辅助动力装置（Auxiliary Power Unit，APU）碳排放监测系统。包括电力监测系统、嵌入式控制器、网关设备、内网安全隔离设备、设备管理和互联网接入服务器、客桥车数据采集设备、客桥车数据接收设备及廊桥监测系统。电力监测系统与桥载设备相连，客桥车数据采集设备与客桥车相连，客桥车数据接收设备与客桥车数据采集设备连接，廊桥监测系统与廊桥连接，嵌入式控制器与电力监测系统，客桥车数据接收设备和廊桥监测系统相连，同时通过网关设备与内网安全隔离设备及设备管理和互联网接入服务器连接。

该系统可实时计算和显示民用机场近机位和远机位上桥载设备和飞机 APU 的二氧化碳排放量和其他污染物排放量，有助于提高机场低碳运营管理，促进机场节能减排工作开展。

（5）硫化过程嵌入式碳排放监控与检测系统。包括能耗传感器、能耗采集单元、碳排放监控单元和嵌入式碳排放中央处理单元。能耗采集单元通过网络获得能耗传感器采集的能耗数据，并将能耗数据传送给碳排放监控单元和嵌入式碳排放中央处理单元进行处理。碳排放监控单元根据异常检测模型进行异常告警处理。嵌入式碳排放中央处理单元包括碳排放获得单元、碳排放优化识别单元和检测单元。碳排放获得单元包括修正单元和处理单元。

该系统在碳排放监控与检测系统架构等方面有较大突破，同时对于提高企业节能管理水平，加大节能技术改造，减轻环境污染，缓解能源瓶颈制约，实现节约发展、清洁发展和可持续发展具有十分重要的战略意义和现实意义。

二、数字化管控平台

1. 数字化管控平台的概念及功能

数字化管控平台是借助大数据、人工智能、云计算等技术对碳排放交易相关的数据信息进行收集、处理、分析和调控的网络化管理平台。

碳排放交易市场正在全国范围内布局，未来将会继续繁荣发展，随之产生庞大的数据信息，对数据及时准确的掌握和处理是相关主管部门规范碳排放交易市场的重要工作。通过数字化管控平台，碳市场主管部门能快速而系统地掌握纷杂的数据，相关管理人员也能很快开展数据的分析工作，能更快地拿到有效的信息。数字化管控平台可以将碳排放交易管理过程细化成一个个模块，每一个模块所耗费的资源和产生的成果都可以数字化。而且，在这些模块运行的过程中还能对控排企业的基本情况、碳排放履约情况等作出基本的统计分析，为碳排放管理人员的分析奠定良好的基础，有效提高了碳排放监管的工作效率。控排企业在数字化管理平台中是数据的制造者，环境主管部门及碳排放咨询机构等则更多承担起了数据的分析和趋势判断的作用，政府则可以用数字化管控平台来分析总体的碳排放交易市场建设情况。

2. **数字化管控平台子系统**

目前，全域、全环节的碳排放数字化管控平台尚未搭建，但已建成三大系统以保证碳排放交易的顺利运作，分别是碳排放权注册登记系统、交易系统、全国温室气体排放数据报送系统（见图 6-6）。未来，有望在已有系统基础上继续扩充和完善，创造出模块清晰、功能全面的数字化、可视化、智能化碳排放管控平台。下面对已有的三大系统进行介绍：

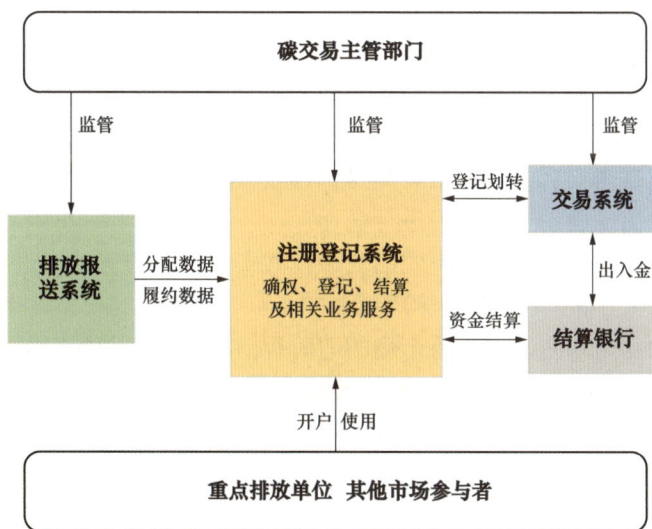

图 6-6 碳排放权交易的三大系统

（1）碳排放权注册登记系统。碳排放权注册登记系统是指为各类市场主体提供碳排放配额法定确权登记、结算和注销服务，实现配额分配、清缴及履约等业务管理的电子系统。总体来说，注册登记系统是统一存放全国碳市场中碳资产和资金的"仓库"，通过制定注册登记相关制度及其配套业务管理细则，对注册登记系统及其管理机构实施监管。

注册登记系统使用用户包括各级主管部门、登记结算管理机构及重点排放单位等市场参与主体。系统用户实行分级管理，分为管理层和市场参与层，面对不同类型的用户，注册登记系统提供不同的功能。注册登记系统为不同类型用户提供的功能：

1）国家管理员：开户、账户权限管理；总量设置、省级配额分配、配额拍卖划转、履约管理、注销管理等配额管理；业务审核、信息查询、信息统计与发布；风险预警、市场监管。

2）省级管理员：所在辖区区域重点排放单位配额分配、省级拍卖划转、抵消条件设置、履约管理、业务审核。

3）登记结算管理机构：开户审核与账户管理、登记管理、清结算管理、分佣管理、质押及存管等业务管理、监督管理。

4）重点排放单位：开户、持有碳资产登记、碳资产管理、集团账户管理、交易划转、清缴、自愿注销、质押及存管等业务管理。

5）其他市场参与主体：开户、持有碳资产登记、碳资产管理、交易划转、自愿注销、质押及存管等业务管理。

（2）碳排放权交易系统。碳排放权交易系统是为了支撑整个碳排放权交易的网上开户、客户管理、交易管理、挂单申报、撮合成交、行情发布、风险控制、市场监管等综合功能的电子系统。

交易系统的目标是高效、安全、便捷地实现碳排放权交易，主要功能包括：①交易，主要作用是组织碳排放产品的挂单、撮合与成交；②信息发布，实时发布每日碳排放权交易的行情信息和市场历史信息；③市场监管，负责对交易行为进行监控并发出预警。

客户要进行交易需要开设交易账户，在指定的结算银行开设资金账户，交易账户和登记账户、资金结算账户应一一对应。开设交易账户需要根据交易机构的要求提供一系列客户信息和证明文件以及风险揭示书，通过交易系统填报相关信息，经交易系统审核后开设交易账户。开设交易账户后，客户通过交易机构获得用户名和密码。客户可以在指定网站下载交易系统客户端，登录客户端后进行交易。

为进行风险控制，交易系统对不同的交易模式实行不同的涨跌幅限制制度、配额最大持有量限制制度、大户报告制度和风险警示制度。

每个交易日，交易系统发布交易市场的即时行情，包括配额代码、前收盘价、实时的最新成交价格、当日最高成交价格、当日最低成交价格、当日累计成交量、当日累计成交金额、涨跌幅、实时最高三个买入申报价格和数量、实时最低卖出申报价格和数量等信息。交易机构可根据需要即时调整行情发布的方式和内容，交易系统还应发布每日开盘价、收盘价、最高价、最低价、交易量等历史交易信息。

交易系统与注册登记系统进行对接，交易账户和登记账户、资金结算账户一一对应，每日实行签到和签退制度。每日交易前，注册登记系统将登记账户、资金结算账户的配额和资金数据映射至交易账户，交易结束后，交易系统将当日的交易结果发送至注册登记系统，由注册登记系统完成注册登记账户的配额变更。

（3）企业温室气体排放数据直报系统。企业温室气体排放数据直报系统由综合管理、数据报告与监测、核算方法与规则管理、数据质量控制与审核、数据分析与发布五大子系统构成，是集重点排放单位温室气体排放数据报告与审核、国家、省（市）级生态环境主管部门温室气体排放报告管理、温室气体排放方法学管理、排放数据综合分析与发布等需求为一体的综合性温室气体管控工具，服务用户包括国家及地方主管部门、重点企业、技术支撑机构及社会公众等。

1）综合管理子系统：可支持国家、地方生态环境主管部门或技术支撑机构实现企业和核查机构名单管理、核查关系委托管理、元数据管理等业务。

2）数据报告与监测子系统：可支持重点排放单位温室气体排放数据填报、核算、生成排放报告和补充数据表、备案监测计划等业务，支持重点排放单位利用线上线下等多方式填报，并广泛使用对话框等可视化技术引导填报。

3）核算方法与规则管理子系统：可支持政府主管部门或支撑机构对重点行业企业层面或设施层面温室气体排放核算方法或规则进行管理或更新（升级）。

4）数据质量控制与审核子系统：可支持政府主管部门或支撑机构依托系统内置的数据质量评估模型多层级、多条件地对报告数据进行审核管理及核查机构核查管理与控制。

5）数据分析与发布子系统：可支持政府主管部门或支撑机构进行排放数据挖掘分析，为配额分配、标准制定、形势分析等提供数据，支持选择性发布业务。

企业直报系统的主要用户包括国家、地方（省级、市级）生态环境主管部门、报告主体（企业）、技术支撑机构、核查机构、其他利益相关方等五大类用户。各类用户的主要角色和权限如下：

①国家生态环境主管部门，包括：国家名单管理员，权限有全国报告主体名单的确认，全国核查机构名单的备案和确认；国家直报管理员，权限有确定全国温室气体报送的直报计划，查阅全国报告主体报送进度，实施全国报告主体报送过程中的催报，查看温室气体排放报告和补充数据报告并核查委托关系，对全国温室气体排放数据进行分析汇总；国家审核管理员，对全国范围温室气体排放报告进行抽查，复查；国家超级管理员，可查阅系统登录日志、可查阅用户创建情况、可跟踪数据修改轨迹、可定制完成数据备份、可查阅不同用户的分析数据、发布数据的下载记录。

②省级生态环境主管部门，包括：省级名单管理员，确定辖区内名单上报模式、辖区内报告主体名单的上报、辖区内核查机构信息、资质的维护、辖区内核查机构名单的确认；省级直报管理员，查阅辖区内报告主体报送进度，对辖区内报告主体报送过程实施催报，对全省范围温室气体排放数据进行分析汇总；省级审核员，确定对一般报告主体排放报告的审核模式（本级审核或两级审核）、辖区内一般报告主体排放报告的审核，提交审核结果至国家主管部门、碳排放权交易主体的委托关系管理；省级超级管理员，查阅系统登录日志、查阅用户创建情况、跟踪数据修改轨迹、查阅辖区内不同用户的分析数据、发布数据的下载记录。

③市级生态环境主管部门，包括：市级名单管理员，负责报告主体名单的上报；市级直报管理员，查阅辖区内报告主体报送进度，并负责辖区内报告主体报送过程中的催报、对全市范围温室气体排放数据进行分析汇总；市级审核员，对辖区内一般报告主体排放报告进行审核，必要时需做补充说明，并负责向省级主管部门提交一般报告主体排放报告审核结果。

④技术支撑机构，包括：核算方法管理员，负责维护基础数据、负责维护行业核算方法、负责维护排放因子缺省值；规则管理员，维护报送过程中校验规则的管理、维护审核过程中全国范围审核规则的管理、评估模型权重的管理；数据分析员，对全国范围温室气体排放数据进行概览、对全国范围温室气体排放数据进行数据分析。

⑤报告主体，包括：报告主体填报员，进行企业基本信息的维护、企业核算边界和排放源的识别、监测计划备案、温室气体排放相关数据的填报、查看温室气体排放报告及碳排放权交易补充数据报告，以及当委托方式为企业委托时负责委托关系管理；报告主体上

报员，温室气体排放报告及碳排放权交易补充数据报告的确认和提交、核查报告的确认和提交、查看历年温室气体排放、查看行业相关指标以及排放构成等指标。

⑥核查机构：核查机构核查工作主要为线下执行，在线上主要权限包括查看所核查报告主体的排放报告、补充数据表及监测计划，记录核查要点，填写评审意见，生成、导出和查看核查报告。

⑦其他利益相关方：按照权限查询可公开数据。

三、碳排放监管沙盒

1. 碳排放监管沙盒的概念及功能

监管沙盒（Regulatory Sandbox）的概念由英国政府于 2015 年 3 月率先提出。按照英国金融行为监管局（Financial Conduct Authority，FCA）的定义，"监管沙盒"是一个"安全空间"，在这个安全空间内，金融科技企业可以测试其创新的金融产品、服务、商业模式和营销方式，而不用在相关活动碰到问题时立即受到监管规则的约束[101][102]。

将这一概念引入到"碳排放监管"领域内，可以将碳排放监管沙盒理解为：碳排放监管主体为鼓励控排企业试验创新的碳减排活动的可行性，在保障管控有效的基础上合理放宽监管边界，为企业碳减排发挥主动性和创新性而营造的更宽松的监管空间。图 6-7 可更直观地展示碳排放监管沙盒的概念。

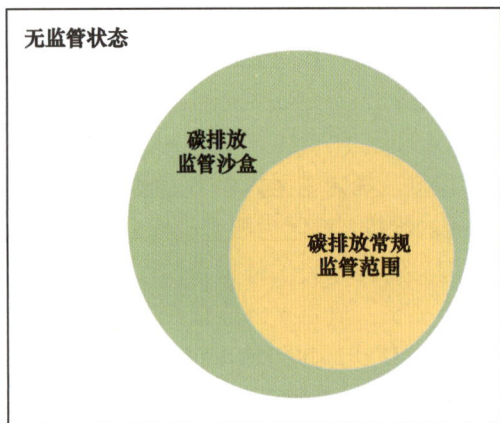

图 6-7　碳排放监管沙盒

监管者在保护消费者、投资者等相关利益方权益及严防风险外溢的前提下，通过主动合理地放宽监管规定，减少碳减排创新活动的规则障碍，鼓励更多的创新方案积极主动地由想法变成现实，能够实现碳减排创新与有效管控风险的双赢局面，对于促进低碳经济发展和"双碳"目标顺利实现具有重要意义。

2. 碳排放监管沙盒的运作模式

目前完善的碳排放监管沙盒制度还尚处在探索阶段，但是可参考 FCA 已有的运作模式，对碳排放监管沙盒的运作模式进行设计和展望：环境主管部门可采取申请制，允许企业或个人为其创新碳减排活动提出申请，并根据申请者的具体情况来给予完整性授权或限制性授权（当申请者全部条件达到后，取消限制性规定）。针对获得授权的企业或个人，环境主管部门可发布无强制措施声明，以及为其活动提供特别指导和规则豁免等来帮助申请者抵御未来可能会遇到的法律政策风险。除此之外，还可采取"虚拟沙盒"与"沙盒保护伞"的灵活的方式来让部分申请者进入碳排放沙盒监管。

（1）"虚拟沙盒"是碳排放创新者在不进入真正市场的情况下与其他各方（如学术界）来探讨和测试其解决方案的虚拟空间，所有创新者都可以使用虚拟沙盒。设立"虚拟沙盒"可以促进行业内的交流沟通、资源共享。一些小型企业或个人也许不够资格进入沙盒，而有资格进入沙盒的企业自身的测试数据又是单一且彼此独立的，他们之间通过虚拟沙盒可以共享公共数据集或其他公司提供的数据运行测试，这对于不能构建自己沙盒的小型初创企业来说具有重要意义，同时也更有利于鼓励获得授权进入监管沙盒的企业进行技术创新。

（2）"沙盒保护伞"是针对非营利性组织设立的，这些非营利性组织可以指派某些碳减排创新企业作为其试验期内的"指定代表"，即"代理人"。这些作为代理人的创新企业与其他获得授权的创新企业类似，他们需要获得拥有"沙盒保护伞"的组织的授权，同时受到环境主管部门的监管。但并不是所有的公司都适用"沙盒保护伞"，比如保险公司以及投资管理公司等密切涉及消费者、投资者利益的公司就需要经过严格的授权申请审核才能进入碳排放监管沙盒。

本章知识结构图

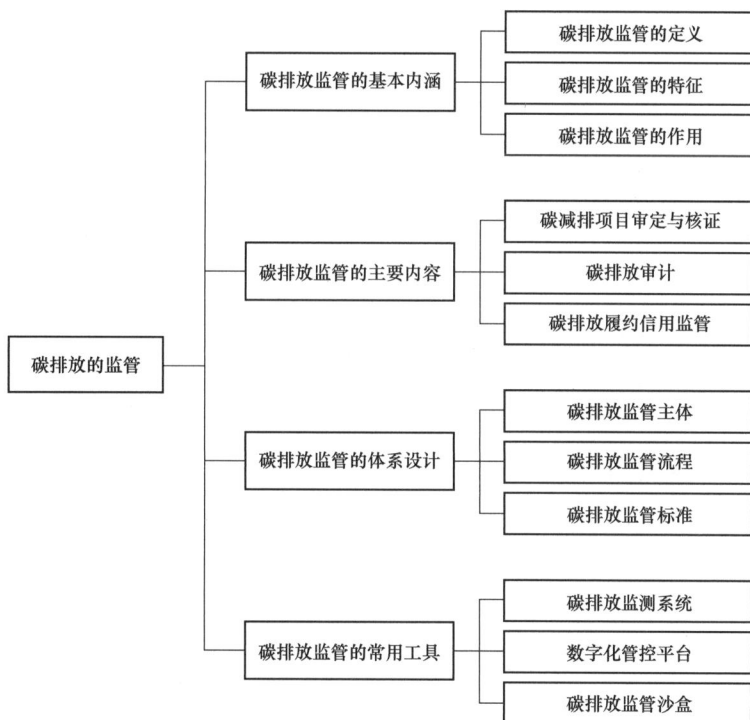

思考题

1. 请简述碳排放监管与环境监管的联系与区别？
2. 中西方碳排放监管主体有何异同？
3. 简述碳排放项目审定和碳减排项目核证的关系。
4. MRV 体系在碳排放监管中起到什么作用？
5. 监管主体如何进行碳排放监管？

6．碳排放监管政策需要先立后破还是先破后立？

7．企业在碳排放监管体系下应当如何高效发展？

8．请分析碳减排项目审定与核证、碳排放审计以及碳排放履约信用监管三项监管内容的区别与联系。

9．请简述建立碳排放监管标准体系的意义。

10．碳排放监管工具的作用是什么？

第七章 低碳文化建设

"十四五"时期，我国生态文明建设进入以降碳为重点战略方向、推动减污降碳协同增效、促进经济社会发展全面绿色转型、实现生态环境质量改善由量变到质变的关键时期，低碳文化建设成为重点。低碳文化建设是从主观精神层面进行碳管理的必要手段，其可以培育人人关心、支持、参与生态环境保护的社会氛围，推动经济社会高质量发展、可持续发展，有利于顺利实现"双碳"目标。本章主要从低碳文化概述、低碳文化的塑造和低碳文化的践行等三个方面介绍低碳文化建设的主要内容。

第一节 低碳文化概述

低碳文化是人们的文化生活及生产实践中，实现低碳消费、低碳排放的意识和行为。本节主要介绍低碳文化的内涵、特征和功能。

一、低碳文化的内涵

低碳是指降低或减少以二氧化碳为代表的温室气体排放，而低碳文化（low carbon culture）是人类活动在低碳领域所凝成的有形的或无形的文化形态，强调"绿色"和"节约"，存在于各种应对能源、环境和气候变化挑战的社会活动中，其诞生是以低碳革命的引燃为标志[103]。

低碳文化本质上是一种社会文化，因此其与文化的内涵类似，也有狭义和广义之分。狭义上的低碳文化是指由低碳理念、价值观等精神因素的总和；广义上的低碳文化则还包括有形的低碳实物、技术和无形的低碳制度、政策等社会形式[104]，而这些也被视作低碳文化手段[105]。也就是说，狭义上的低碳文化特指与低碳有关的精神文明，而广义上的低碳文化则纳入了物质财富，以及与之相关的低碳技术和低碳制度等，即广义上的低碳文化既是一种文化概念，也是一种文化手段。

具体到低碳文化的各个组成部分，狭义低碳文化的组成部分主要包括低碳理念、低碳价值观和低碳习俗；广义的低碳文化则还包含了低碳技术和低碳政策制度（见图7-1）。

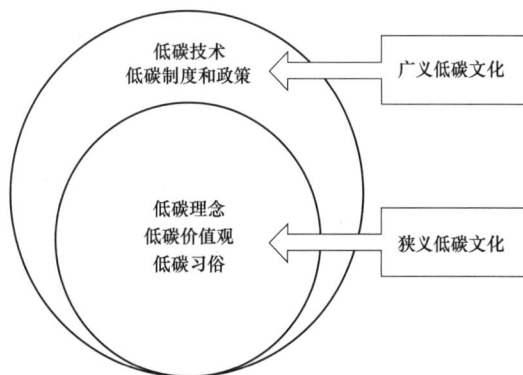

图 7-1 低碳文化狭义和广义的组成部分

1. 低碳理念

社会实现低碳发展首先需要人们拥有正确的低碳理念，低碳理念贯穿于经济、政治、文化、生活的方方面面，其核心在于加强研发和推广环保技术、节能技术、低碳能源技术，共同促进森林恢复和增长，减缓气候变化[106]。低碳理念也被称作低碳思想信念，从其别称中可以看出其由低碳思想和低碳信念构成。

低碳思想是人们关于低碳事物的本质和规律的认识，为人们的低碳认知及其实践活动提供基本的思维框架和行动准则[104]，构成了低碳理念的思维要素。低碳思想制约着人们有关低碳的认知方式，会对低碳方法的改进和创新产生影响，决定人们对低碳价值的评价。因此，人们只有形成低碳思想，才能自觉地按照其提供的思维框架和行动准则去认知、评价低碳事物和行为。

低碳信念则是低碳理念的情感要素，它是人们坚信某种低碳观点或看法的正确性，并以此支配自己行动的个性倾向，是人们在长期的实践活动中，根据自己的生活内容和知识积累经过深思熟虑所确定的努力方向和奋斗目标。人们只有坚信低碳生活和生产是正确的和有益的，才会去践行低碳理念，践履低碳行为。低碳思想和低碳信念均具有时代特性，前者代表了一定时代低碳知识和理论的精华，而后者则是某一时代社会意识的体现。伴随气候环境的变化、低碳技术的进步和社会的发展，低碳思想和信念也会不断更新。

总体上看，低碳理念是个体关于低碳的思维和情感，它是低碳行动的先导和动力，只有形成正确科学的低碳理念，并通过全社会不断落实和贯彻这一理念，才能逐步形成一种低碳文化。

2. 低碳价值观

低碳价值观是人们关于低碳的总体评价，是对低碳的是非优劣、应该不应该的看法，是推动并指引人们确定低碳目标、做出低碳决定和采取低碳行动的内心导向原则和选择取舍的评价标准。

低碳价值观可以分为个体的低碳价值观和社会的低碳价值观。个体低碳价值观是个体对各类低碳相关客体重要性的评价，各种低碳相关客体在个体心中的是非优劣、轻重缓急的排序则构成了个人的低碳价值观体系，它是决定个人行为目标及态度的思想基础。

社会价值观是指"隐含在一套社会结构及制度之内的一套价值，这套价值的持有使现有的社会架构得以保持"，它建立社会中每名个体的低碳价值观基础，却不仅是个体低碳价值观的汇总，而是展现了整个社会层面的价值观，这套价值体系给社会成员提供了富有意义的生活目标，给予了社会成员一套行为准则，并通过社会规范、社会奖惩和社会控制等外在压力及社会价值内化等内在压力使社会成员遵循这套价值体系，以确保社会的稳定及正常运作[107]。社会的低碳价值观是低碳文化的核心因素，决定并制约着人们关于低碳的需要、动机、愿望、态度、信念、意志等。

低碳价值观是在低碳理念的指导下而形成的处理事务所进行的行为方式的观念意识。它一方面表现为低碳价值取向和低碳价值追求，凝结为一定的低碳价值目标；另一方面表现为低碳价值尺度和准则，要求以生态状况及利用质量作为评价人类经济、社会、生活等活动和事物的尺度[106]。

3. 低碳习俗

低碳习俗即低碳的习惯、风俗，也就是人们在长期生产生活中逐渐养成的、相对固定不易改变的低碳行为、倾向或社会风尚[104]。低碳习俗内嵌了低碳社会规范和低碳道德准则，只有形成了普遍认可的低碳社会规范和低碳道德准则，才有可能产生低碳习俗。

社会规范（Social Norms）区别于法律法规等正式的规范或制度，是那些被社会成员所理解并可以指导和限制社会行为的非正式规范。规范焦点理论（the Focus Theory of Norms）根据规范的表现形式和含义将社会规范分为描述性规范（Descriptive Norms）和指令性规范（Injunctive Norms）[108]，前者展现了某一行为的典型性，即描述了社会中的多数所展现的行为，而后者则反映社会群体对某一行为是赞成还是反对。低碳习俗的养成既要依靠培养人们的低碳行为习惯，以形成一种新的描述性规范，培育低碳社会风尚，另一方面又要形成正确的低碳指令性规范。低碳指令性规范则反映了社会中的低碳道德。低碳道德是人们共同生活及其行为的准则与软性规范，规定了人们在低碳生活中应该做什么、不应做什么，提倡什么、反对什么的行为准则，它是通过社会舆论和社会评价约束组织和个体行为以使其符合低碳发展要求，低碳是实现低碳发展不可或缺的重要保障。

低碳习俗是在低碳理念的指导下和低碳价值观的推动下所形成的，它既是低碳文化的成果，同时也巩固和推动着低碳文化的发展。普通民众从以往的高碳习俗转向或养成低碳习惯，是实现低碳生活、低碳发展的基本前提。

4. 低碳技术

广义的低碳文化除了包含低碳精神文化外，还包含低碳物质文化，后者是低碳文化的"物态"部分。低碳物质文化主要表现在科学技术的应用方面，低碳科学技术包括低碳生产工艺的科学技术及低碳设备的科学技术。低碳物质文化的核心是低碳技术的普及推广应用[103]。低碳技术既包含清洁能源和减碳排放等硬件技术，还包含低碳经济和低碳管理等软件技术。低碳技术是低碳文化的核心驱动力之一，打破技术瓶颈，进行技术创新，低碳文化才能够更快更好发展。

5. 低碳制度和政策

低碳制度和政策是规约碳排放行为的法律法规和政策措施，是约束企事业单位和社会大众的行为符合低碳发展要求的强制性规定。低碳法律是由立法机关依据国家经济社会低碳发展要求制定、国家政权保证执行的强制性行为规范，包括法律、有法律效力的解释及行政机关为执行法律而制定的规范性文件，它以法律条文的形式明确告知人们，哪些行为是合法的，哪些行为是非法的，违法者将要受到怎样的制裁等。低碳政策是政府为贯彻、实现一定时期的低碳发展路线和目标指向而制定的行动准则。它是国家利益的观念化、主体化和实践化的反映。低碳制度和政策是实现低碳发展不可或缺的重要保障，也是低碳经济与社会发展的行动纲领和重要推动力。

低碳技术和低碳制度政策既是实现低碳文化的科学手段，也贯穿于从低碳开采到低碳消费整个人类低碳生产生活链的全部，是低碳文化不可或缺的部分。低碳技术和制度政策的发展一方面受到低碳理念和低碳价值观的指导和推动，另一方面又反过来推进低碳理念的革新和价值观的建立。

二、低碳文化的特征

低碳文化具有科学性、价值性、全面性、全民性、全程性、阶段性、动态性、复杂性、文明性九个特征[109]。

1. 科学性

低碳文化的内涵指出低碳文化包含科学的低碳理念和低碳科学技术,低碳文化的发展也需要以科学理论为支撑,这些都指出低碳文化具有科学属性。低碳文化的科学性一方面表现为以低碳文化为导向的社会经济发展方式集中地体现了人类自身科学价值实现与理念追求,科学理性地指导人们在面对全球气候变暖这一共同人类问题时该做什么,为人类未来经济发展方式和方向提供具有科学精神的文化氛围和价值取向;另一方面则体现在低碳文化的客观合理性,即低碳文化的本质属性是遵守自然规律,维护生态文明,与自然环境和谐共处,而这符合社会科学发展规律。

2. 价值性

低碳文化的价值性既包含社会价值也包含经济价值。对于社会价值,低碳文化是人类生态文明的具体体现,通过低碳技术创新和低碳制度保障,不断更新低碳理念和低碳知识,培养低碳习俗,增强低碳价值观,最终建设可持续发展的低碳社会。对于经济价值,低碳文化是一种软实力,不具有直接生产性,需要通过低碳技术、行为等低碳方式促进资源的更合理利用与更有效配置,实现低碳文化的经济价值。经济价值和社会价值是紧密联系的统一体,低碳文化为低碳经济发展营造了良好的文化氛围,摒弃传统的高碳文化,实现低碳经济与人类活动价值的统一。

3. 全面性

广义的低碳文化包含着物质文化与非物质文化两个层面,其内涵既包含低碳理念、价值观和习俗等精神文明,还包含低碳技术和政策等物质和制度文化。低碳文化的全面性体现在其包含了精神理念、制度和物质等各个层面,具有全方位和系统化的低碳特征。低碳文化中的低碳理念和低碳价值观是低碳文化的核心与主线,决定了低碳文化发展路径与未来;低碳习俗是低碳文化在行为层面的体现,是生活和生产行为的示范性指南;低碳技术是低碳文化的物质根基,同时低碳技术的不断创新还会推动低碳理念的升级;低碳制度和政策则是低碳文化不断普及和繁荣、且不断发挥作用的重要保障。

4. 全民性

应对全球气候变暖需要全人类的共同努力,这就体现了低碳文化的全民性特征。低碳社会的实现,低碳文化的繁荣涉及社会的各方行为主体,贯穿于社会的每个组织、群体和个人,是政府、企业和居民各个行为主体都应遵从的社会文化。政府是低碳文化建设的发起人和倡导者,在低碳文化建设中应起主导、引领和推广作用,政府不仅要带头履行节能减排,廉政降耗,打造低碳政府,更重要的是要确立低碳文化的核心理念和价值观,制定低碳文化的约束和激励制度,规范低碳行为,为全社会营造低碳文化环境。各行业、企业和居民是低碳文化的践行者,各行业和各企业是低碳物质文化建设的主力军,应从低碳文化的核心理念出发,在低碳制度文化的约束下,在一切生产经营活动中实行清洁生产和文明经营，承担着为全社会提供低碳能源和低碳产品的任务，并从源头上推动低碳文化建设。居民要增强低碳理念和价值观，养成良好的低碳道德和生活习惯，将行为偏好从高能耗转向低能耗。

5. 全程性

全面性和全民性是低碳文化在空间维度的特性，全程性则是低碳文化在时间维度的特性。低碳文化涉及生活生产的全过程，低碳目标的实现涉及从物品产生到物品消散的全过程，低碳文化贯穿于产品来源、生产加工、流通消费、废弃物处理等各个环节。低碳文化的全程性体现在生活生产材料流动的全过程，首先，体现在生活生产来源，人类获取资源的方式和渠道很多，从源头上体现低碳文化就是将排放量小、环境污染小的资源作为首选来源；其次，在生产加工中，建立一种无废料、少废料的封闭循环的加工系统；再次，以追求最小的排放和最低的环境污染为目标，减少流通、优化运输系统，实现低碳物流；最后，对废弃物处理采取回收循环利用、无公害化处理。

6. 阶段性

低碳文化在时间维度上的另一个特征是阶段性。低碳文化不是一蹴而就的，在文化形成过程中每次量变累积到一定程度就会引起一次质变，即低碳文化的发展会经历构建、培育、形成和普及阶段。

（1）构建阶段。构建阶段是社会对低碳文化的内涵和功能进行界定，确定低碳理念和低碳价值观，明确建设目标、方向、方法，形成建设规划，这一阶段的核心任务是让人们熟悉和了解低碳文化。

（2）培育阶段。培育阶段则重点落于低碳文化的建设工作，通过大力发展低碳技术，制定低碳制度和颁布低碳相关政策，鼓励行业、企业和居民践行低碳文化以及生态文明教育宣传等手段，传播低碳理念、培育低碳价值观、形成低碳社会规范，这一阶段的主要任务是唤醒人们的低碳意识，让人们认识到低碳文化的价值和意义，并为低碳文化的形成打下物质和制度基础。

（3）形成阶段。通过持续和高质量地培育和建设，在一定社会圈层会形成低碳文化价值体系，即低碳文化迈入形成阶段。在这一阶段，低碳成为一种道德准则，人们会主动自发地遵从低碳制度和政策，践行低碳行为，最终低碳习俗得以产生，这一阶段的核心任务是让人们认可和践行低碳文化。

（4）普及阶段。低碳文化可能会先在某一社会圈层形成，形成后还需向更多圈层进行推广，即低碳文化的普及阶段。普及阶段的核心任务是在全社会形成低碳文化，低碳制度和政策深入各生产生活领域，全民都能秉持低碳理念和价值观，践行低碳行为，形成高度的文化自觉性，这一阶段的主要任务就是在全社会不断推广低碳文化，并在这一过程中对低碳文化进行持续改进与优化。

7. 动态性

低碳文化普及阶段中包含了对低碳文化的持续优化，这体现了低碳文化的动态性特征。低碳文化内涵部分指出低碳文化具有一定时代特性，即低碳文化会受限于某一时代的技术现状和当时的社会发展阶段。但低碳文化不是一成不变的，伴随社会和科技进步，低碳理念和价值观会不断更新。低碳文化的动态特性体现了低碳文化对外部环境的适应能力以及不断发展优化的特点。

8. 复杂性

低碳文化是人类社会主动营造出的一种社会文化，其涉及对社会理念、价值观、习俗、技术和制度等全方位的改造，即低碳文化具有复杂性。这一复杂性也体现在低碳文化的建设和发展上，人类长期的高碳习俗、经济和环境保护两难选择、各地区资源禀赋和经济结构差异，以及国际间、地区间、企业间的低碳博弈都会增加低碳理念和低碳习俗的形成难度，为文化协同发展增添障碍，从而加剧低碳文化建设的复杂程度。

9. 文明性

文化具有好坏之分，与"面子文化""奢侈文化"等不良文化正相反，低碳文化强调"绿色节约"，强调人类社会经济的可持续发展和生态环境的可持续利用，强调人与自然的和谐共处，是一种环境伦理文化和生态文化，反映出极高的文化品位和文化质地，即低碳文化具有文明性。低碳文化的文明性体现在生活生产的各方面，例如在生产方面低碳文化提倡清洁生产和低碳办公，在生活方面低碳文化反对铺张浪费、提倡循环利用。

三、低碳文化的功能

低碳文化具有导向、约束、凝聚、激励和辐射五个功能。

1. 导向功能

在前文低碳文化的内涵中介绍了低碳文化的核心内容——低碳理念和低碳价值观是低碳行为的先导和动力，这就反映了低碳文化的导向功能。低碳文化的导向功能体现在两个方面：一方面是引导各社会主体的思想和行动；另一方面指导企业整体的价值取向和行为，例如以低碳价值为核心的低碳文化会引领能源低碳化转型、生产生活低碳化等一系列全社会的低碳化改变。

2. 约束功能

当低碳文化深入人心，形成全社会共同遵守的低碳道德准则，并成为一种新的习俗时，低碳文化会对社会各主体的观念与行为产生深刻影响，低碳文化会规范人们的行为模式，减少与低碳文化不符的高碳行为，这就是低碳文化的约束功能。相比于由政府和权力机关颁布的"硬政策"所带来的强制约束力，由文化所引发的内在自我约束，更能减少人们的逆反心理，激发长期的主动行为[110]。而且，低碳文化的约束功能还可以弥补规章制度在执行上的不足，两者相互结合达到最优效果。

3. 凝聚功能

全社会共同的低碳理念和低碳价值观会将各社会主体联结在一起，即低碳文化具有凝聚功能。低碳文化的凝聚功能还会带来跨区域低碳行为的规范和统一，在政府、行业、企业和居民这些不同社会主体之间，在各地区、各阶级之间建立起共同的低碳目标，形成一个团结一致的低碳整体，共同为实现国家"双碳"目标奋斗。

4. 激励功能

低碳文化不仅会引领低碳行为，还会激励并推动低碳行为，同时在行为外，低碳文化还会鼓舞人们的精神，通过低碳文化的培育和普及会在微观层面调动全社会的低碳热情，增强全民低碳责任感、认同感和使命感，而在宏观层面还可能会激发低碳文化在技术、管理和制度等层面的创新。

5. 辐射功能

低碳文化最初可能是先在某一社会圈层，甚至某些企业中流行，但伴随低碳文化载体的传播，低碳文化会向外辐射，从企业内到企业外、从社群内到社群外、从区域内到区域外、甚至从国家到国际，形成一种低碳感染力，最终低碳文化在全社会流行和普及。低碳文化载体包含低碳设备、低碳技术、低碳宣传、低碳商品、低碳标准、低碳标签等。

综合本节内容，低碳文化是人类活动在低碳领域所凝成的有形的或无形的文化形态。狭义上的低碳文化特指与低碳有关的精神文明，包括低碳理念、低碳价值观和低碳习俗；广义上的低碳文化则纳入了物质层和制度层，包含了低碳技术和低碳政策制度。其具有科学性、价值性、全面性、全民性、全程性、阶段性、动态性、复杂性、文明性的特征，并具有导向、约束、凝聚、激励和辐射功能。

第二节　低碳文化的塑造

在低碳文化的背景下，人类所有的行为都发生不同程度的转变，这是文化对人类的渗透力、感染力和影响力所导致的结果。本节主要从理念和价值观的培育，法律和政策体系的构建，低碳经济和技术的发展等三个方面介绍低碳文化塑造的过程。

一、培育低碳理念和低碳价值观

低碳理念和低碳价值观是低碳文化的核心部分，对低碳行为有着重要的引导和推动作用，因此低碳文化建设，首先要从培育低碳理念和低碳价值观入手。培育低碳理念和低碳价值观有以下四种途径：低碳文化教育、低碳文化宣传、低碳道德体系构建、低碳行为模式养成（见图 7-2）。前三种途径是由上至下、从"知"到"行"灌输低碳理念和价值观，最后一种途径是由下至上，从实践中体会和培养低碳理念和低碳价值观。

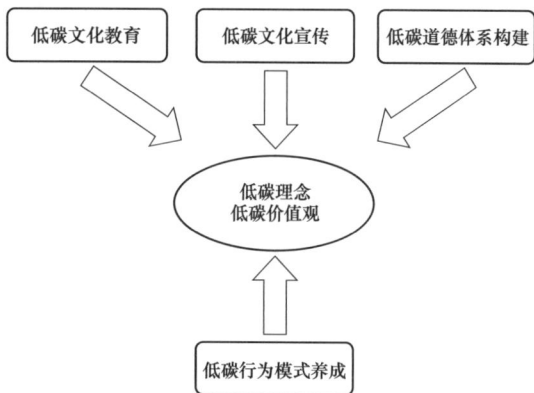

图 7-2　低碳理念和低碳价值观培育途径

1. 低碳文化教育

低碳文化教育是塑造低碳文化的主要途径之一。低碳教育不仅能够培育低碳理念和低碳价值观，而且还能够增加人们的低碳知识，让人们了解有关低碳的最新政策和技术发展。

在教育观念上，低碳教育首先要树立低碳教育观，低碳教育观是指将国家"双碳"目标和相关政策、低碳文化等内容融入教育中去，使其作为教育的指导思想之一，在教育中自然融入低碳相关内容，培养低碳理念和低碳价值观。政府可以建立和完善低碳教育体制，将生态文明教育纳入国民教育体系，将习近平生态文明思想和生态文明建设纳入学校教育教学活动安排，制定生态文明教育的大纲及具体的实施细则等。在教育渠道上，要开展全面的低碳教育，低碳教育的两个主要渠道是学校教育和社会教育。

对于学校教育，首先，在课程设置上要融入低碳教育，将低碳知识和技能渗透到日常专业知识的教育教学中去，将环保课外实践内容纳入学生综合考评体系；其次，在校园生活上，校园内要大力倡导低碳生活，营造低碳生活的氛围，如在校广播、校网站、校内宣传橱窗上开设低碳专栏，开设低碳生活相关讲座、举办低碳知识竞赛，唤醒学生低碳意识，帮助学生树立低碳观念，养成低碳生活习惯；最后，在学校环境和管理上，学校要实施低碳管理，建设低碳校园，营造低碳教育环境，将低碳理念和低碳管理思想融入学校的日常管理和教学科研中，如果说课程和校园宣传是通过外显的方式教育师生，那么校园环境管理就是以内隐的方式潜移默化地影响师生。

对于社会教育，政府部门一方面要通过各种形式推动各行业、各企业、各基层单位组织开展低碳消费教育，推进生态文明教育进家庭、进社区、进工厂、进机关、进农村；另一方面也可在线下从政府层面组织力量在工商企业、人群聚集地、重要交通路口、消费场所、居民区等地进行低碳文化的培训和教育[111]，在线上由各地生态环境部门编写生态文明知识读本，利用各大网络学习平台、视频平台等，构建生态文明网络教育平台。

在教育内容上，要以价值引领、知识传授和能力培养相结合的方式，既要从宏观层面传播国家的"双碳"战略、目标方针、低碳政策、低碳精神、低碳形象等内容，又要在微观层面普及低碳常识，传授低碳相关技能，帮助人们认识到低碳的重要性及高碳的危害性，提升各类人群的生态文明意识和环保科学素养。

在教育形式上，应采取多样的低碳教育方法，如低碳知识讲座培训、低碳生活展示、低碳技术展示、生态环境保护实践体验、低碳相关志愿服务等多种形式，为全社会营造浓厚的低碳文化氛围和环境条件提供可实现的路径。

2. 低碳文化宣传

除了开展各类低碳文化教育活动外，加强日常低碳文化宣传也是培养低碳理念和价值观的重要途径，长期的低碳文化宣传和灌输有助于营造全民低碳的社会氛围，帮助人们养成低碳思维模式。低碳文化宣传要结合社会现实，秉持直观性与通俗性原则，针对不同人群采取差异化和分众化的传播策略。

首先，新闻媒体在低碳文化宣传中起着至关重要的作用，新闻媒体要一方面坚持正面新闻宣传，主动发布生态文明建设相关工作进展和成效，例如策划低碳文化相关的深度报道和主题新闻采访，发掘低碳文化建设的先进人物和集体的典型事迹，展示生态文明建设进程；另一方面，要主动曝光负面典型，如有影响力的媒体开设专栏或制作专题，主动曝光阻碍绿色发展和生态文明建设的突出问题，并对社会关切的热点舆情问题主动进行回应，有效运用媒体监督手段，形成舆论监督合力。除了主要新闻媒体，低碳文化宣传还可借助专家、名人和某一社群关键意见领袖的影响力和榜样作用，让低碳理念和低碳价值观逐渐深入人心。

其次，除新闻报道外，低碳文化宣传还可开展各类形式的宣传活动和主题实践活动，如"全国低碳日""生态环境宣传周""六五环境日国家主场活动"等，不断拓展活动新意，创新活动形式，增强活动实效，提高活动参与性、互动性、体验性和实践性，将低碳文化主题实践活动融入日常生活。此外，各地区也可以结合当地特色和民族习俗打造生态文化品牌,例如围绕长江大保护、黄河大保护大治理、渤海综合治理攻坚战、无废城市创建等,创办品牌宣传活动和主题宣传活动,鼓励全社会积极参与。

再次,低碳文化相关的文学作品也是传播低碳理念和培育低碳价值观的重要手段。文艺工作者可以进行低碳文化相关题材的文学创作、影视创作、词曲创作和衍生文创开发等,创作反映生态环境保护工作实际、承载生态价值理念,思想精深、艺术精湛、制作精良的生态文化作品,组织开展低碳文化相关的征文、摄影、书法和绘画大赛。我国现阶段已有一些优秀的文学作品,如《环保人之歌》《让中国更美丽》、中国生态环境保护吉祥物等。

最后,低碳文化宣传还要结合先进科技手段,不断创新宣传方法,适应分众化、差异化传播趋势。在线上创新线宣传载体和内容,宣传载体上积极运用微博微信、社交媒体、视频网站、手机客户端等各类传播平台开展低碳文化相关宣传,开发并积极推介体现低碳文化的网络文学、动漫、有声读物、游戏、短视频等,结合 5G 传播特质与规律,拓展信息服务形态,根据公众需求和行为进行内容定制与精准推送;在宣传内容上,增强发布信息的形式多样性、内容可读性、公众阅读量、网络传播度和社会影响力,将低碳文化与流行文化有机结合。在线下打造宣教新媒介,利用书籍、报刊、广播、影视等传统大众传媒,制作刊播优秀公益广告作品,在户外、交通工具等张贴悬挂展示标语口号、宣传挂图,生动形象地做好低碳文化宣传。

总之,利用各类宣传手段让公众在潜移默化、精神愉悦中浸润低碳文化、树立低碳理念和低碳价值观。

3. 低碳道德体系构建

低碳道德是人们共同生活及其行为的准则与软性规范,代表着社会价值取向,起着判断行为正当与否的作用。当低碳道德体系成功构建时,公众会以低碳为荣、高碳为耻,这一行为判断准则的建立会自然而然地在公众心中树立起低碳理念和低碳价值观。

低碳道德体系的构建一方面离不开教育宣传,例如通过"中国生态文明奖""绿色中国年度人物"等典型宣传,深入社区、学校、农村,挖掘主动践行生态文明理念、积极参与生态环境保护事务,事迹感人、贡献突出的先进典型并进行宣传推广,发挥榜样示范和价值引领作用;另一方面也要结合政策引导和法律法规等硬性措施,明确展现出高碳行为是不被允许或认可的,通过外在条件显性化社会评价准则,以此推动低碳道德体系的建立,相关内容会在后续部分详细介绍。

4. 低碳行为模式养成

除了从上至下灌输低碳理念和低碳价值观外,还可以由下至上从实践中提炼低碳理念,发展低碳价值观。在生产经营、衣食住行游等日常生产生活紧密相关的各种活动中鼓励公众和各企业践行低碳文化,开展绿色生产、绿色办公、绿色出行、绿色家居、绿色消费、绿色餐饮、绿色快递、绿色出游、绿色观影等活动,并结合移动互联网和大数据技术,建立和完善绿色生活和绿色生产激励回馈机制,推动低碳行为模式成为公众和各企业的主动自觉选择,在行动中培育低碳理念和低碳价值观。相关内容将在本章第三节详细展开。

二、构建低碳法律体系和政策体系

低碳法律制度和政策反映了一个国家的发展理念和发展规划,明确展现了低碳行为的正确性和高碳行为的错误性，既有法律的强制性义务也有政策的软性引导，既能规范和增加低碳行为，又能催化低碳理念和价值观的形成，还能加速低碳社会规范和低碳习俗的凝练，因此建构低碳法律体系和政策体系是低碳文化塑造的重要制度保障。

1. 构建低碳法律体系

建设低碳社会，培育低碳文化，需要有相应的法律制度作为保障。一套全面、长远、符合国情、具有战略意义的低碳法律规范，可以有效推动低碳文化的稳健发展。伴随全球能源转型背景，全球大部分国家已经相继出台或修订低碳相关法律。例如，欧盟在 2021 年 7 月发布了"减碳 55%"（Fit for 55）的一揽子立法提案，包括修订《能源税收指令》《减排分担条例》《土地利用、土地利用变化和林业条例》《可再生能源指令》《能源效率指令》等 8 部现有法律，涉及气候、能源和燃料、交通运输、建筑、土地利用和林业等多个领域；俄罗斯在 2021 年 5 月公布了首部《气候法草案》；韩国 2021 年 8 月出台了《碳中和与绿色增长框架法》。

我国近年来也在加快生态环境立法工作，"十三五"期间，制修订了包括环境保护法、长江保护法等在内的 13 部法律，同时，还完成了排污许可管理条例、建设项目环境保护管理条例等 17 部行政法规的制修订。"十四五"时期将继续大力推动生态文明体制改革相关立法，"十四五"规划高度重视生态环境保护及相关立法工作，明确提出"制定实施生态保护补偿条例"，"强化绿色发展的法律和政策保障"。《国务院 2022 年度立法工作计划》也包含生态环境保护相关立法计划，如提请全国人大常委会审议能源法草案、矿产资源法修订草案，制定生态保护补偿条例、碳排放权交易管理暂行条例。

为培育低碳文化提供法律保障不能单靠某几部法律法案，需要建立一整套法律体系，例如建立健全《碳减排法》等基本法，《可再生能源法》等相关专门法，以及《碳排放权交易暂行办法》等配套的法律制度。

我国在"十四五"期间的生态环境立法计划就体现了这一协同性和整体性，既包含对重点领域的立法，填补立法空白，如推动黄河保护、噪声污染防治、海洋环境保护、环境影响评价、气候变化应对、生态环境监测、生物多样性保护、电磁辐射污染防治等重点领域法律法规的制修订；同时，还将大力推动生态文明体制改革相关立法，如加强生态环境损害赔偿、自然保护地、生态保护红线、环保信用评价等方面立法，确保重大改革举措于法有据、落地见效；还将从立法上完善严惩重罚制度，创新法律责任承担方式，构建以行政责任为主，刑事责任和民事责任配合适用的法律责任体系，有序扩大"双罚制"、按日计罚、信用惩戒等惩处机制的适用范围，积极探索生态修复、连带赔偿等新型法律责任承担机制。

2. 建立低碳政策体系

低碳政策是低碳经济与社会发展的行动纲领，是低碳文化培育的重要推力。在低碳文化建设过程中，法律手段虽然能够保障低碳文化在法律规定的框架下不断发展，但由于立法过程相对缓慢，还受到执法严格性等其他因素的影响，因此需要相关低碳政策作为补充和支持。

完善的低碳政策体系通常涵盖了一系列相互关联的行动计划，这些行动计划既涉及对如能源等重点行业的改革，还包含了利用税收和补贴等对技术创新的扶持，还涵盖一系列经济层面的政策发展。

以美国为例,从 20 世纪 70 年代起,美国多次出台能源与减排相关法案,逐渐形成完整的碳减排政策体系。奥巴马政府期间颁布了"应对气候变化国家行动计划",明确了减排的优先领域,建立了碳交易市场机制,提出了发展可再生能源、清洁电动汽车和智能电网的方案等。2014 年推出"清洁电力计划",确立 2030 年之前将发电厂的二氧化碳排放量在 2005 年水平上削减至少 30%的目标。在重返《巴黎协定》后,于 2021 年通过了《重建更好法案》,将以延期税收减免和提高税收抵免额为主要手段,大力推动风电、光伏、储能、新能源汽车等行业的发展;在 2022 年通过了史上最大气候法案,包含对各类新能源项目的贷款、补助和税收抵免。

在提出"双碳"目标后,我国也在加快构建碳达峰碳中和"1+N"政策体系。所谓"1+N"政策体系,"1"是指 2021 年 5 月发布的《中共中央 国务院关于完整准确全面贯彻新发展理念做好碳达峰碳中和工作的意见》,是管总体、管长远的,发挥统领作用;"N"则包括能源、工业、交通运输、城乡建设等分领域分行业碳达峰实施方案,以及科技支撑、能源保障、碳汇能力、财政金融价格政策、标准计量体系、督察考核等保障方案。更多相关具体政策将在低碳经济和低碳技术部分详细介绍。

简言之,建构完善的低碳法律和政策体系,一方面可以规范并引导各社会主体的行动,为低碳文化培育构建行为基础;另一方面在国家层面向民众传达了低碳理念和低碳价值观,通过政策解读等教育宣传手段,让这一理念和价值观深入人心,助推低碳文化的精神文明建设;同时还能支持低碳经济和低碳技术发展,打造低碳文化的坚实物质基础。

三、发展低碳经济和低碳技术

低碳理念和低碳价值观的培育是从精神方面塑造低碳文化,低碳法律和政策体系的构建则是为低碳文化提供制度保障,低碳经济和低碳技术的发展则是为低碳文化提供重要物质基础。

1. 创新低碳技术

低碳技术几乎涵盖了国民经济发展的所有支柱产业,涉及交通、电力、工业、建筑、等各领域。可再生能源技术是目前低碳技术发展的重点之一,国际可再生能源机构提出的未来能源五大技术支柱中有两项与可再生能源有关,这五大技术支柱分别是终端电能替代、电力系统灵活性、传统可再生能源、绿色氢能与航运、航空、重工业等关键领域的创新。而在这其中,新能源发电技术更是重中之重,新能源发电技术的发展趋势是将新能源与新材料、新能源与生物科技、新能源与可控核反应的深度融合。除可再生能源技术外,碳捕集、利用与封存技术也是当前低碳技术的热门。

低碳技术的发展一方面可以通过加大对低碳技术的研发投入和资金支持;另一方面可以借助市场工具,激励低碳技术发展。对于低碳技术的研发投入,其途径主要包括政府投资和设立专门科研基金。例如,美国在 2022 年通过的史上最大气候法案就含对各类新能源项目的贷款(如在全国建立全新清洁汽车制造工厂的贷款项目)和补助(如改造现有汽车制造设施的补助项目)。英国在 2021 年投入 9200 万英镑的公共资金,为储能、海上风能和生物质生产等创新绿色技术提供支持;德国在同年投资 7 亿欧元启动三个氢先导研究项目。

我国财政部在 2022 年发布的《财政支持做好碳达峰碳中和工作的意见》明确重点支持构建清洁低碳安全高效的能源体系、重点行业领域绿色低碳转型、绿色低碳科技创新和基础能力建设、绿色低碳生活和资源节约利用、碳汇能力巩固提升、完善绿色低碳市场体系六大方面。

除投资和补贴外，政府还可以利用税收减免等市场手段促进低碳产业发展和技术扩散。对于税收减免，前面提到的美国"重建更好"预算框架中就有预期 3200 亿美元用于清洁能源领域的税收抵免，具体措施包括加强和扩大现有的家庭能源和效率税收减免，创建一个新的、以电气化为重点的退税计划，这种退税不仅包含终端消费者，还涉及对能源企业的税费减免，特别是中小型企业；美国在 2022 年通过的史上最大气候法案也包含税收抵免项目（如支持碳捕捉、氢气生产等新兴技术的税收抵免）。相比于直接的政府补贴，各类税收政策可以引导社会资金投向国家重点扶持的低碳技术领域。除了利用财政激励外，建立规范化和专业化的低碳技术市场服务体系也可以推动低碳技术的发展，例如汇集政府、科研院所和企业等各界力量，建立以资金、技术、人才、咨询、市场开拓为主的低碳技术市场服务机构，进行低碳技术的咨询、研发和人才培训等服务。

低碳技术的发展将切实改变人们的生产生活方式，通过塑造外部环境来培育低碳文化。低碳技术的发展离不开政策的扶持和引导，这再次体现构建低碳政策体系的重要性。

2. 发展低碳经济

无论是政策落地还是技术创新都需要依靠市场作为载体，低碳经济为低碳文化提供了重要的物质保障，低碳政策体系构建和低碳技术创新部分的相关内容也反映了低碳经济的重要性。发展低碳经济一方面要调整经济产业结构，另一方面要大力开发如碳市场等各类新兴市场。

在调整低碳经济产业结构上，一方面从政府管理角度优化行政考核体系，将生态文明建设成效纳入政绩考核，例如我国在 2016 年印发了《生态文明建设目标评价考核办法》，绿色政绩正式成为省一级党政干部评价考核、奖惩任免的重要依据，通过这一措施减少以环境为代价高碳为特征的经济发展模式；另一方面，结合当前"双碳"目标所推动的经济供给结构转型，促进产业结构从高碳消耗的传统制造向低碳环保的高端制造全面转型。产业结构转型要依靠政策引导和资金支持等手段大力建构低碳产业体系，如火电减排、新能源汽车、节能建筑、工业节能与减排、循环经济、资源回收、环保设备、节能材料等；也要通过减少财政补贴和提高碳税等方式控制高碳产业发展。

在开发新型市场机制和工具上，碳交易是碳减排的核心市场工具之一。根据世界银行发布的《2022 年碳定价发展现状与未来趋势报告》，截至 2022 年 4 月，全球共有 68 个碳定价机制在运行，另有三个机制计划投入使用；其中包括 37 项碳税和 34 个碳排放交易系统。本章第四章对碳交易进行了详细介绍。

简言之，发展低碳经济既是部分低碳政策落地事实的必要前提，还有助于推动低碳技术创新，为低碳文化提供物质保障，同时与低碳技术一起改变人们的物质生活，由外至内培养低碳理念和价值观，助力低碳文化建设。

综合本节内容，低碳文化塑造包含精神层、制度层和物质层三个层次：在精神层要培育低碳理念和低碳价值观，这是低碳文化塑造的重点和难点；在制度层要构建低碳法律体系和政策体系，为低碳文化发展提供制度保障；在物质层面创新低碳技术，发展低碳经济，为低碳文化筑基。培育低碳理念和低碳价值观可以通过低碳教育、低碳宣传、低碳道德体系构建和低碳行为模式养成等方式。

第三节　低碳文化的践行

全社会切实践行低碳文化，才能发挥其最大价值，最终建成可持续发展的低碳社会。本节主要从社会层面、行业层面和企业层面介绍推动社会各主体低碳行动的可行策略。

一、社会层面——推动全民低碳行动

在低碳文化建设中，居民的积极参与至关重要。曾任联合国环境规划署执行主任阿西姆·施泰纳指出"在二氧化碳减排的过程中，普通民众拥有改变未来的力量"。个体的低碳行为一般被称作亲环境行为（Pro-environmental Behavior），即那些能够降低环境伤害和改善环境质量的行为，其包含能源节约、交通出行、避免浪费、绿色消费、垃圾分类回收、社会公民行为（如环保捐款）等各领域的低碳行为。

诸多因素都会影响居民的亲环境行为，研究者归纳了 18 个个体层面和社会层面的因素，个体层面的因素包括童年经历、知识和教育、人格和自我构念（self-construction）、控制感、价值观、责任感、认知偏差、地方依恋、年龄和性别等；社会层面的因素包括宗教、城乡差异、社会规范、社会阶层、离受污染环境的距离及其他民族和种族变量等[112]。虽然影响亲环境行为的因素很多，但是在实际干预中，大多是通过改变个体内部价值观和自我认同来间接影响亲环境行为，或是利用外部信息或环境直接影响亲环境行为。对于前者，上一节介绍了培育低碳理念和价值观的可行方法，这一节主要介绍如何利用外部信息或环境直接促进低碳行为。

利用外在因素直接影响亲环境行为一般有两种方式：利用环境本身影响亲环境行为，以及构筑社会规范来提升亲环境行为。

1. 改善外部环境

本部分所指的外部环境既包含个体所处的近端环境（即群体和社会组织），也包含个体所处的远端环境（生态环境、政治环境、经济环境等）。对于近端环境，个体所处的社会群体会对个体行为产生不可忽视的作用。基于社会认同理论（Social Identity Theory），个体所处群体的内群体规范（Ingroup Norms）是与保护环境有关的，群体成员就更可能做出亲环境行为，反之则会阻碍整个群体成员的亲环境行为。

从公共管理视角出发，在提升亲环境行为中政府及有关部门需要重视社群规范的影响力，发挥社会组织作用。例如加大对环保社会组织的引导和支持，扩展环保社会组织联盟范围，加强联盟统筹管理，推动环保社会组织提供更加规范化、制度化、法制化、科学化的环保公益性服务，提升社会组织参与现代环境治理的能力和水平。此外，还要发挥社区的作用，利用社区宣传和改善社区环境等方式引导居民自觉履行环境保护责任，力戒奢侈浪费，从绿色消费、绿色出行、垃圾分类等多个方面践行简约适度、绿色低碳、文明健康的生活理念和生活方式。

在远端环境上，既可以利用低碳制度体系、低碳经济和低碳技术改变居民的物质生活，也可以通过改善生态环境来提高居民亲环境行为。关于制度建设、技术创新和经济发展的内容已在本章第二节进行介绍，本节将重点介绍外部生态环境对居民亲环境行为的影响。

自然环境如政治环境和经济环境一样也会对居民的亲环境行为产生影响，已有研究表明自然接触会增加亲环境行为。但并非所有的自然环境都会对亲环境行为产生积极作用。当前全球都处于自然资源相对短缺的状态，目前全人类需要相当于 1.6 个地球来提供人类所需要的资源，而到本世纪 30 年代，人类将需要两个地球的资源（资料来源：https：//www.footprintnetwork.org）。我国的资源现状更是不容乐观，我国以占世界 9%的耕地、6%的水资源、4%的森林、1.8%的石油、0.7%的天然气、不足 9%的铁矿石、不足 5%的铜矿和不足 2%的铝土矿，养活着占世界 22%的人口。

生命史理论（life history theory）描述了个体在面临有限资源分配时的策略选择[113]。该理论认为在关乎生存和繁衍的各种生命活动中如何有效地分配时间、资源和能量，是地球上每一个有机体都必须面临的最基本的挑战。个体在面对资源短缺会有两种分配策略，即快策略和慢策略。快策略重视繁衍数量的增加，指向当下的繁殖投入，忽视长期后果更注重当下利益；而慢策略更加注重繁衍质量的提高，指向未来的生存投入，更关注未来收益，会通过长期计划，如延迟满足行为，使未来有更多收益。简言之，快策略更关注短期利益，为获得即时的利益而不顾长期的影响；慢策略则通过长期计划和延迟满足来增加未来收益。与快策略不同，亲环境行为是一种指向未来的行为，即个体需要为了子孙后代的长远福祉牺牲眼前的利益。也就是说，为了提升亲环境行为，应当促使个体在面对资源短缺时更多选择慢策略。

根据生命史理论，环境的严酷性和不稳定性是影响个体生命史策略的两个关键因素。资源短缺是环境严酷性的重要指标，而环境不稳定性（Environmental Unpredictability）反映了环境资源改变的不可预测性。众多研究表明，环境不稳定性会促使个体更多选择快策略，降低亲环境行为。因此在资源短缺已经成为既定现实且难以短时间改变的条件下，通过技术创新和新闻宣传等手段提升自然灾害等突发事件的预测精度，改善生态环境以提高环境的稳定性，是提升亲环境行为的可行策略。

简言之，可以通过改善外部环境来推动全民践行亲环境行为，改善外部环境一方面可以发挥社区和社群的作用，树立低碳内群体规范，引导居民践行低碳文化；另一方面可以通过健全低碳制度体系改善政治环境，通过发展低碳经济改善经济环境，通过提高环境稳定性等方式改善生态环境，以此提升居民亲环境行为。

2. 构筑社会规范

社会规范被称为行为改变的"圣杯"，大量研究验证了积极的社会规范可以提升亲环境行为的影响，并基于社会规范设计和开展了大量的亲环境行为干预项目。本章第一节在低碳文化内涵中的低碳习俗部分介绍了规范焦点理论所区分的两种社会规范：描述性规范（强调大多数人的行为现状或趋势，例如"大部分人都在节约用电"）和指令性规范（强调应该做什么或不应该做什么，如"请节约用水"）。

描述性规范与指令性规范主要有以下三点区别：①在社会规范的含义上，描述性规范是社会规范的"实然"层面，指令性规范是社会规范的"应然"层面；②在成分上，描述性规范只展现了大多数人的行为现状，并不包含对这一行为现状的社会评价，而指令性规范则具有社会评价成分，强调哪些行为是社会支持或反对的；③在作用方式上，描述性规范只是简单告知大多数人的行为方式，个体由于认知懒惰或认知负荷会基于启发式加工认为大多数人都在做的事情就是有意义的事情，从而模仿这一行为，而指令性规范一般是通过暗含的社会惩罚来规定行为方式，即个体如果做出违规行为就可能会面临社会惩罚，但描述性规范一般不涉及对违规行为的社会惩罚。

相较于指令性规范，展现多数人行为现状或趋势的描述性规范由于不含有明显的社会评价成分，同时也不涉及责任归属，而是直接针对实际行为，可以更好规避个体的低环境效能感（认为自己的环保努力没有什么影响）或低环境责任感（例如认为环境问题应该由政府出力）所带来的负面影响，因此常被西方环保组织和社区工作者用于宣传和社区干预低碳行为方案。例如，美国 OPOWER 公司通过在用电报告中告知居民自家的用电量及社区平均用电量（反映了当地在用电上的描述性规范），降低了居民 2%的耗电量，其效果相当于通过政策提高 20%的用电价格（见图 7-3）[114]。罗伯特·B·西奥迪尼通过在电视台投放强调"大多数人都在进行垃圾回收"的公益广告将居民的回收行为提高了 25.35%[115]。

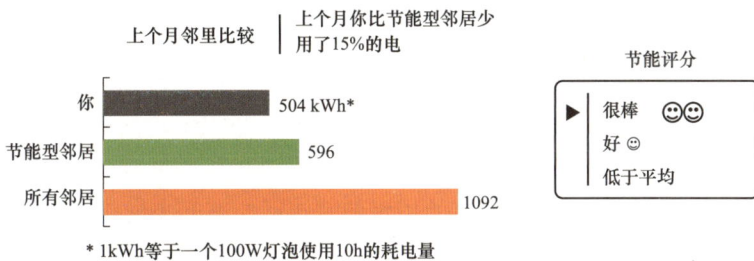

图 7-3　美国 OPOWER 公司的用电报告示例

这一部分将介绍一些成功利用描述性规范提升亲环境行为的宣传和教育示例，与本章第二节宣传教育部分不同，这一部分主要专注于介绍有关描述性规范的宣传教育手段，同时其落脚点也不在于低碳理念和价值观的培育，而是直接关注低碳行为的提升。

（1）描述性规范设计原则。描述性规范的设计一般有两个关键要素：

第一个关键要素是描述性规范的呈现方式，可以选择概括性地呈现行为现状（例如西奥迪尼在垃圾分类广告中强调的信息），也可以使用数字或图表呈现具体的数据或指标（例如美国 OPOWER 公司所使用的平均用电量信息）。后者相对前者更加具有针对性，但在使用时可能导致本身低碳行为水平较高的居民出现回旋效应，即那些自身实际行为水平优于平均线的居民向平均线靠拢，从而导致亲环境行为减少。此外，当行为现状不支持低碳文化时（即大多数人并未展现某一低碳行为），可以使用动态描述性规范（Dynamic Descriptive Norms），即行为趋势作为替代，例如"有越来越多的人在节约用电"。

第二个关键要素是参照群体的选择，参照群体会影响描述性规范能否有效促进亲环境行为。例如当描述性规范为同一街区邻居的平均用水量时，描述性规范相比控制组能更多地降低居民的用水量，但是当描述性规范变为居住地市民的平均用水量时，其与控制组就不再有显著差异[116]。类似地，相比未提供他人用电量的控制组，参照群体为同条街上的邻居时最能降低居民的用电量，参照群体为同一村的邻居时次之，参照群体为隔壁邻居时效应最小[117]。简言之，参照群体既要是目标个体的内群体，同时其群体规模也不能过大或过小，群体规模过大可能会让个体感受不到规范压力，过小又会让个体低估行为的流行程度。

（2）描述性规范干预示例。下面将区分行为领域，分别展现一些基于描述性规范成功促进节约行为、垃圾分类和绿色消费的研究示例，并对其经验进行总结。

1）节约行为。在节水或节电行为的干预项目中，最常使用的描述性规范是参照群体的平均用水量或用电量，最常见的参照群体就是家庭规模类似（即都是独居或成年人同居，亦或是有孩子的家庭等）并住在同一社区或街区的邻居。

舒尔茨等人根据参照群体的平均用电量将居民分为两类：用电量高于平均值的高用电家庭，用电量低于平均值的低用电家庭。他们通过在居民门上粘贴一周的用电量报告来提供相应信息。描述性规范组在告知居民自家用电量的同时还呈现邻居们的平均用电量，并附有省电贴士；在描述性规范和指令性规范混合组中，若居民用电高于平均用电量，则贴有哭脸表情，若低于平均用电量则增加笑脸表情。结果发现，对于用电量高于平均水平的居民，描述性规范可以显著降低他们的用电量；对于用电量低于平均水平的居民，描述性规范则会导致回旋效应，即提升这部分居民的用电量，而指令性规范的加入可以避免回旋效应，但依然不能降低这部分居民的用电量（见图 7-4）[118]。舒尔茨等人将这一信息干预方法应用到了节水行为中，同样发现通过提供邻区相似家庭的用水量可以显著降低高用水家庭的用水量，但对初始用水量就较低的家庭来说没有影响[119]。

为了规避平均数形式的回旋效应，有些研究者采用了直接的描述性规范表述来取代平均数的形式。诺兰等在门把手上悬挂节能提示，告知居民哪些行为可以有效降低用电量，在描述性规范组的宣传材料上同时印有描述性规范信息，如"77% 的居民在夏天更多使用电扇而非空调"或者"99% 的居民随手关灯"，比例和对应行为根据前期调查获得。相比于传统宣传中常使用的信息（即告知居民节电可以保护环境或居民节电是他们的社会责任），描述性规范更能够降低居民的用电量[120]。

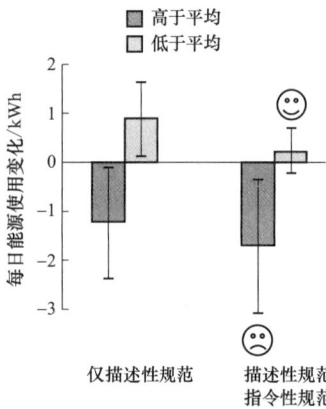

图 7-4 舒尔茨等人使用描述性规范干预节能行为的研究结果

需要说明的是，促进居民亲环境行为的并不是参照信息本身，而是这一信息背后所反映的描述性规范。有研究同样提供了他人的用水量和用电量作为参照，但并未凸显这一数据是大多数人的资源使用情况（即在呈现数据时只告知居民这是"相似住户的用水量和用电量"，而非强调该数据是"这一社区或邻居们的平均用水量和用电量"），结果发现，只提供比较信息并不能显著降低居民的用水量和用电量[121]。该结果说明并不是所有基于比较的信息反馈都能够促进亲环境行为，只有那些能够突出描述性规范的比较和反馈才更有效果。

2）垃圾分类。舒瓦茨最早检验了描述性规范对垃圾分类的影响，他在住户门把手上悬挂宣传材料，然后观察并记录居民是否分类投放、每户可回收垃圾桶中垃圾的数量以及桶中是否有非可回收垃圾。相比于只告知分类知识和分类好处，描述性规范信息（向居民提供其相邻区域当周、上一周和累计的各种垃圾投放数量）可以显著提高居民的可回收垃圾分类行为，这一效应在干预结束后的 4 周仍然存在（见图 7-5）[122]。

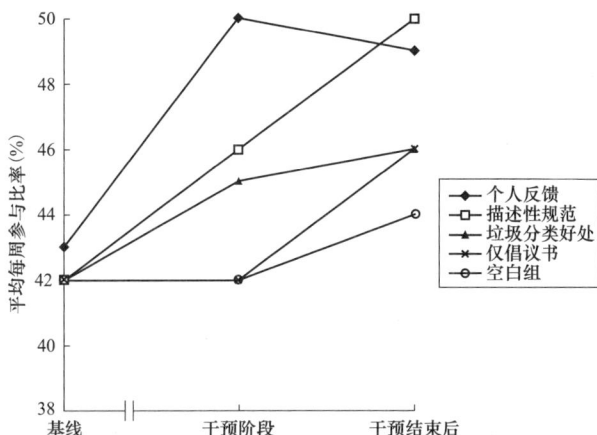

图 7-5　舒瓦茨使用描述性规范干预垃圾分类的研究结果

　　除了对可回收垃圾进行分类外，也有研究者关注了厨余垃圾的分类行为，相比于可回收垃圾，厨余垃圾更不卫生，分类难度也因此更高，但描述性规范的作用能够跨越这一难度。例如，通过向居民寄送两次呈现描述性规范信息的明信片（告诉居民其所在街道对厨余垃圾进行单独分类的家庭比例以及这个区域参与厨余垃圾分类的平均比例），可以让更多居民对厨余垃圾进行单独分类，相比于未提供信息的控制组，干预增加了 2.8%的厨余垃圾分类参与率[123]。

　　3）绿色消费。研究者在自助咖啡机旁边张贴描述性规范信息（"越来越多的顾客改变了自己的行为，开始使用可重复利用的杯子，如自带杯子或付押金使用瓷杯"），结果发现这一标识可以显著降低一次性纸杯的销量，同时显著提高瓷杯的使用数量[124]。

　　综上，描述性规范被大量研究证实可以有效提升居民的低碳行为，但是在实际操作中要注意描述性规范的设计方式、参照群体的选择等内容。通过构筑有效的社会规范，一方面可以直接提升居民的实际亲环境行为，推动全民行动体系的建立；另一方面也有助于低碳习俗的养成，特别是对于展现多数人行为现状的描述性规范还有利于形成一种人人都在爱护环境的氛围，这种氛围会加速低碳文化的形成和普及，这又会进一步推动公众的低碳行为，从而达到一种良性循环。

二、行业层面——发挥重点行业引领作用

　　建设低碳文化不能仅依靠政府和民众的力量，各行业需要加快自身低碳转型，充分发挥行业协会的桥梁纽带和引领作用，构建低碳行业规范，强化行业自律和诚信建设，推动将先进绿色生产理念和管理模式引入到企业中，带领全行业践行低碳文化。

　　特别是对于能源、交通、钢铁、建筑这些重点行业，本身作为碳排放量"大户"，一方面要加快自身向智能化绿色化转型，另一方面也要制定低碳行业规范和技术标准等，规范企业的生产经营行为，创新碳管理手段，并加强对重点企业的碳排放督查。以能源行业

为例，一方面要加速建构清洁低碳安全高效的能源体系，有序减量替代，推进煤炭消费转型升级，推动火电布局调整和结构优化，推进存量煤电节能改造、供热改造，构建新能源占比逐渐提高的新型电力系统；另一方面要树立行业规范，创新管理手段，对各能源企业的碳排放进行监督检查；同时还会要发挥自身引领作用，将践行低碳文化的风尚渗透到其他行业中，例如能源行业通过供给端能源结构的调整以支持交通行业优化调整运输结构，推进工业、交通、建筑、农业农村等领域电气化水平，实施"以电代煤""以电代油"。本书第八章将会详细介绍各典型行业的碳管理方法。

三、企业层面——提升低碳生产行为和员工参与

企业作为国民经济的细胞，行业引领作用的发挥离不开各企业对低碳文化的积极践行。企业层面践行低碳文化要做到"知行合一"，即一方面要将低碳文化融入自身的企业文化，另一方面要在生产经营各环节中主动履行企业环境社会责任，提升低碳生产行为和员工的工作场所低碳行为。

1．"知"——塑造企业低碳文化

本章第二节从宏观层面概括性地呈现了一般低碳文化的培育方法，本部分将详细介绍塑造企业低碳文化的可行策略。

企业文化是指企业生产经营实践中形成的一种基本精神和凝聚力，以及企业全体员工共有的价值观念和行为准则。企业文化一方面会影响和引导员工的思想和行为，另一方面还会指导企业整体的价值取向和影响企业的发展战略。因此，推动企业践行低碳文化首先要将低碳文化融入企业文化中。企业文化在精神层面建设的途径主要包含企业目标设计、企业价值观设计和企业经营理念设计[125]。

（1）企业目标设计。在企业目标设计中应该摒弃经济利益最大化的单一经济目标模式，而是将节能减排、可持续发展、绿色经营等低碳文化建设目标一同作为企业目标，建立多目标体系（见图7-6）。

低碳文化建设目标和企业经济目标并非是对立的两种目标，元分析（meta-analysis）表明，企业环境绩效（Corporate Environmental Performance，CEP）和企业财务绩效（Corporate Financial Performance，CFP）存在着普遍的正相关关系[126]。这也就是说，企业可以在践行低碳文化，保护生态环境的同时提升经济效益，不断发展壮大。

图 7-6　企业目标设计低碳化发展

（2）企业价值观设计。企业价值观，又称作企业共同价值观，是企业经营管理者和员工群体所认可的。塑造低碳企业文化需要将低碳价值观注入企业价值观，在企业发展和员工行为上都做到以低碳为荣、高碳为耻。特别是，在塑造企业低碳价值观时，对低碳的认同不能仅停留在管理层，需要让全体员工意识到企业低碳发展的重要性，通过社会化、培训和宣传等方式帮助员工树立低碳价值观。只有员工对于企业的使命和价值观具有相同的看法，建立起来的低碳企业文化才是一种强文化（strong culture），如果员工的看法不同，

那么低碳企业文化就只能是一种弱文化（weak culture）。强文化相比弱文化更能影响员工的行为，也会带来更高的凝聚力、忠诚和组织承诺。

（3）企业经营理念设计。企业经营理念是企业为实现最高目标而确定的企业经营宗旨、经营发展原则和经营思路等。在设置低碳目标和培育低碳价值观外，企业还需要将低碳发展作为一种经营理念，意识到自身所担负的环境社会责任，不断探索创新绿色发展商业模式，并积极参与生态价值理念和生态文化传播，例如在确保安全的前提下，企业可以通过设立企业开放日、建设教育体验场所、开设环保课堂、开展生态文明公益活动等形式展现自身的绿色经营理念和生产经营环节，向公众提供生态文明宣传教育服务，发挥企业在社会治理体系中的重要作用。

2．"行"——增强企业低碳实践

在意识到自身承担的环境社会责任后，企业还需要主动履行自身责任，将低碳文化建设落到实处。企业低碳实践包含企业低碳制度建设和员工行为规范建设。

（1）企业低碳制度建设。建立与低碳文化相关的企业制度可以支撑低碳理念和价值观的顺利贯彻。企业低碳文化制度有助于在企业内部形成一种低碳规范，同时还对企业生产经营和员工行为起到约束和督促的作用，为低碳文化建设护航。企业在制度建设中要做到新旧融合，一方面企业应考虑有关低碳方面制度与现有企业制度是否融洽，找出矛盾之处进行改善，另一方面通过制度创新、开发更能有效激励员工低碳行为的制度体系来实现企业内部低碳转型。

企业制度建设主要包括工作制度和责任制度。对于工作制度，在设计与生产相关的制度时，企业应确保在产品研发、原料采购、产品生产、营销推广等各生产经营环节落实低碳实践。在产品研发环节，企业应加强对低碳技术的研究和低碳产品的开发，让产品从生产到使用乃至回收的整个生命周期内能源消耗低、符合环境保护要求、不产生环境污染或使污染最小化。在原材料采购环节，企业在购买和使用所需要的原材料、部件、产品及服务时关注环境影响，如材料的可回收性和可降解性、材料生产单位的企业环境效益等，将环境考量引入并整合到供应链管理和物流管理过程中，以审计和评价供应商对环境的影响，建立绿色采购系统等相关业务流程和运输、仓储、装卸、包装等环节中的绿色物流。原料采购环节低碳行动的落实还有助于将低碳文化辐射到其他企业。在产品生产环节，企业提升智能化和电气化水平，尽量使用绿电进行经营生产，选用高效节能、少废甚至无废的工艺和设备，对物料进行内部循环利用，减少生产过程中产生的碳排放和污染物排放。最后，在营销环节，企业在营销理念中渗入低碳营销的观念，在产品宣传中将低能耗、低污染、低排放等作为营销点，在售后服务方面要进一步加强服务质量，保证产品能够在节能减排的前提下尽可能地延长使用周期，鼓励消费者循环使用某些产品。

而在设计与经营有关的制度时，企业可进行绿色人力资源管理（Green Hum-an Resource Management）。绿色人力资源管理是为实现组织低碳目标而采用的一套人力资源管理方式，将绿色理念融入员工招聘、选拔和入职、培训、绩效管理、奖励、保留和离职等人力资源的各环节中，具体包括绿色培训开发、绿色授权与参与、绿色绩效薪酬等内容模块。研究表明绿色人力资源管理可以有效促进员工亲环境行为，绿色培训是其中效果最为显著的。绿色培训通常旨在提高员工的环保意识、环保知识和他们在工作场所开展环保行动的能力[127]。

除了工作制度外，企业还要建立低碳责任制度，将保证低碳目标实现的各项任务、措施、指标层层分解，落实到每个部门、每名员工身上，并进行严格考核。在考核过程中，应根据企业特点、员工特点和工作任务特点采用合适的激励方式，鼓励低碳行为，惩罚高碳行为，以此让制度真正落到实处。

（2）员工行为规范建设。员工行为规范是所有员工在长期共同工作过程中自发形成的一些共同的行为特点和行为习惯。为促使员工低碳行为规范的建立，企业应有意识地倡导和推行低碳行为标准，鼓励员工的工作场所亲环境行为。

工作场所亲环境行为（Pro-environmental Behavior at Work），也被称作员工亲环境行为（Employee Green Behavior），是指员工在工作场所自愿进行的与环境可持续性有关并有利于环境可持续性的活动和行为[128]，可以分为任务相关亲环境行为（Task-related Pro-environmental Behavior）和主动性亲环境行为（Proactive Pro-environmental Behavior）。任务相关亲环境行为是指员工以环保的方式完成他们必需的工作任务，主动性亲环境行为则是员工主动从事超出了他们所要求的工作任务范围的亲环境行为。

与居民的亲环境行为一样，诸多因素都会影响员工亲环境行为，这里主要介绍组织层面的变量，以从企业视角探索提升员工亲环境行为的可行策略。管理者经常充当"企业"和"员工"之间的纽带，因此在促进员工亲环境行为、推动企业践行低碳文化上至关重要。环境变革型领导（Environmental Transformational Leadership）可以营造低碳工作氛围，塑造员工的低碳信念，从而增加员工亲环境行为。环境变革型领导是变革型领导力风格的一种表现形式，其领导行为的内容主要集中在鼓励环保举措上[129]。除领导风格外，领导者对员工亲环境行为的鼓励和其自身有关低碳的示范行为也有助于提升员工亲环境行为[128]。

除了来自管理者的影响，企业的低碳文化、企业内部有关低碳的制度规范和感知到企业对环境的支持也会增加员工的亲环境行为。有关这些内容的建设方法已在之前介绍过。此外，相比仅通过宣传的方式向员工灌输低碳理念，让员工能够参与到企业的环境管理，并对企业的环境管理提出意见时更能切实提升员工的亲环境行为。在那些与低碳文化直接相关的因素之外，组织支持也有益于增加员工的工作场所亲环境行为。组织支持（Organizational Support）是指员工感受到的组织重视他们的贡献并关心他们福利的程度[130]。当员工感受到组织对他们的支持程度越高时，他们越可能在工作场所展现出亲环境行为[131]。

简言之领导风格、组织内部的低碳文化和规范，以及组织对员工的尊重和支持都有助于提升员工在工作场所的低碳行为，伴随这些行为在越来越多员工中流行并长期坚持，企业内部就会形成一种低碳员工行为规范，从员工层面持续推动企业的低碳文化实践。

综上，企业一方面需要进行企业精神文明建设，将低碳理念和低碳价值观融入自身企业文化中，另一方面需要加强低碳制度建设和提升员工的亲环境行为，将低碳文化落实到行动中。

综合本节内容，践行低碳文化既需要在社会层面提升居民的亲环境行为，构建生态环境治理全民行动体系，也需要在行业层面发挥重点行业引领作用，并在企业层面切实提升企业及其员工的低碳实践。

在社会层面，亲环境行为是那些能够降低环境伤害和改善环境质量的行为，在个体内可以通过培育低碳理念和价值观提升亲环境行为，也可以利用外在因素干预亲环境行为。通过外在因素提升亲环境行为一般有利用环境本身和构筑社会规范两种方式。利用环境本身促进亲环境行为可以在近端环境中发挥社区和社群的作用，树立低碳内群体规范；也可以在远端环境中通过健全低碳制度体系改善政治环境，通过发展低碳经济改善经济环境，通过提高环境稳定性等方式改善生态环境。社会规范是指那些被社会成员所理解并可以指导和限制社会行为的非正式规范。规范焦点理论将社会规范分为描述性规范和指令性规范，前者展现了某一行为的典型性，即描述了社会中的多数所展现的行为，而后者则反映社会群体对某一行为是赞成还是反对。描述性规范由于不含有指令性规范中明显的社会评价成分常被用于宣传和社区干预方案，构建积极合理的描述性规范可以有效提升居民的亲环境行为。在设计描述性规范时需要注意信息的呈现方式和参照群体的选择。

在提升企业低碳实践中一方面要将低碳理念和低碳价值观融入企业文化建设，另一方面要加强低碳制度建设和提升员工的亲环境行为。企业低碳文化建设可以从企业目标设计、企业价值观设计和企业经营理念设计三方面入手；企业低碳制度建设包括对工作制度和责任制度的建设；提升员工亲环境行为可以通过采用环境变革型的领导风格，通过领导的示范行为和组织支持等方式。

本章知识结构图

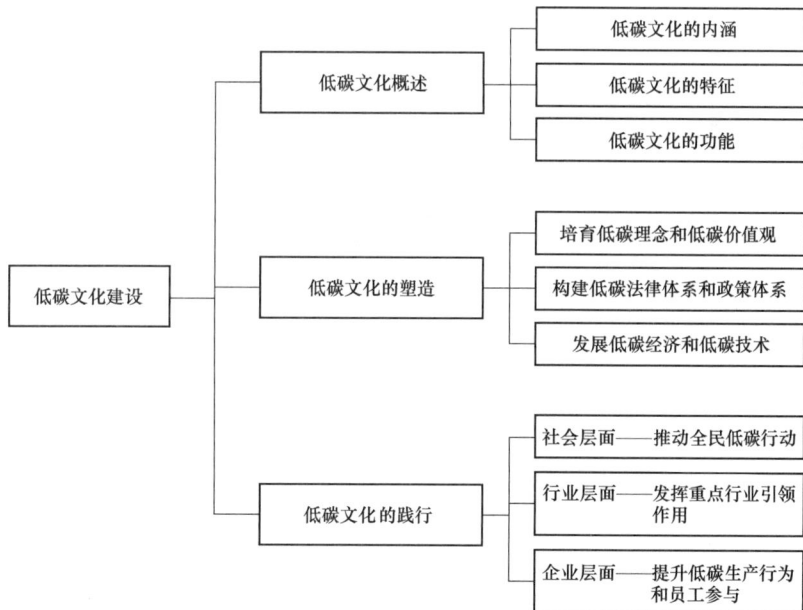

思 考 题

1. 狭义和广义的低碳文化分别包含哪些成分？
2. 简述低碳文化的特征和功能。

3．可以从哪三个层次塑造低碳文化？

4．阐述培育低碳理念和低碳价值观的可行途径。

5．什么是亲环境行为？

6．如何利用外部环境推动居民的亲环境行为？

7．描述性规范和指令性规范的区别是什么？

8．在使用描述性规范提升亲环境行为时应该注意哪些方面？

9．阐述塑造企业低碳文化的可行方式。

10．阐述增强企业低碳实践的可行方式。

第八章 典型行业的碳管理

不同行业具有不同的能源消耗及碳排放结构,结合行业特点进行碳管理是碳管理中的重要一环。其中以典型行业为代表,研究典型行业的碳管理,是实施碳管理的重要实践依据和经验借鉴。本章选取能源行业、交通行业、钢铁行业及建筑行业四个碳排放的典型行业,从行业碳排放来源、行业碳排放发展趋势、行业碳排放治理手段三方面介绍行业碳管理的流程、方法、现状与路径。

第一节 能源行业碳管理

受经济模式和能源结构影响,能源行业在我国乃至全球一直是碳排放的重要来源。本节主要从能源行业的碳排放来源、碳排放发展趋势及能源行业碳排放治理手段等三个方面介绍能源行业碳管理内容。

一、能源行业碳排放的主要来源

1. 能源消费结构以及碳排放现状

近年来,随着我国全面深化改革、推进经济高质量发展,能源消费增速明显放缓,据统计,2014~2020 年,我国能源消费年均增长 1.16 亿 t 标准煤、二氧化碳排放年均增长 0.94 亿 t,远低于 2002~2013 年的水平(能源年均消费增长 2.18 亿 t 标准煤和二氧化碳排放年均增长 4.77 亿 t);能源结构持续优化,煤炭消费占比由 2011 年的 70.2%下降至 2020 年的 56.8%,非化石能源的消费占比由 8.4%上升至 15.9%,特别是天然气、核电、水电、风电、光伏发电等清洁能源消费占比快速提高。此外,新增单位能源消费的二氧化碳排放也在大幅下降,2002~2013 年,年平均每吨标准煤产生二氧化碳 2.18t,在 2014~2020 年,年均每吨标准煤产生二氧化碳量降低至 0.81t。

根据中电传媒能源情报研究中心 2016~2020 年发布的《中国能源大数据报告》,近年来我国一次能源消费中煤炭和石油占比约 80%,二者是二氧化碳的主要排放源。具体来看,2021 年,我国一次能源消费总量 524000 万 t 标准煤中,煤炭约占 56%,同比下降 0.8 个百分点;石油约占 18.5%,同比下降 0.4 个百分点;天然气约占 8.9%,提高 0.5 个百分点;一次电力及其他能源(水能、核能、风能等)占能源总量比例约为 16.6%,同比提高 0.7 个百分点。可以看出能源消费正走向清洁化。

为了测算每种能源带来的碳排放量,可以根据 IPCC 清单方法,用能源的消费量乘以该种能源的碳排放系数,得出该种能源的二氧化碳排放量。不同能源品种的碳排放系数见

表 8-1。

表 8-1 不同能源品种的碳排放系数

能源种类	碳排放系数	能源种类	碳排放系数
原煤	0.7718	柴油	0.5912
洗精煤	0.7437	燃料油	0.6176
其他洗煤	0.7437	石脑油	0.5854
型煤	0.9823	润滑油	0.5854
煤矸石	0.9823	石蜡	0.5854
焦炭	0.8611	溶剂油	0.5854
焦炉煤气	0.3975	石油沥青	0.6439
高炉煤气	0.3512	石油焦	0.8049
转炉煤气	0.3512	液化石油气	0.5034
其他煤气	0.3512	炼厂干气	0.5327
其他焦化产品	0.8635	其他石油制品	0.5854
原油	0.5877	天然气	0.4484
汽油	0.5532	液化天然气	0.4484
煤油	0.5737	其他能源	0.3751

注　1. 能源的碳排放系数采用 IPCC 碳排放计算指南缺省值。

　　2. 原始数据以 J 为单位，为与统计数据单位一致，将能量单位转化为标准煤，转化系数为 1t 标准煤等于 29.27GJ。

根据 IEA 测算，我国与能源相关的二氧化碳排放量从 2015 年的 90.9 亿 t 增长到 2021 年的约 107 亿 t，增势迅速。

能源行业即以能源为主体，从事能源开采、能源加工转化等活动的行业。具体分类见图 8-1。

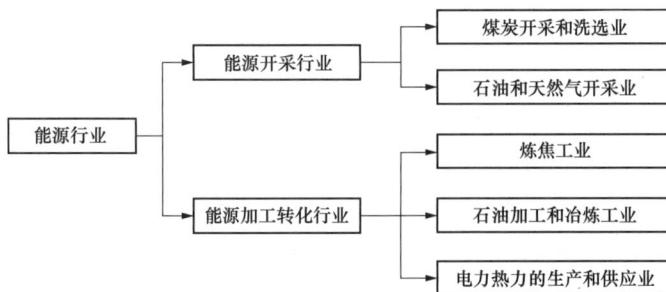

图 8-1　能源行业分类

2. 能源开采行业的碳排放来源

能源开采中的碳排放问题，是影响我国能源生产革命和能源经济绿色转型能否有效实现的关键问题。据 2018 年我国《经济和社会发展统计公报》显示，能源开采业是我国六个最高的能源密集型产业之一。能源开采行业的碳排放主要来源于在提取、运输、精炼能源矿物的过程中消耗大量能源带来的碳排放。我国以煤炭、石油和天然气为主要代表的能源矿物开采量在一次性能源生产中占据的比重达 90%以上，其所产生的碳排放量在 36 个工业部门中分别排在第五和第十位[132]。能源开采行业主要有煤炭开采和洗选业，以及石油和天然气开采业。

（1）煤炭开采和洗选业碳排放来源。煤炭开采和洗选业（Coal Mining and Coal Washing Industry）指从事对各种煤炭的开采、洗选、分级等生产活动，但并不从事煤制品的生产和煤炭勘探活动的行业，其主要产品包括烟煤（焦煤、1/3 焦煤、肥煤、气肥煤、气煤、贫瘦煤、瘦煤、中粘煤）和无烟煤。根据《低碳发展蓝皮书：中国碳中和发展报告（2022）》，从能源供应品种看，煤炭的二氧化碳排放量最高，超 80%以上，2019 年首次下降到 80%以下，为 79.6%。

煤炭开采洗选业对碳排放具有结构效应，煤炭开采洗选业的碳排放占能源行业碳排放很大比例，主要是由于煤炭采选中的大量能源消耗[133]。煤炭开采和洗选业的碳排放主要来自煤炭开采过程，即由井工或露天煤矿开采出原煤，并经洗选成为煤炭产品的过程[134]。煤炭开发过程中会消耗大量的原煤、油、气及电力、热力等能源，原煤、油、气等一次能源的燃烧会带来大量的碳排放，电力、热力等二次能源的生产过程中也会消耗大量能源从而带来碳排放。而煤炭洗选业的碳排放在整个煤炭开采洗选业占比较少，主要来自对原煤洗选过程中的电力、燃料消耗，此外煤炭洗选业可以降低部分碳排放，这是因为原煤经过洗选后，有效提高了燃煤效率和能源利用效率。

（2）石油和天然气开采业的碳排放来源。石油和天然气开采业（Oil and Natural Gas Extraction Industry）是指从事石油（包括天然石油、油页岩等）和天然气开采的行业，由油气田地质勘探、油气田开发和石油、天然气开采等行业构成。作为传统化石能源，石油和天然气是碳排放大户。国际能源署（IEA）统计数据显示，2019 年全球二氧化碳排放量为 330 亿 t，主要源于煤、石油和天然气等一次能源的使用，其中石油和天然气的碳排放量达到 182 亿 t，占比 55%。根据《低碳发展蓝皮书：中国碳中和发展报告（2022）》，石油是第二大碳排放源，而作为清洁能源中的天然气，碳排放量也在上升，2019 年占比已超 5.8%。

石油和天然气开采业的碳排放在油气田开发建设过程中的两个时期——开发建设期和油气生产期均有可能发生。开发建设期中，碳排放产生的原因是钻井过程可能产生的无组织工艺废气，主要包括柴油机燃烧产生的烟气和个别情况下井喷事故排放；油气生产期碳排放主要来源是供热设施燃烧的烟气，包括火炬燃烧烟气、无组织工艺废气、设备泄漏、储罐损失、装卸损失、采样过程损失、升停工、检维修过程泄漏等。美国国家环境保护局根据工艺流程、基础布站设施以及相关数据统计，发现石油及天然气开采、集输及处理过程中较易发生泄漏，或潜在泄漏量较大的排放源有储罐压、缩机、气动阀、气动泵、设备泄漏及逸散排放。此外，从来源看，在油气产业链上游，海上油田贡献了约 80%的二氧化碳排放，主要是燃烧石油和天然气带来的，而超过 90%的陆上油田已通过电网来为采油设备供电，采油操作本身只会在供暖部分排放少量二氧化碳。

3. 能源加工转换行业的碳排放来源

能源加工转换行业是指为了特定的用途，将一种能源（一般为一次能源），经过一定的工艺，加工或转换成另外一种能源（二次能源，如热力、电力等）的行业。主要包括炼焦工业、石油加工和冶炼工业、电力和热力的生产及供应业等。各行业碳排放来源如下：

（1）炼焦工业。炼焦工业（Coking Industry）是指以煤为原料，经过高温干馏生产焦炭，同时获得煤气、煤焦油，并回收其他化工产品的工业。炼焦工业的碳排放主要发生在炼焦过程中的能源消耗及能源转换过程中的能源浪费。炼焦过程中的能源消耗指的是对煤炭、电力、热力等能源的消耗。能源转换过程中的能源浪费主要为废热浪费，如原料气、烟道气体、焦炭热和炉膛散热等，还有人为因素操作不合理带来的能源浪费。

炼焦的工艺主要有化产回收型炼焦生产工艺和热回收型炼焦生产工艺两种。其中碳排放水平较高的是热回收型炼焦生产工艺。热回收炼焦工艺的碳排放源主要为烟气中的 CO_2，占碳输入比例达 20%左右，除固定在焦炭产品中的碳以及废水排放中的微量碳外，其余的碳全部在碳化室中被氧化为 CO_2。但是热回收炼焦工艺也可以利用高温烟气余热发电，间接抵消一部分碳排放。

（2）石油加工和冶炼工业。石油加工和冶炼工业（Oil processing and Smelting Industry）是把原油通过石油炼制过程加工为各种石油产品的工业，包括石油炼厂、石油炼制的研究和设计机构等。石油炼厂中的主要生产装置通常有原油蒸馏（常、减压蒸馏）、热裂化、催化裂化、加氢裂化、石油焦化、催化重整以及炼厂气加工、石油产品精制等。石油加工和冶炼工业以原油资源为原料，经过炼制主要生产各种规格和标准的汽油、喷气燃料、煤油、柴油、航空煤油、燃料油、焦炭、石油蜡、石油沥青、石油焦、润滑油等石油产品以及下游化工原料，用户消耗燃料会产生大量的二氧化碳。作为主要交通能源的供应者，我国炼油行业的原油加工量持续增长。近 5 年，成品油产量和消费趋于稳定，增长的原油消费主要用于快速增长的石化原料需求。

石油加工和冶炼工业的碳排放来源主要是原油加工能耗、能源供应等方面。炼厂需要消耗能源，包括使用炼制过程的副产品作燃料，以及外购天然气、煤炭、电力、蒸汽，将炼制过程中的脱碳转为燃料，炼厂消耗的这些能源直接或间接产生碳排放。另外，在石油炼制过程中，通常用含碳能源（例如煤、烃）与蒸汽反应制氢，制氢产生碳排放；炼厂外购水及其他物质，也在一定程度上间接产生碳排放。2019 年，我国石油炼油行业因加工原油而排放二氧化碳约 1.7 亿 t，占总排放量的约 1.65%；因供应汽、煤、柴油及副产液化石油气、燃料油，间接产生二氧化碳约 12.77 亿 t，占总排放量的约 12.45%[135]。

（3）电力和热力的生产及供应业。电力和热力的生产及供应业（Electricity and Heat Production and Supply Industry）分为电力生产及供应业和热力生产及供应业。电力生产包括火力发电、热电联产、水力发电、核力发电、风力发电、太阳能发电、生物质能发电、其他电力生产如利用地热、潮汐能、温差能、波浪能及其他未列明的能源的发电活动等；电力供应指利用电网出售给用户电能的输送与分配活动，以及供电局的供电活动。热力生产和供应是指利用煤炭、油、燃气等能源，通过锅炉等装置生产蒸汽和热水，或外购蒸汽、热水进行供应销售、供热设施的维护和管理的活动，包括利用地热和温泉供应销售的活动。

电力和热力生产行业是碳排放一大重要来源。据 IEA 统计，全球电力和热力生产行业贡献了 42%的二氧化碳排放。我国的电力和热力生产行业碳排放占比更大，达 51.4%，工业、交通运输业分别贡献 27.9%、9.7%。我国碳排放来自电热、工业的占比相比全球更高。其中，电力生产和供应业（统称电力行业），目前是我国碳排放的主要来源，贡献了 45% 的二氧化碳排放量，居所有行业之首。电力行业的碳排放来源主要是由于电力生产中的能源消耗，这与发电方式有关。受我国多煤、少油、少气的能源禀赋影响，火力发电目前仍旧是最常见的发电方式，而火力发电的碳排放强度极高，是主要的碳排放源头。在火力发电机组生产运行中，化石燃料燃烧、脱硫等关键环节都会产生大量二氧化碳。热力生产和供应业的碳排放来源可分为直接碳排放和间接碳排放。热力生产和供应业中的二氧化碳直接排放是指其供热时，工业锅炉等固定设施消耗的各种化石燃料在燃烧过程中排放的二氧化碳，二氧化碳间接排放是指热力生产和供应企业固定设施本身在建造和使用等过程中隐含的二氧化碳排放。

二、能源行业碳排放的发展趋势

1. 碳排放总量大幅降低

从宏观角度出发，能源行业碳排放总量降低是国家的必然要求。我国在《巴黎协定》框架下提出应对气候变化的国际承诺：到 2030 年单位 GDP 的二氧化碳强度比 2005 年下降 60%～65%，2030 年前后二氧化碳排放达到峰值的目标。该目标已经纳入国内能源革命战略。能源行业作为碳排放的一大巨头，势必会极力响应国家号召，大幅降低碳排放。综合多方面观点，我国能源建设要着力于：推动太阳能多元化利用，全面协调推进风电开发，推进水电绿色发展，安全有序发展核电，因地制宜发展生物质能、地热能和海洋能，全面提升可再生能源利用率，提高天然气生产能力。形成一个多元主体、多能互补的清洁的能源供应体系。

从行业角度出发，未来能源结构清洁化转型势必会推动能源行业碳排放大幅降低。首先是因为能源结构是能源行业碳排放的重要影响因素，转变能源结构是降低碳排放的有力途径，其次是能源清洁化转型是未来的发展趋势，这两个原因决定了未来能源行业碳排放一定会大幅度降低。

能源结构是能源行业碳排放的重要影响因素。从本章第一节中可以看到，不同能源的碳排放强度系数不同，煤炭、石油等能源的碳排放强度明显高于天然气等，此外，清洁能源和可再生能源几乎不产生碳排放，由此看出，能源结构与碳排放程度关系匪浅。在能源消费量相同的情况下，能源结构低碳化发展不同，则二氧化碳达峰的峰值和年份都不同。世界经济论坛 2021 年发布的《推动能源系统有效转型》报告指出，全球能源转型正朝着积极的方向发展，我国应将能源转型深度纳入社会经济发展和政治建设过程。

能源清洁化转型是未来的发展趋势。我国目前能源结构正向清洁低碳化转型，且转型已经取得部分成绩。在能源清洁化消费方面，根据《中国能源大数据报告 2022》，2021 年煤炭消费量占能源消费总量的 56%，比上年下降 0.9 个百分点。天然气、水电、核电、风电、太阳能发电等清洁能源消费量占能源消费总量的 25.5%，较上年上升 1.2 个百分点，比 2012 年提高了约 11 个百分点。《能源生产和消费革命战略（2016～2030）》和中国工程院《推动能源生产和消费革命战略研究》也设定了中国能源结构发展目标，即 2030 年和 2050 年煤炭、油气和非化石能源消费比例达到 5:3:2 和 4:3:3。在清洁可再生能源发展方面：开发利用规模稳居世界第一，发电装机实现快速增长，截至 2022 年，我国水电、风电、光伏发电、生物质发电装机规模稳居世界第一。利用水平持续提升，去年我国可再生能源发电量达 2.2 万亿 kWh，占全社会用电量的 29.5%，较 2012 年增长 9.5 个百分点，有力支撑我国非化石能源占一次能源消费比重达 15.9%。技术装备水平大幅提升，为可再生能源发展注入澎湃动能。我国已形成较为完备的可再生能源技术产业体系，包括水电领域具备全球最大的百万千瓦水轮机组自主设计制造能力，低风速风电技术位居世界前列，光伏发电技术快速迭代，多次刷新电池转换效率世界纪录等，低风速、抗台风、超高塔架、超高海拔风电技术位居世界前列。2020 年，我国可再生能源开发利用规模达到 6.8 亿 t 标准煤，相当于替代煤炭近 10 亿 t，减少二氧化碳排放量约达 17.9 亿 t。2021 年 10 月底，我国可再生能源发电累计装机容量达到 10.02 亿 kW，占全国发电总装机容量的比重达到 43.5%。

可以看出未来能源供给将由能耗高、碳排放强度大的传统能源向可再生能源发展，风电光伏、水电核电占比会稳步提高，与之相关的能源行业的碳排放强度会显著降低，能源供给走向清洁化。总的来说，我国能源供给体系将逐步转化为高效、清洁、多元和安全的现代化能源供给体系。结合前文能源品种与碳排放的关系表，不难推测出未来能源行业的碳排放总量将大幅降低。图 8-2（数据来源：国网能源研究院有限公司能源战略与规划研究所）展望了我国到 2060 年一次能源消费结构与规模。

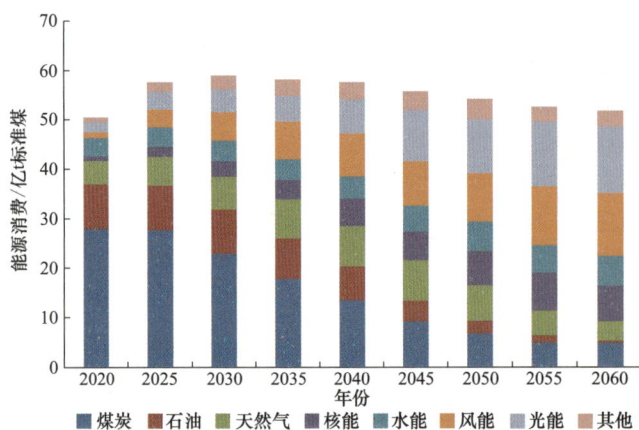

图 8-2 我国 2020～2060 年一次能源消费规模

2. 能源行业碳效率不断提高

碳效率指的是在既定碳排放水平下纳入行业生产力水平的高低，是反映碳排放表现的一种工具。未来能源行业的碳效率将显著提高。这是因为碳交易行为对碳排放效率有显著的提升作用，而未来碳交易发展将越来越完善。关于碳交易的概念在前文已有详细介绍，在此不再赘述。有研究显示，碳交易市场启动对碳排放效率有一定的提升作用，参与我国碳交易试点的地区的碳排放效率排名均保持不变或有所上升，这可能是因为建设碳排放权交易市场一方面实现了外部环境成本的市场化发展，为外部成本内部化创造了基础条件，另一方面通过排放主体之间排放权益的市场化流转，将能自动发现低成本的减碳方案和路径。从企业层面来说，碳排放权交易市场将碳排放成本内部化为企业生产成本，高能效企业相对低能效同行企业获得更多竞争优势，将鼓励企业通过技术改造升级以实现节能减排。从产业结构层面来说，引入碳排放权交易市场后，高耗能产业因能耗高而需承担更多碳排放成本，相对其他产业的竞争劣势更为凸显，将推动产业结构向低能耗、高附加值方向优化升级，从而提高了碳效率。

未来碳排放权交易覆盖范围将逐步扩大，从发电行业起步，将逐步扩展覆盖更多行业。这将会提高化石能源机组综合供给成本，推动经济社会低碳化发展和节能业务增长。为实现碳达峰、碳中和需求，未来能源行业碳排放权交易一定会蓬勃发展，能源行业的碳效率也将进一步提高。

三、能源行业碳排放的治理手段

1. 宏观视角下的能源行业碳治理

从宏观角度，能源行业碳治理要有以下几个思路：能源供给清洁化，能源消费电气化，能源利用高效化，发展负碳技术推动碳减排，更新能源基础设施以做好基础保障。

（1）能源供给清洁化。要实现能源结构低碳化转型，需科学制定能源结构低碳转型路线，推动能源供给清洁化。具体思路为减煤、稳油、增气和大力发展新能源。减煤是指减少煤炭利用量，削减煤炭在工业领域的使用规模，降低煤炭在一次能源及终端能源消费中的使用比重，合理控制煤炭消费增长，有序淘汰煤电落后产能，在重点用煤行业实行减煤限煤措施，提高煤炭清洁利用率等。稳油是指稳定石油生产和消费，保持在合理区间，逐步调整成品油消费规模；增气是指提高天然气供给，有序引导天然气消费，大力推进天然气分布式能源的发展，稳步推进天然气清洁能源发电项目建设，优化利用结构，推动天然气与多种能源融合发展，诸如在负荷较为集中的地区，建设大型高效燃气蒸汽联合循环调峰电站等，实现天然气利用规模倍增，使其成为替代煤炭的重要能源；大力发展新能源，包括发展风电、光伏发电、光热发电、生物质能、地热能以及各类海洋能等。

（2）能源消费电气化。能源消费电气化要推动电能替代，以电能替代一次能源在终端的消费，包括以电代煤、以电代油、以电代气。电能替代也是有效减少碳排放的手段：一是火电厂的热效率高于散烧煤的热效率；二是大力发展新能源，绿电比重越来越高。增加绿电比重，可以显著提高电能替代的减排效果。

（3）能源利用高效化。能源利用高效化指的是要提高能源的利用效率，降低能源碳排放强度。能源利用高效化可以有效降低碳排放。首先要进行产业结构的优化调整，这是提高能源利用效率的基本途径。目前我国产业结构呈现出"二三一"的模式，第二产业集中了大部分能源消费，单位能耗较高。发展整体耗能相对较低的第三产业，对于缓解我国当前能源与环境制约具有重要作用。其次要推动自主创新与技术进步，发展高附加值、低能耗的高新技术产业，这是提高能源利用效率的关键所在。

（4）发展负碳技术推动碳减排。负碳技术是未来推动能源行业碳减排的重要抓手，这是由于虽然清洁能源会部分替代化石燃料，但是即使在1.5℃路径下，2050年我国的能源结构中依然会有25%～30%为化石燃料。对于这部分燃料燃烧产生的碳排放，需要利用负碳技术处理，其中最典型的是二氧化碳捕获、利用与封存技术（Carbon Capture，Utilization and Storage，CCUS）。

CCUS技术包括CO_2的捕集、输送、利用、封存四个环节，通过CCUS技术可以将二氧化碳从工业过程、能源利用或大气中分离出来，直接加以利用或注入地层，从而实现二氧化碳永久减排。CCUS具体技术种类与发展现状在第五章已有详细介绍，在此不再赘述，本节重点讲述CCUS技术在降低能源行业碳排放方面的主要作用。受我国能源结构影响，彻底放弃化石能源的使用十分困难，作为碳排放的巨大来源，能源行业面临降碳的技术压力及碳配额责任下的碳交易经济压力。CCUS技术，不仅可以解决化石能源利用中的碳排放问题，降低二氧化碳排放，有效缓解能源行业的减碳压力，还可以将二氧化碳资源化，从而产生经济效益。CCUS技术可以使化石能源与新能源实现竞合关系，通过化石能源+CCUS技术与新能源互补，为经济社会发展、能源安全和"双碳"目标实现提供支撑。可以说，CCUS技术是未来能源行业降低碳排放的重要手段之一。

CCUS作为一种负碳技术，可以支撑大规模温室气体减排的完成，是我国践行低碳发展战略的重要技术选择，对能源行业的碳减排也有重要作用。目前CCUS技术在石油、化工、煤炭等能源行业都有了工程实践，但目前还面临较大的技术瓶颈及效益难题。为了推动CCUS技术的发展，需要构建面向碳中和目标的CCUS技术体系，超前部署第二代CCUS技术研发项目，推动第二代技术成本和能耗显著下降，早日具备第二代捕集技术商业化应用能力。推进CCUS全链条集成示范及商业化应用进程，优先部署海底封存示范项目，开展CCUS在工业领域应用示范，补齐CCUS技术环节示范短板。加快CCUS技术管网规划布局和集群基础设施建设等。

（5）更新能源基础设施以做好基础保障。基础设施更新与建设是能源部门减排的现实支撑及关键环节之一。现阶段，我国能源基础设施无法良好支撑电力系统改革。《中共中央关于制定国民经济和社会发展第十四个五年规划和二〇三五年远景目标的建议》中提出要"系统布局新型基础设施"及"建设智慧能源系统"，将能源电力行业作为"新基建"中融合基础设施建设的重点领域之一。"电力新基建"作为以新一代信息通信技术为基础，以数字化技术和互联网理念为驱动，面向智慧能源发展需要的基础设施体系，是推动能源革命、实现能源电力行业数字转型、智能升级与融合创新转型的重要手段。

1）要建设电力物联网，推动能源技术与信息通信技术体系融合。通过能源流、信息流与业务流的深度融合，为"电力新基建"的实施提供数据基础、算力支撑与平台支持。

2）建设智慧能源系统运行控制云平台，推动能源生产供应清洁化与智能化。依托电力物联网打造智慧能源系统运行控制云平台，可以提高电力系统对可再生能源的接纳能力。一方面，建设电网规划、运行状态监测等子平台，提供更安全、智能的输配电服务，满足集中式清洁能源大规模、远距离传输需求，以及分布式清洁能源规模化、经济化发展的需要；另一方面，建设源—网—荷—储优化调度子平台，依托广泛布置的感知装置与边缘控制装置实现电力系统的状态全面感知与智能化运行，改善能源生产和供应模式，提高清洁能源比重。

3）建设智慧能源综合服务云平台，推动能效提升与能源服务升级。将云计算、大数据等先进技术应用于海量用能数据的融合、分析与管理，提高能源综合利用效率。

4）建设能源互联网生态圈，推动平台经济与共享经济发展。依照"平台+生态"思路，开展互惠共赢能源互联网生态圈建设，使数据服务于"发—输—配—售—用"各环节的企业、用户以及上下游的设备制造商、互联网公司、政府部门、科研院所等主体，形成数字化的能源新生态。通过建设开放共享的数字化技术平台，打通各主体间服务流、信息流、资金流，实现各主体间的数据共享与业务互动，有效提升资源要素配置效率，为能源电力系统的转型升级和能源互联网的发展创造良好平台。

2. 行业视角下的能源行业碳治理

（1）能源开采行业碳治理。为了在能源开采行业进行碳治理，要推进开采行业清洁生产，不断完善煤炭、石油、天然气清洁生产机制。对煤炭采选业而言，要推进清洁生产科技创新和模式创新，推动清洁生产技术装备产业化，根据不同煤矿特点，体现差异化，分类型、分区域，因地制宜推广充填开采、保水开采、煤与瓦斯共采、矸石不升井等绿色开采技术。加强煤炭开采行业碳排放研究，开展煤炭开采行业碳排放研究试点，探索煤炭行业源头和利用过程的碳减排研究工作。鼓励煤炭开采行业引入第三方清洁生产服务机构，全过程开展环境排查工作，提供咨询、审核、评价、认证、设计、改造等"一站式"综合服务，提高行业清洁生产发展的潜力。对石油和天然气采选行业而言，要重点解决海上油田排放问题，其中能效提高是一个重要抓手，也是技术成熟度与资源可用性最高的方式。具体措施有改进设备和流程设计、采用节能设备及采用海底电缆供电等。

（2）能源加工转化行业碳治理。能源加工转化行业也是能源行业碳减排的一个重要对象。为了实现碳减排，要提高能源加工转化效率，促进能源结构的低碳转型。

1）快速发展煤炭洗选加工技术。煤炭洗选加工技术可以通过对原煤脱硫等技术处理，有效降低原煤生产综合能耗，减少碳排放，是节能减碳的一大帮手，要快速发展煤炭洗选加工技术，如千万吨级湿法全重介选煤技术、大型复合干法和块煤干法分选技术、细粒级煤炭资源的高效分选技术、大型井下选煤排矸技术和新一代空气重介干法选煤技术。

2）油气行业实现节能降耗。油气行业减碳不可一刀切，要保证石油的保底需求和大力发展天然气。首先还要继续加大油气勘探开发力度，提高油气供应，降低油气对外依存度，其次在油气生产转化过程中企业内部要优化自身能源利用结构，大力实施清洁替代和能源的清洁化利用，提高电气化水平。

3）电力行业。电力行业是能源领域的重点减排对象，通过电能替代方式承接其他行业的用能以及碳排放转移。电力行业减排路径主要有：提高清洁能源发电占比、提高电力系统灵活性、推进能源系统市场化改革、提升电网输配能力、优化电力储能技术、加强需求侧管理与响应等。2021年3月15日，中央财经委员会第九次会议提出要构建清洁低碳安全高效的能源体系，构建以新能源为主体的新型电力系统，为能源电力领域发展指明了方向。未来电力系统发展趋势为电源侧清洁化、电网侧智能化、用户侧电气化：①电源侧要提高可再生能源（包括风能、太阳能、生物质能）与核能的发电比例，使新能源在电源结构中占主导地位；②电网侧要打造坚强、智能电网，发挥电网消纳高比例新能源的核心枢纽作用，提高电网智能调度水平，引导灵活性资源参与辅助服务，解决可再生能源波动性大带来的并网不稳定性、消纳困难等问题，减少由于电网接纳能力不足等导致的弃风、弃光问题等；③用户侧要提高终端消费电气化水平，加快电能替代，以电力行业后达峰推动其他用能行业先达峰，降低总体碳排水平。

此外，电力行业减排的重点举措还有研发启用先进的能源技术，其中要重点发挥 CCUS 技术，降低 CCUS 技术成本，提高 CCUS 技术经济性，扩大应用范围及规模。还应引入数字化和 5G 等先进技术，突破可再生能源并网技术，不断降低可再生能源发电成本，构建智能电网，构建安全、清洁、高效、智能、灵活的电力系统。

第二节 交通行业碳管理

交通行业也是我国碳排放的重点来源之一，其中最主要的来源是交通运输行业。本节主要从交通行业碳排放来源、发展趋势及减碳手段等三方面介绍交通行业碳管理内容。

一、交通行业碳排放的主要来源

交通运输行业主要有公路、铁路、水路以及航空四种运输方式，因此交通运输行业可以具体分为公路运输、水路运输、铁路运输、航空运输等几个行业。目前我国交通运输行业以高耗能的公路运输为主，公路运输在客运量和货运量中的占比分别达到了 71% 和 74%，公路运输的能源消耗占比达到了 75%，导致公路的碳排放占整个交通运输系统的 74%，是交通运输行业最主要的碳排放来源。其中重型货车的排放量最大，占公路运输碳排放总量的 54%。

1. 公路运输

公路运输（Highway Transportation）是在公路上运送旅客和货物的运输方式，是交通运输系统的组成部分之一，主要承担短途客货运输。现代所用运输工具主要是汽车，因此，公路运输一般即指汽车运输。我国公路运输发展规模庞大，2020 年年末全国公路总里程 519.81 万 km，比上年末增加 18.56 万 km。公路密度 54.15km/百平方千米，增加 1.94km/百平方千米。公路养护里程 514.40 万 km，占公路总里程 99.0%。

公路运输是交通行业主要碳排放来源之一，根据生态环境部发布的《中国移动源环境管理年报》（2020 年 8 月），在交通运输行业中，碳排放量最多的是道路交通（即公路交通），占比 84.1%；其次是水路运输，碳排放占比 8.5%；航空运输的二氧化碳排放量占比 6.1%；在铁路方面的运输占比是 1.2%；其他运输二氧化碳排放量占比是 0.1%。公路工程碳排放包括因车辆使用公路消耗燃料等能源而产生的汽车尾气、公路管理和养护消耗其他能源产生的温室气体，但是不包括车辆制造、燃料开采和加工等产生的温室气体。公路运输的碳排放主要来源于运营期交通车辆消耗燃料等能源排放的碳，而公路施工、运营管理养护的碳排放量则相对小得多。当前公路运输目前还是主要采用化石能源如石油和天然气作为一次能源，以内燃机作为主要的动力转化装置，消耗的石油与天然气会带来大量碳排放。

2. 水路运输

水路运输（Waterway Transportation）是以船舶为主要运输工具、以港口或港站为运输基地、以水域包括海洋、河流和湖泊为运输活动范围的一种运输方式。2020 年年末全国内河航道通航里程 12.77 万 km，比上年末增加 387km。等级航道里程 6.73 万 km，占总里程比重为 52.7%，提高 0.2 个百分点。三级及以上航道里程 1.44 万 km，占总里程比重为 11.3%，提高 0.4 个百分点。

水路运输具有环保性，从全球温室气体排放总量占比来看，水路运输的碳排放量仅占全球温室气体排放量的 3%左右，在一定程度上能够节约成本，降低碳排放量，实现交通运输的绿色可持续发展。水路的碳排放也主要来源于能源的消耗，但是相对公路来说少很多[136]。

从水路近些年来的发展来看，水路运输方式完全符合我国低碳经济发展的要求，水路运输对于能源的消耗较小，并且排放的废气量较少，具有节能的优点，通过调查分析可以得知，我国普通载货汽车的油耗量远高于水路运输的油耗量，同等距离下按照比例计算，普通载货汽车的油耗量是水路运输的 8 倍。水路的碳排放来源有港作机械和运输装备等，主要消耗的能源为石油、电能等，总体碳排放还是相对较少，水路运输排放占交通运输碳排放的 6.47%。

3. 铁路运输

铁路运输（Railway Transportation）是使用铁路列车运送旅客和货物的一种运输方式。在社会物质生产过程中起着重要作用，其特点是运送量大、速度快、成本较低，一般又不受气候条件限制，适合于大宗、笨重货物的长途运输。按我国铁路技术条件，现行的铁路货物运输种类分为整车、零担、集装箱三种。整车适于运输大宗货物；零担适于运输小批量的零星货物；集装箱适于运输精密、贵重、易损的货物。2020 年年末全国铁路营业里程 14.6 万 km，比上年末增长 5.3%，其中高铁营业里程 3.8 万 km。铁路复线率为 59.5%，电化率为 72.8%。全国铁路路网密度 152.3km/万平方千米，增加 6.8km/万平方千米。2020 年，国家铁路能源消耗折算标准煤 1548.83 万 t，比上年减少 85.94 万 t，同比下降 5.26%；2021 年，国家铁路能源消耗折算标准煤 1580.74 万 t，比上年增加 31.91 万 t，同比增长 2.06%。2020 年单位运输工作量综合能耗 4.39t 标准煤/百万换算吨千米，比上年增加 0.45t 标准煤/百万换算吨千米，同比增长 11.42%；2021 年，单位运输工作量综合能耗 4.07t 标准煤/百万换算吨千米，比上年减少 0.32t 标准煤/百万换算吨千米，同比下降 7.29%。

铁路运输的碳排放主要来自运输中铁路汽车的能源消耗，此外研究表明铁路行业运营期碳排放占全生命周期的 80%以上，其中牵引供电占 60%左右，非牵引供电占 40%左右[137]。

4. 航空运输

航空部门（Aviation Division）又称飞机运输部门，简称"空运"，它是在具有航空线路和飞机场的条件下，利用飞机作为运输工具进行货物运输的一种运输方式。航空运输过程中碳排放的产生，更多与飞行器的硬件尤其是发动机的构造与技术路线高度相关。航空运输业的碳排放主要有以下三大来源：

（1）飞机航空燃油燃烧，约占航空运输业总排放量的 79%。

（2）与飞机相关的地面排放约占航空运输业总排放量的 20%，其中包含飞机燃油的运输、飞机维修与回收，以及飞机服务配套地面交通。

（3）航空相关的用电量，其产生的碳排放量最小，间接产生小于 1%的碳排放。

可以看出，减少航空燃油燃烧产生的碳排放是减碳核心。另据 ICCT 2019 年的报告，按照不同飞行属性来分，客运航班占据航空运输碳排放量的比重最大，总计为 85%（其中窄体机经济舱位贡献 37%，宽体机经济舱位贡献 24%，除经济舱以外的高端舱位贡献 19%，支线航线贡献 5%），货运航班仅占 15%。

二、交通行业碳排放的发展趋势

1. 中短期交通行业碳排放总量占比持续提高

未来一段时期，由于我国国民经济和交通运输仍将保持快速增长的态势，交通和能源结构还未发生根本性转变，预计我国交通运输行业的碳排放总量和占比还会持续提高。随着清洁能源、生物质能、燃料电池、氢能等技术的突破与利用，交通行业清洁能源占比提高，交通行业碳排放增速会呈现缓和趋势。当前，我国交通运输行业主要采用化石能源如石油和天然气作为一次能源，以内燃机作为主要的动力转化装置，二者碳排放强度依旧较高。并且尽管为实现碳达峰、碳中和目标，二次能源的电动汽车在乘用车领域取得快速发展，但是在重型货车和船舶方面，柴油发动机由于具备油耗低和优良的动力性能，在相当长的时间内仍将是公路和水路交通运输的主要动力来源，因此短期内交通行业碳排放总量占比还会持续提高。

针对具体主体分析，短期内柴油机将进一步提升热效率，结合机内和机外技术同时降低二氧化碳和污染物的排放，汽油车将逐步被电动车替代，从效果来看，目前电动车替代城市公交和部分私家汽油乘用车进展顺利；裸机 50% 热效率的柴油机已经实现规模化应用，未来利用智能化热管理和混合动力技术，柴油机综合热效率还有望进一步大幅提升。结合先进高效的机内净化技术和后处理净化技术，未来柴油车吨千米碳排放有望大幅下降，污染物实现近零排放，并且相关技术目前已经基本成熟。

2. 中长期交通行业碳排放总量大幅下降

从技术角度看，中长期下交通行业减排目标是大力开发碳中和燃料绿色合成及应用技术，实现动力内燃机传统化石燃料部分乃至完全替代，从而实现碳排放总量的大幅下降。这一目标可行性较大：从目前成果来看，碳中和燃料绿色合成技术目前正在快速发展，如生物质制备生物乙醇和生物柴油技术已初步实现规模化应用。生物乙醇已广泛应用于替代传统汽油，约占全国汽油消费量的 20%。另一方面，使用绿氢和二氧化碳合成甲醇技术已经成熟并投入规模化示范应用，而使用甲醇的内燃机技术已经成熟。此外，使用氢和氨等零碳燃料的新型内燃机也快速发展，原理样机已开发成功，即将进行商业化示范运行。未来将进一步提高碳中和燃料使用的比例和范围，逐步取代传统化石燃料，这方面的相关技术已经逐步成熟。因此，在中长期可以实现大部分的清洁燃料替代和降碳技术，对燃油的依赖也可以大幅减少，因此可以实现新动力源对内燃机的演替（如氢燃料电池、电动货车、电动轮船）等，从而实现交通行业碳排放总量的大幅下降。

三、交通行业碳排放的治理手段

交通行业涉及公路、水路、航空、铁路等多方面，在进行碳排放治理时既要着力于各运输方法的减排技术突破，更要着眼于整个交通系统，进行整体协调优化减排。图 8-3 展示了交通行业碳排放管理的路径，下面将据此展开详细介绍。

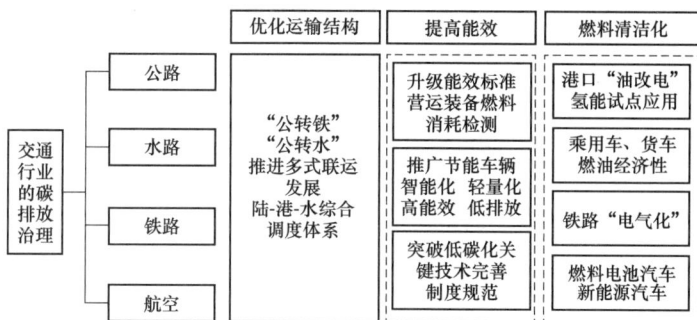

图 8-3 交通行业碳排放治理手段

1. 做好顶层设计，优化调整运输结构

降低交通领域碳排放不仅在于交通工具本身，还涉及交通行业的全产业链条，如交通设备的制造与维护、路线的维护运营、基础设施的建设与组织等，要做好交通工具自身的经济、绿色能源供给，以及交通基础设施的低碳建设、交通运输结构、交通运输组织管理优化等多个方面，此外，还包括跨省运输、跨区运输、水铁结合、公铁结合等通过复合运输来减碳的方式，对于燃料的认定也应做全生命周期的评价，不漏掉任何环节，这需要做好顶层设计，全面统筹规划。

本章已经指出，公路、铁路、水路以及航空四种运输方式的碳排放总量与碳排放强度差异明显。优化调整运输结构，可以提高交通利用效率，优化运输能耗结构，降低碳排放。要以"双碳"目标为中心，以国家方向为要求，提升基础设施，优化运输结构，完善运输组织模式，规范市场行为，全面提升大宗货物"公转铁""公转水"和集装箱多式联运发展水平，更好服务构建新发展格局，减少公路货车的运输量，提高铁路、水路基础设施的通达性、便利性，全面加快集疏港铁路项目建设进度，完善港区集疏港铁路与干线铁路及码头堆场的衔接，加快港区铁路装卸场站及配套设施建设。到2030年，全国沿海及内河主要港口的大宗散货港区、主要集装箱港区基本接入集疏港铁路。

深入推进多式联运发展，建立高效的陆—港—水综合调度体系。加快铁路物流基地、铁路集装箱办理站、港口物流枢纽、航空转运中心、快递物流园区等的规划建设和升级改造，开展多式联运枢纽建设。实行多式联运"一单制"，推进标准规则衔接，加快应用集装箱多式联运电子化统一单证。推动"铁—水""公—铁""公—水""空—陆"等联运发展，加快培育一批具有全球影响力的多式联运龙头企业。

全面提高工矿企业的绿色运输比例。加快煤炭、钢铁、电解铝、电力、焦化、汽车制造、水泥、建材等大型工矿企业的铁路专用线建设。新建及迁建大型工矿企业，原则上应同步规划建设铁路专用线、专用码头、封闭式皮带廊道等基础设施。鼓励和限制等多种手段并举，全面提高大宗货物铁路、水路、封闭式皮带廊道、新能源与清洁能源汽车的绿色运输比例。

2. 提升运输装备能效，推广应用低碳运输装备

提升运输装备能效是推动交通碳达峰、碳中和的重要举措，需聚焦完善能效标准、抓

好准入制度、加快淘汰老旧车船等工作。

我国交通行业未来一段时间内仍将依赖化石燃料，提高汽车内燃机排放标准可以有效降低交通行业碳排放强度，因此完善运输车辆能耗限值标准，建立车辆碳排放标准体系可以促进交通行业减碳。要建立营运装备燃料消耗检测体系并加强对检测的监督管理，采取经济补偿、严格超标排放监管、强化汽车检测与维护制度等方式，加速淘汰落后技术和高耗低效车辆。加强节能技术研发和应用，积极推广智能化、轻量化、高能效、低排放的营运车辆，推动车辆燃料消耗量限值和车辆碳排放标准升级。图 8-4 展示了汽车能效标准升级过程。

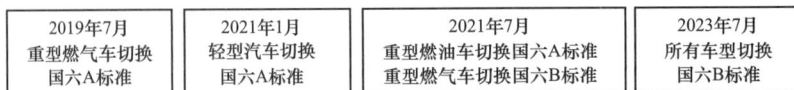

2019年7月 重型燃气车切换 国六A标准	2021年1月 轻型汽车切换 国六A标准	2021年7月 重型燃油车切换国六A标准 重型燃气车切换国六B标准	2023年7月 所有车型切换 国六B标准

图 8-4　汽车能效标准升级过程

推广应用低碳运输装备也是推动交通行业减碳的关键举措，应加快新能源运输装备研发、分场景适配应用。按照"先公共、后私人，先轻型、后重型，先短途、后长途，先局部，后全国"的思路，加快实施新能源全面替代。提速公务用车和城市公交车辆的电动化进程，推进货运领域示范应用纯电动、氢燃料电池车辆和电气化公路系统。完善高速公路服务区、港区、客运枢纽、物流园区、公交场站等区域的汽车充换电站、加气站、加氢站等配套设施建设，试点示范交通自洽能源系统建设。鼓励船舶使用岸电、混合动力等辅助能源，持续提升电力、太阳能、风能、潮汐能、地热能在港口生产作业中的使用比例。

持续支持重型装备低碳化关键技术研发突破，通过制度、标准、规范的完善来营造清洁能源装备应用的良好市场环境。采用财政与市场相结合的方式降低应用成本，改善充（换）电、加氢和维修保养配套服务。

3. 分主体推动技术减排，提高清洁燃料利用

针对公路、铁路、水路、航空等运输方式面临的不同困境，大力推动技术研发，突破技术壁垒，推动技术减排。在水路减碳中，推广清洁低碳的港作机械和运输装备，加大港口作业机械电气化改造力度，加强节能减碳技术研发，提升港口"油改电"作业机械的技术成熟度；鼓励港航企业进行氢能试点应用。加快港口储能技术研发推广，鼓励港口分布式发电项目安装储能设施，提升供电灵活性和稳定性，实现港口可再生能源发电"自发自用"，达到"自平衡"。 再如在公路减排中加快普及轻量化、小型化、动力总成升级优化等先进成熟技术，以极大降低乘用车新车平均油耗，大幅提升乘用车和载货汽车燃油经济性。还要加快普及新能源汽车，实现燃料替代[138]。

4. 加强能耗监测，鼓励绿色出行

加强能耗和碳排放统计监测考核。完善能耗和碳排放相关制度和标准，建立碳排放监测核算、报告、核查体系，使碳排放信息可测量、监测、统计以及核查。建立碳排放总量和强度控制制度和目标责任体系，定期开展碳排放考核评估，对碳排放较高的单位采取措施要求整改。

鼓励绿色出行是推动交通行业碳减排的最佳辅助措施，应进一步营造居民出行良好环

境，不断强化市场激励措施，引导居民低碳出行。深入实施公交优先发展战略，构建以城市轨道交通为骨干、以常规公交为主体的城市公共交通系统，因地制宜构建快速公交、微循环等城市公交服务系统。加强城市步行和自行车等慢行交通系统建设，合理配置停车设施，开展人行道净化行动，因地制宜建设自行车专用道，鼓励公众绿色出行。

第三节 钢铁行业碳管理

随着碳达峰时间的逐渐临近，在未来进一步开展针对钢铁行业的碳管理已刻不容缓。本节主要从钢铁行业中碳排放的来源、发展趋势及治理手段等三个方面介绍钢铁行业的碳管理内容。

一、钢铁行业碳排放的主要来源

钢铁生产过程中的碳排放主要有化石燃料燃烧排放、工业生产过程排放、外购使用的电力及热力所产生的排放、固碳产品隐含的碳排放四大类来源。这四种钢铁行业碳排放来源的占比情况如图 8-5 所示（数据来源：《中国钢铁工业节能低碳发展报告（2019）》）。接下来将对这四类钢铁行业的碳排放源进行详细的介绍。

1. 化石燃料燃烧排放

化石燃料燃烧排放。化石燃料燃烧排放指的是钢铁生产企业内固定源排放（如焦炉、烧结机、高炉、工业锅炉等固定燃烧设备），以及用于生产的移动源排放（如运输用车辆及厂内搬运设备等）所涉及的净消耗化石燃料燃烧产生的 CO_2 排放。由于钢铁生产过程的实质是将铁从矿石中还

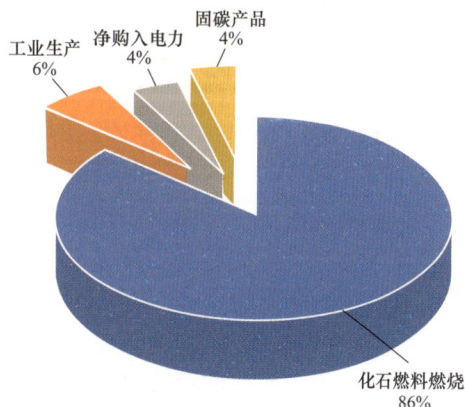

图 8-5　钢铁行业碳排放来源占比情况

原的过程，同时需要大量能源，因此燃料燃烧为钢铁行业碳排放最主要的来源，约占总排放量的 86%左右。

2. 工业生产过程中的排放

工业生产过程中的排放。工业生产过程中的排放指的是钢铁行业在烧结、球团、焦化、炼铁、炼钢、轧钢等工序中由其他外购含碳原料（如电极、生铁、铁合金、废钢等）和熔剂的分解及氧化产生的 CO_2 排放，该过程的碳排放约占总排放量的 6%左右。

3. 净购入使用的电力产生的排放

钢铁企业净购入使用的电力产生的排放指的是企业消费的净购入电力所对应的电力生产环节产生的二氧化碳。由于一般的钢铁厂均自带发电功能，其自发电比例可达 80%左右，外购电量比例不大，因此净购入使用的电力所产生的排放一般只占总排放量的 4%左右。

4. 固碳产品隐含的排放

钢铁生产过程中有少部分碳固化在生铁、粗钢等外销产品中，还有一小部分碳固化在

以副产煤气为原料生产的固碳产品中。这部分固化在产品中的碳所对应的二氧化碳排放应予以扣除，该部分的碳排放约占总排放量的 4%左右[139]。

目前我国钢铁行业碳减排面临的挑战主要来源于四个方面，分别是：钢铁行业总产量高，行业集中度偏低、生产工艺落后、钢铁行业低碳标准体系不健全、钢铁行业降碳成本高昂。

（1）钢铁行业集中度严重偏低。我国作为全球最大产钢国，钢铁行业集中度却长期不足 40%，远低于韩国（95.6%）、日本（86.5%）和美国（51.9%）。大量分散的中小型钢铁企业无法实现集聚经济效应和资源合理配置，导致市场同质化和无序竞争、原材料采购议价能力弱、低水平产能过大以及低碳技术和生产工艺难以创新应用，钢铁行业脱碳进程趋于停滞。

（2）生产工艺落后，废钢比过低限制降碳空间。钢铁生产的碳排放比例与钢企生产工艺流程密切相关。

1）传统生产工艺结构导致能源结构高碳化。目前，以铁矿石为原料、焦炭和煤炭为燃料的传统"高炉炼铁－转炉炼钢"长流程冶炼工艺仍占绝对主导地位，在此流程中化石燃料消耗占钢铁企业一次能源 90%以上，吨钢碳排放量在 2.1t CO_2，远高于以电弧炉为主的短流程炼钢工艺吨钢碳排放量（0.9t CO_2）。

2）废钢应用率低限制降碳空间。一方面，我国转炉加入废钢比例过低仅为 20%，与全球 35%～45%的平均废钢比差距较大，难以降低冶炼过程碳排量。另一方面，以废钢为生产原料的短流程电炉炼钢占比过低。与铁矿石相比，用废钢生产 1t 钢可减少 1.6t CO_2 和 3t 固体废物排放，能够显著降低碳排放量。但因废钢积蓄量低且电价水平相对较高，电炉短流程炼钢工艺结构占比仅为 10.4%，远低于欧盟 41%和美国 70%的应用比例。

（3）钢铁行业低碳标准体系不健全，低碳关键核心技术支撑能力不足。我国钢铁行业现有低碳标准体系及低碳技术储备难以支撑行业低碳发展需求。

1）仍未建立完善适合钢铁行业特点的低碳标准体系。如碳排放管理、低碳创新技术、钢材碳足迹等碳减排标准严重缺失，钢铁行业脱碳行动缺乏指导规范和制度支撑，不利于钢铁行业低碳发展。

2）钢铁行业突破性低碳技术储备及创新动力仍显不足。我国钢铁行业近零排放技术研发起步晚且创新能力弱，如氢能冶金、生物质冶金、熔融还原、碳捕获与存储等关键技术仍处于设计研发探索阶段，受技术制约、成本较高等因素影响尚未实现工业化和规模化应用。并且，钢企低碳技术水平差距较大。大型钢铁企业基本掌握低碳技术并已完成超低排放改造，但中小型钢铁企业普遍存在生产技术简单、自主创新能力弱等问题，加之革命性的近零排放技术研发具有资金投入大、周期长、风险高等特点，也制约小规模钢企研发积极性。

（4）钢铁行业降碳成本高昂，碳减排资金缺口巨大。在碳排放强度硬约束下，钢铁企业在购买碳排放配额、超低排放改造、低碳技术研发及环保设备升级等方面需要投入巨额资金来实现降碳目标。同时，钢铁行业低碳转型存在巨大资金缺口。据《中国长期低碳发展战略与转型路径研究》估算，我国钢铁行业为实现碳中和将滋生约 20 万亿元巨额投资，年均需投资 5000 亿元。但我国钢铁企业长期处于利润微薄的状态，自有资金难以支撑低碳转型升级，且绿色金融体系尚未成熟，难以承担弥补钢铁行业巨额降碳资金缺口的重任[140]。

二、钢铁行业碳排放的发展趋势

作为我国国民经济发展的重要支撑产业和高排放行业，钢铁工业应加快低碳转型，统筹谋划目标任务，科学制定低碳转型方案。这不仅是实现碳达峰、碳中和目标的重要方向，也是落实全球应对气候变化目标的重要途径。围绕目前我国钢铁行业碳减排面临的挑战，为了进一步的促进钢铁行业可持续性发展，建立清洁低碳安全高效的能源体系，进而实现我国碳达峰、碳中和的战略目标，需要从钢铁行业布局、生产方式、生产流程、产业生态、技术应用等方面，多管齐下地分析钢铁行业碳排放的发展趋势[141]。

1. 钢铁行业布局逐步实现绿色化，重点管控碳排放

（1）行业集中度将逐步提高。提升钢铁企业集中度，有利于增加铁矿石集中采购话语权、各钢材品种的定价权，提升国际市场的竞争力，提升钢铁行业盈利水平。

（2）钢铁新增产能产量将受到严格把控。严格执行《钢铁行业产能置换实施办法》，控制粗钢产能不增加，充分认识工信部提出的"粗钢产量同比下降"的重要意义，鼓励钢铁企业实施市场自律，主动压减产量，促进市场供需平衡。

（3）逐步推行绿色物流。运输带来的实际污染物排放占钢铁行业污染物总量的30%以上。升级非道路移动机械（车间内运输机械），提高机械排放标准（或直接进行电气化或新能源改造），减少厂内物料倒运距离。严格管理进出厂区运输车辆，尽快实现产区运输车辆电动化、近距离厂外运输电动化和远距离运输车辆非油化（电动汽车或氢燃料电池汽车）。重点推进公转铁、公转水、管道和管状带式输送机等清洁方式运输，减少公路运输。

2. 钢铁行业生产方式趋于清洁化，逐步推广绿色能源

（1）逐步推广使用绿色能源。利用太阳能、风能、氢能、地热能、潮汐能和生物质能等清洁能源，推广应用非化石能源替代技术、生物质能技术、储能技术等，进一步压缩传统能源电力使用比例。

（2）逐渐提高余热余能自发电率。未来在焦化厂将推广焦电一体化技术，在炼铁车间将推广余热发电技术，提高绿色能源占比。

（3）应用数字化、智能化技术。在能源产生（发电）、输送、利用等环节实现数字化智能化控制，减少能源损耗，提高利用效率。

3. 钢铁行业生产流程优化，促进低碳高效生产

（1）原燃料结构优化。原料包括烧结矿、球团矿、生矿，以及在特殊情况下用到的辅助熔剂（锰矿、萤石等），燃料包括焦炭、煤粉等喷吹物（欧美国家也使用重油、城市垃圾、塑料及天然气进行喷吹）。燃料的碱金属含量要控制在合理范围，原料的化学成分、机械强度和冶金性能要合理优化，保证高炉冶炼流程顺利、低碳运行。

（2）废钢资源回收利用。目前，我国钢铁企业的生产工艺如图8-6所示。

根据图8-6可知，以高炉-转炉长流程生产工艺为主，2020年，电炉钢产量仅占比10.4%（世界平均水平为30%左右，美国为70%）。扩大再生资源在工业原料中的占比（2020年，我国钢铁积蓄量达114亿t，废钢产生量为2.6亿t，预计2030年我国废钢资源产生量将达4亿t以上），有效减少初次生产过程中的碳排放（生产1t再生钢，碳排放可降低82%以上），适当布局城市周边钢厂，利用城市矿山，打造循环钢铁生态。到2025、2030年和2060年

努力实现再生钢铁资源冶炼占比分别达到35%、55%和75%左右的水平，逐渐实现产业生态闭环。

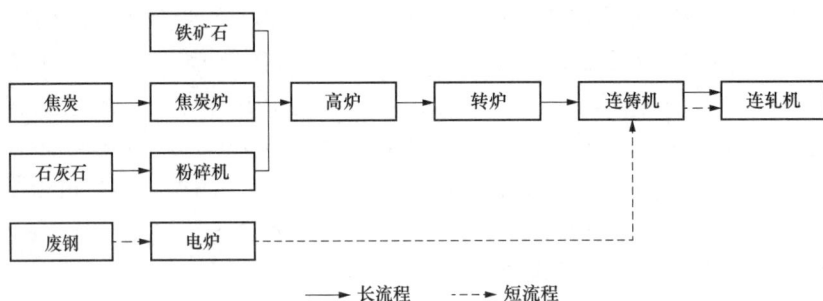

图8-6　钢铁企业长流程、短流程生产工艺对比

4. 钢铁产业生态形成绿色循环

（1）未来将对钢铁行业的区域能源进行整合。进行钢厂—电厂—城市区域能源整合工程，共享电能和热能，实现区域低碳排放；实现厂级、分厂级、车间级的三级能源消耗在线、实时监测和控制；实现工艺流程能源精细管理、低碳排放。

（2）钢铁行业中的固体废弃物将逐步得到资源化利用。我国钢铁工业每年固体废物产生量达5亿t（吨钢固废产生量约600kg）。应该加大对钢铁企业固废产生量的精确计量（行业协会重点统计钢铁固废企业只占1/5），加强固废利用数据统计和精细化管理，完善固废统计标准和技术评价体系，建立固废回收利用数据库和风险防控体系。加大资源综合利用技术、装备和产品标准的制修订工作，促进固废利用新技术的推广应用和技术进步。

（3）推动钢化联产。在条件适合的地区推广钢铁—化工联合生产模式，实现钢铁行业转型升级、低碳绿色发展。从高炉、转炉、焦炉尾气中提取分离一氧化碳气体，作为原料生产甲醇、甲酸、乙二醇等化工产品等。

5. 绿色低碳技术的应用面将得到进一步扩大

（1）推广氢冶炼技术。将氢气代替煤炭（粉）作为高炉的还原剂（吨钢消耗还原剂焦炭300kg、煤粉200kg），副产物只有水，减少冶炼过程二氧化碳排放（该技术减少钢铁生产过程中约20%的二氧化碳排放）。氢冶炼技术能耗低、污染小、成本低，冶炼过程中产生的大量高温可燃气体可二次利用，能够自发电。

（2）逐步推广氧气高炉技术。氧气高炉工艺是使用纯氧气代替热鼓风，与传统高炉相比，碳排放减少40%以上，产能提升40%，并能解决炉温不均衡等技术难题。目前，氧气高炉技术工业化应用处于探索阶段，需要逐步推广。

（3）大胆尝试碳捕捉技术。尝试MOF（Metal Organic Framework，金属有机骨架）新材料在碳捕捉领域的应用，尽快突破低成本碳捕捉技术，实现钢铁产业碳中和。

三、钢铁行业碳排放的治理手段

作为我国国民经济发展的重要支撑产业和高排放行业，钢铁工业应加快低碳转型，统筹谋划目标任务，科学制定低碳转型方案。这不仅是实现碳达峰、碳中和目标的重要方向，也是落实全球应对气候变化目标的重要途径[142]。要想实现钢铁行业碳排放的有效治理，必须严格执行产能置换，推进存量优化；推动钢铁企业兼并重组，优化生产力布局，以钢铁行业集中地区为重点，继续压减粗钢产能；深化能源供给侧结构性改革，促进钢铁行业结构优化和清洁能源替代，大力推进非高炉炼铁技术示范，提升废钢资源回收利用水平，推行全废钢电炉工艺；推广先进适用技术，深挖节能降碳潜力，鼓励钢化联产，探索开展氢冶金、二氧化碳捕集利用一体化等试点示范，推动低品位余热供暖发展。钢铁行业碳排放的治理手段如下。

1. 继续压减粗钢产能，推进兼并重组

我国工业和信息化部已明确要求，钢铁行业要围绕碳达峰、碳中和目标，继续压缩粗钢产能。"十三五"期间，我国压减粗钢产能总计超过 1.5 亿 t。"十四五"期间继续加快淘汰落后产能进程，坚决遏制违规新增产能。各地方政府营造跨地区重组的有利条件，尊重企业意愿，支持行业领军企业通过自主决议开展资源配置和兼并重组，努力争取在"十四五"期间钢铁行业兼并重组迈上新台阶。

2. 推进能源供给侧结构调整与绿色低碳工艺变革

提高清洁能源利用比例，促进能源供给侧结构清洁低碳化。加大钢铁企业外调绿电占比，充分利用新疆、青海等地绿电供应，为钢铁企业电气化提供保障。提升能效，包括余热余能利用、炉窑热效率提升、能源梯级利用等，例如，高炉冲渣水余热和空压机站余热经过换热站换出的低温热源用于供暖或作为生活热水。深入推进钢铁工业绿色低碳工艺改造，全面普及烧结烟气循环、机械化原料场，鼓励电弧炉短流程炼钢，提高电炉钢和废钢应用比例，布局电炉炼钢和低碳冶金技术。低碳冶金技术已成为世界钢铁工业公认的技术发展方向之一，氢冶金、非高炉炼铁、高炉喷吹氢气等低碳炼铁技术进入推广应用阶段。

3. 加快推进钢铁冶炼电能替代工作

近几年，我国钢铁行业在电能替代工作上取得了长足进步，在钢铁冶炼过程中的各场所上都开展了相关的技术攻关工作。

（1）在钢铁冶炼的用煤场所上，可避免采用炼铁工序，采用电炉直接冶炼废钢，可最大程度用电能替代煤类能源实现减碳；同时，不采用煤类能源炼铁，可通过电能替代进行微波加热高炉炼铁。

（2）在钢铁冶炼的用水场所，工序中用水主要是冷却、降尘和生活用，在可行情况下，可通过风冷代替水冷实现电能替代。

（3）在用气体的冶炼场所，压缩空气、氧气和氮气通常是通过消耗电能产生的，在冶金工序中氧气主要用于辅助燃烧和炼钢工序中氧化脱碳，而压缩空气和氮气主要用于气阀驱动和吹扫，在保证安全和响应速度情况下，可通过电动阀替代气动阀减少气体消耗实现电能替代。

（4）在钢铁冶炼过程中消耗燃油的场所上，燃油主要用于车辆运输消耗，而当今世界上电动汽车、卡车、工程车已经有较多应用，几乎可以实现 100%的电能替代。同时，近距离运输时采用电驱动皮带传输、管道传输等也能减少燃油车辆运输；靠港船舶还可通过推广使用岸电和电驱动货物装卸减少碳排放。

4. 开发应用固碳技术

根据国内外的研究结果，碳中和目标下我国 CO_2 捕集利用与封存（CCUS）技术的减排需求如表 8-2 所示：

表 8-2　　2025～2060 年钢铁行业 CCUS 二氧化碳减排需求潜力

年份	CO_2 需求减排量/（亿 t/年）	年份	CO_2 需求减排量/（亿 t/年）
2025	0.01	2040	0.2～0.3
2030	0.02～0.05	2050	0.5～0.7
2035	0.1～0.2	2060	0.9～1.1

注　数据来源于《中国二氧化碳捕集利用与封存（CCUS）年度报告（2021）——中国 CCUS 路径研究》。

由表 8-2 可知，我国钢铁行业中 CO_2 捕集利用与封存（CCUS）技术的减排需求在 2030年为 0.02 亿～0.05 亿 t，2050 年为 0.50 亿～0.70 亿 t，2060 年为 0.9 亿～1.1 亿 t。我国目前约有 40 个 CCUS 示范工程，主要为石油、煤化工和电力行业提供碳捕集和封存，且规模较小，碳捕集能力约为 300 万 t/a。国家能源集团鄂尔多斯碳捕集和封存（CCS）示范项目已成功开展了 10 万 t/a 规模的 CCS 全流程示范。中石油吉林油田提高石油采收率（EOR）项目是全球正在运行的 21 个大型 CCUS 项目中唯一中国项目，也是亚洲最大的 EOR 项目，累计已注入CO_2 超过 200 万 t。2019 年开始建设的国家能源集团国华锦界电厂 15 万 t/a 燃烧后 CO_2 捕集与封存工程将成为国内规模最大的燃煤电厂 CCUS 示范工程。中国石化齐鲁石化公司与胜利油田于 2021 年 7 月正式启动建设国内首例百万吨级 CCUS 项目。我国已完全具有建设规模较大的 CCUS 项目的技术和工程能力。根据中国 21 世纪议程管理中心等相关机构推算，对于碳排放，2030 年我国钢铁行业通过 CCUS 技术需要减排 0.02 亿～0.05 亿 t/a，2060 年需要减排 0.9亿～1.1 亿 t/a。我国钢铁厂的 CO_2 主要为中等浓度，可采用燃烧前和燃烧后捕集技术进行捕集。在整个钢铁行业生产过程中，炼焦和高炉炼铁过程 CO_2 排放量最大，碳捕集潜力也最大。

钢铁行业 CO_2 利用主要有 4 个发展方向：一是用于搅拌，CO_2 可代替 N_2 或氩气用于转炉的顶/底吹或用于钢包内的钢液混合；二是作为反应物，在 CO_2-O_2 混合喷射炼钢中，减少 O_2 与铁水直接碰撞引起的挥发和氧化损失；三是作为保护气，CO_2 可部分替代 N_2 作为炼钢中的保护气，从而最大程度地减少钢损失，降低成品钢的氮含量和孔隙率；四是用于合成燃料，CO_2 和甲烷的干燥重整反应能够生产合成气（CO 和 H_2），然后将其用于直接还原铁（Direct Reduced Iron）炼钢或生产其他化学品。

5. 全面提升节能管理能力

各地要完善高能耗企业能耗在线监测平台，设立行业节能技术推广平台，鼓励采用认证手段提升节能管理水平。严格监督企业执行能耗标准，树立领军企业标杆，带动其他企业能效达标。加强节能监察能力建设，健全省、市、县三级节能监察体系，建立跨部门联动机制，综合运用行政处罚、信用监管、绿色电价等制度，增强节能监察约束力。

钢铁企业要建立健全内部能源管理制度，提升节能管理智能化水平，加强全过程节能管理，利用信息化、数字化和智能化手段加强能耗监控。企业应提早布局，加强培训交流，对低碳技术进行储备，培养掌握碳排放权市场交易规则的管理专业人才。

第四节　建筑行业碳管理

建筑业是传统资源能源密集型行业，且行业发展方式粗放，其快速发展消耗着可观的资源与能源，排放大量的二氧化碳。本节主要从建筑行业的碳排放的主要来源、发展趋势以及治理手段等三个方面介绍建筑行业的碳管理内容。

一、建筑行业碳排放的主要来源

根据建筑的全生命周期来看，建筑行业的碳排放来源可以分为规划设计、建材准备、建造施工、使用维护和拆除废弃五个阶段的碳排放[143]。

1. 建筑规划设计阶段的碳排放

通常来说，建筑规划设计阶段的碳排放相对于建筑全生命周期来说占比很小，但设计是建筑的核心，从一开始就决定了整个建筑过程中碳排放的基础。如果能以创新、科学的设计方式，为建筑引入更多自然资源（风、自然光等），后期运维的能源损耗就会减少。

2. 建筑材料生产准备阶段的碳排放

建筑材料生产准备阶段的碳排放研究对象主要是各种建筑原材料和构配件的生产而产生的碳排放。该阶段的碳排放主要包含两个部分内容：一方面是建筑原材料的开采生产和建筑构配件的加工等过程产生的二氧化碳排放，另一方面建筑材料和建筑构配件在从生产地向施工现场的运输过程中，由于使用交通工具消耗能源所产生的二氧化碳排放。

3. 建造施工阶段的碳排放

建造施工阶段的碳排放主要包含施工机械设备的使用过程能源消耗所产生的二氧化碳排放、现场施工与办公照明用电所产生的二氧化碳排放及现场工人生活用电所产生的二氧化碳排放三个部分。

4. 建筑使用维护阶段的碳排放

建筑使用维护阶段是指从住宅建筑建设完成交付使用到建筑拆除结束。由于其在建筑的全生命周期中持续时间最长，二氧化碳排放也相对其他阶段较多，主要包含两个部分：其一，建筑正常使用过程中，由于建筑的正常运营和人们日常生活的需要（包括照明、采暖、制冷、燃气消耗等）产生的二氧化碳排放；其二，建筑在使用过程中，为了维护建筑中的各类设备能够安全稳定运行，部分建筑材料或构配件由于达到使用年限或出现故障而进行的拆除、废弃、更换所产生的二氧化碳排放。

在建筑使用维护阶段，由于设备运行所产生的碳排放主要包括照明、电视、冰箱、空调等家用电器使用过程中的能源消耗，以及日常生活使用的天然气和水消耗所产生的二氧化碳排放。而由于设备维护所产生的碳排放则主要来源于两个方面：一方面，由于日常生活中建筑内部材料的损坏，如地板发霉变质、空调破损等，从而产生碳排放；另一方面，建筑内部的部分材料使用寿命低于建筑主体的使用年限，因此当建筑材料到达使用寿命时需要对其进行更换，而更换的材料包含建材生产、运输等过程，进而产生碳排放。

5. 建筑拆除废弃阶段的碳排放

建筑的拆除废弃阶段是从建筑物废弃停止使用时开始，到全部拆除、回收、处理结束。这个阶段的碳排放源主要有：住宅建筑在拆除过程中使用机械设备产生的能源消耗、建筑垃圾运输过程中交通工具使用产生的能源消耗，以及建筑垃圾处理过程（填埋、焚烧）中的二氧化碳排放。

根据《中国建筑能耗研究报告（2020）》中对我国建筑业碳排放的研究，2018年全国建筑全过程碳排放总量为 49.3 亿 t CO_2，占全国碳排放的 51.3%，其中，建材生产准备阶段碳排放 27.2 亿 t CO_2，占全国碳排放的比重为 28%，建筑施工阶段的碳排放 1 亿 t CO_2，占全国碳排放的比重为 1%，建筑运行阶段的碳排放 21.3 亿 t CO_2，占全国碳排放的比重为 21.6%。同时，总体上，全国建筑全过程能耗与碳排放变化均呈现出逐步上升的特点，2005～2019 年，全国建筑全过程能耗由 2005 年的 9.34 亿 t 标准煤，上升到 2019 年的 22.33 亿 t 标准煤，扩大 2.4 倍，年均增长 6.3%。2005～2019 年，全国建筑全过程碳排放由 2005 年的 22.34 亿 t CO_2，上升到 2019 年的 49.97 亿 t CO_2，扩大 2.24 倍，年均增长 5.92%。由此可知，我国建筑生命全周期的碳排放中，建材生产准备阶段占最大比例，其次是建筑运行的碳排放，建筑行业的减碳工作势在必行，同时建筑行业的减碳工作需要从全产业链的各环节分别入手，尤其是生产和运维阶段。

尽管近年来，建筑业的整体发展增速放缓并趋于平稳，但建筑业碳排放仍然呈现增长趋势，据有关机构根据上述趋势所做的情景模拟，我国建筑运行阶段碳排放将于 2040 年达峰，碳排放峰值约为 27.01 亿 t CO_2，达峰时间严重落后，到 2060 年仍将有 15 亿 t CO_2，将严重制约我国碳中和目标的实现。目前我国建筑行业的碳排放发展仍面临着营商环境体系尚未足够成熟、建筑业绿色供应链体系不完善、房企全面推进绿色建筑的意愿不足三个方面的重要挑战。

（1）支撑建筑行业中房地产企业绿色发展的营商环境体系还未成熟。对绿色建筑的政策性支持可以追溯到 2013 年发布的《国务院办公厅关于转发发展改革委住房城乡建设部绿色建筑行动方案的通知》。该文件指出，要"综合运用价格、财税、金融等经济手段，发挥市场配置资源的基础性作用，营造有利于绿色建筑发展的市场环境，激发市场主体设计、建造、使用绿色建筑的内生动力"。但"价格手段"至今未有明确的落地内容，"财税手段"多为一次性补贴或奖励，"绿色金融"也只是刚刚起步。因此，在房地产行业内对绿色建筑的规定一直被视为"软约束"。做绿色建筑符合宏观政策趋势，但不做也不会影响公司发展。相反，虽然绿色建筑拥有"绿色溢价"和商业价值，且符合未来的社会趋势和政策方向，但企业的投入成本也随之大幅增加，特别是在当前不少城市依然严格执行限价、限售、限购、限贷、限商等"五限"政策情况下，绿色建筑"慢销"属性还会拖累部分企业的高周转，对现金流产生较大压力。综合来看，当前要在建筑及房地产业实现减碳目标，主要存在四方面的问题：

1）政策的约束力度还不够，不少政策还停留于规划和纲要阶段。

2）减排相关的技术、人才和产业支撑不足。

3）整个建设行业绿色减碳的发展理念还需加强。

4）支撑减排高额投资的政策储备和金融工具还比较缺乏。

因此，建筑业向绿色转型的基础环境还有待于进一步改善，并且需要政府通过整体部署来搭建有利于绿色建筑和绿色产业链发展的环境。

（2）打造建筑行业绿色供应链依然任重道远。绿色供应链的概念最早源于制造业，近年来逐步拓展到建筑领域。建筑业的绿色供应链是指在建筑全生命周期内对上下游产业链开展综合考虑环境影响与资源效率的现代化管理，是以绿色建筑立项、设计、招采、施工、营销、运维、退出等整个开发流程为基础，辅以数字化和工业化管理技术，实现建筑全生命周期的所有参与方、使用方对环境作用最小，资源效率最高。

　　建筑业的产业链条过长的特点导致建筑减排无法集中发力，从建筑行业碳排放三个组成结构来看，几乎一半的碳排放来自建筑行业供应链，即钢铁、水泥、铝、铜、玻璃等高排放材料。另一半来自运营维护存量建筑的高能耗，2019年，建筑运行电量为1.9万亿kWh，除了30%为零碳电力，其余都是以燃煤、燃气为动力的高排放能源，剩余2%是建筑的建造过程中产生的碳排放。

　　对于材料和能源两大碳排放源的减碳，必须要求供应链企业进行大刀阔斧的改革和技术创新，有些行业可能会迎来颠覆性的变革，但同时也意味着建筑行业必须要承担产业链的技术投入和设备更新改造的成本，而且在波动变化较大的"绿色市场"中更加难以寻求稳定的投资回报率。

　　（3）当前建筑行业中房企全面推进绿色建筑的意愿不足。2022年，房地产行业尚处于调整期与恢复期，多数房企在去杠杆、去库存和降低负债率方面的工作还有待进一步推进，对于部分陷入流动性危机的房企而言，活下来才是根本。整个房地产行业正处在转型发展过程中，房企开始从过去的机会导向转为目标导向，从资源导向转为专业能力导向，越来越趋于理性和精细化管理，业务结构和盈利模式也在不断探索创新。对于房企而言，向绿色减碳转型势在必行。但如何在自我革命、市场革命、数字革命、绿色革命中交出一份绿色发展与效益平衡发展的高质量答卷，是所有房地产公司转型升级的重点，又是发展的难点。同时，由于市场主体的节能意识、节能技术及激励机制尚不完善，节能减碳产业背后的盈利模式尚不清晰。可以说，建筑行业践行"双碳"目标，本质上是要实现企业经济效益与减碳社会责任两者之间的平衡，政企双方既存在合作，同时也在博弈。因此，大部分建筑和建筑行业企业通过投资绿色建筑产业获取回报、持续发展的信心和意愿不足。

二、建筑行业碳排放的发展趋势

　　我国建筑行业碳排放总体上呈现增长趋势，2005年约10亿t CO_2，2019年49.97亿t CO_2，增长近5倍，但增速显著放缓，"十一五"期间年均增速7.4%，"十二五"期间年均增速7.0%，"十三五"期间增速降至2.7%，基本趋于平稳。当然，不同阶段的建筑碳排放变化趋势特点存在一定差异[144]。

　　建筑运行阶段碳排放也呈现上升趋势，但增速明显放缓，年均增速从"十一五"期间的7.9%，下降到"十三五"期间的3.6%。从建筑运行阶段碳排放构成看，电力碳排放从42%上升到53%；热力碳排放比例维持在21%～24%，其中建筑直接碳排放已经基本进入平台期。图8-7（数据来源：国家统计局）展示了我国建筑行业自2011年以来的能源消耗情况和碳排放情况。

　　建筑领域的节能减排是助力实现碳达峰碳中和链条中非常重要的一环，为了推动建筑业绿色低碳化发展，助推我国碳达峰、碳中和目标的如期实现，我国目前在建筑业已经从建筑生产方式、用能方式、低碳技术创新等多个方面多管齐下地发展绿色建筑。建筑行业碳排放的发展趋势如下。

1. 绿色装配式建筑得到推动发展

　　对于建筑行业来说，绿色装配式建筑的升级以及发展是帮助建筑行业实现碳中和的重

图 8-7 建筑行业能源消费总量及碳排放量

要路径，通过推动绿色装配式建筑的发展，能够带动与其相关的绿色建筑材料的研发，为建筑新材料以及建筑新技术的研发注入动力，在当前建筑行业发展的过程中，绿色装配式建筑也是促进建筑行业改革的重要方式之一，能够带动与其相关的上下游其他产业的发展。绿色装配式建筑在促进绿色生态环境建设方面有着非常大的优势，能够为客户营造一个更加惬意的生活氛围，无论是绿化面积还是周围的居住环境等都能够得到充分的体现，同时绿色装配式建筑还能够对建筑材料进行充分利用，帮助建筑施工节约能源，加强环境保护。因此对于建筑行业来说，想要实现碳中和的目标，推动绿色装配式建筑的发展是非常必要的。

2. 用能方式逐步调整，减少建筑碳排放

减少碳排放主要是减少对各种化石燃料的使用，目前我国建筑行业二氧化碳的排放主要来自炊事、采暖、生活热水、商业建筑等，需要采用气改电的方式来降低建筑的排放，在建筑过程中需要利用电炊具来替代燃气炊具、热泵替换燃气热水锅炉，在需要使用蒸汽的过程中，采用大型电热蒸汽，还需要在政策层面上加大推广力度，让百姓能够从理念上进行转变，这也是实现建筑零排放的重要途径。

在建筑行业中，电力和热力的使用也是间接的碳排放，降低间接碳排放才能实现碳中和，这也是在建筑中实现节能减排和实现碳中和目标的重要方式，因此需要对电力以及热力的生产方式进行改进，充分利用核电、水电、风电、光电以及一些生物燃料为支持，让燃煤、燃气等方式作为电力的补充，这样才能更好地实现碳中和的目标。对于我国建筑行业来说，想要实现碳中和的目标，就需要大力发展建筑表面光伏发电，充分利用建筑的表面积，实现能源的充分利用，从而实现碳中和的目标。

3. 利用低碳技术创新实现建筑业降碳目标

在建筑行业中，建筑材料的制造过程是碳排放量增大的一个非常大的影响因素，因此需要通过技术创新来减少在建筑材料制造过程中产生的碳。在建筑材料中，水泥和钢铁是非常重要的两个碳排放来源，因此需要利用技术，做到事前预防、事中减量和优化、事后采取措施抵消。在建筑的过程中，对于一些拆除的建筑钢材应该实现全部回收，需要选择电炉钢对钢铁进行提炼，相对比转炉炼钢来说，电弧炉炼钢产生的二氧化碳更少，同时也能够对原料进行全部的利用。在建筑行业中，混凝土是不可缺少的材料之一，而硅酸盐水泥作为混凝土中最为主要的成分，是碳排放最为主要的来源，通过技术创新，对目前混凝土工艺进行升级，能够减少在水泥生产过程中产生的二氧化碳。此外，还可以在建筑行业中更多地应用装配式建筑以及预制构件，这样能够减少对建筑材料的消耗，从而达到节能减排的目的。

4. 建筑行业节能标准不断提升

我国建筑行业在不断发展的过程中，节能率也在不断提升，从最初的 30% 到现如今的 90% 以上，能够看出，在未来发展的过程中，建筑行业的建筑节能标准也是在不断提升的。我国有 90% 以上的住宅建筑都是建设于 20 世纪 80 年代后期，有一半是建成于 2000 年以后，因此不同建筑在具体的节能效果上也有着不同的差异。在节能设计的过程中，一个重点是提升围护结构性能，对冬季采暖的热需求进行降低，在北方等地区都是采用集中采暖的方式，需要按照不同阶段的设计标准来建造住宅建筑，因此对现阶段存量建筑按照新型绿色建筑标准进行升级改造是非常必要的。由于我国对建筑节能的需求在不断提高，我国与国际接轨的速度也在不断加快，因此未来我国也将逐步建立符合我国国情的绿色建筑评价标准体系。

5. 光伏建筑逐步得到全面建设推广

光伏建筑主要是充分利用太阳能进行发电，目前光伏与建筑相结合的形式有很多，主流形式还是以光伏产品集成到建筑上以及简单地将光伏系统附着在建筑上两种方式为主。在建筑行业未来发展的过程中，为了更好地实现碳中和，还是需要将光伏与建筑相结合，在这样的形势下，对系统产品的集成要求更高，需要相关产业快速发展，在我国碳中和政策的支持下不断发力。目前应用光伏产品集成到建筑的技术，一般可以将内部收益率提高至 14.48%，其普通的静态回收周期为 9 年左右，不断提高光伏组件的发电效率能够帮助其不断降低生产成本，这也是不断提高该项目经济效益的核心。预计到 2025 年我国光伏产品集成到建筑的项目市场将会达到 693 亿元，目前行业还处于迅速的扩容阶段。从整个产业链上来看，在建设该项目的过程中需要应用光伏玻璃、防水材料等，这些行业的需求在不断增加。目前在国家政策的补贴下，对光伏行业的发展是有着巨大利好的，建筑行业实现碳中和的目标必须发展光伏建筑，同时也能够对解决电力消耗持续性问题有着很大的帮助。

三、建筑行业碳排放的治理手段

建筑节能是实现 2030 年碳排放达峰目标的关键，要实现建筑行业碳排放达峰、碳中和，要从以下四个治理手段入手[145]。

1. 大幅延长建筑物的使用寿命

从建筑全生命周期看，提高建筑运行阶段的减排能力至关重要，其中提升建筑寿命，防止"大拆大建"，减少新建建筑量是非常重要的环节。发达国家建筑物使用寿命一般长达 100～120 年，我国建筑设计寿命一般为 50 年，实际使用寿命则可能更短，体制机制、传统习惯、商业利益等问题导致很多建筑使用 20～30 年后，就要拆迁重建，农村住房十几年即拆除重建现象很普遍，拆迁重建是影响最大的碳排放，建筑物使用寿命延长后可以大幅的减少碳排放。

2. 既有建筑节能改造和新建建筑实施绿色标准

自 1986 年颁布第一版建筑节能设计标准以来，我国建筑节能经历了"三步走"，即在 20 世纪 80 年代初普通住宅采暖能耗的基础上，建筑节能比例逐渐达到 30%、50%、65%。根据测算，截至 2019 年底，我国新建和完成节能改造的建筑，每年可实现节能能力近 3

亿 t 标准煤，可减少二氧化碳排放 7.4 亿 t，有效减缓了建筑能耗总量增长速度。同时，我国绿色节能建筑实现跨越式增长。"十一五"以来，我国既有建筑节能改造和新建建筑实施绿色建筑标准对我国完成节能目标责任起到了至关重要的作用，未来将继续加大既有建筑节能改造和新建建筑绿色建筑标准实施力度，将对降低建筑领域尤其是运行阶段的建筑节能降碳发挥重要作用。

3. 规模化推广可再生能源建筑应用

在建筑能源消耗大，完成碳中和目标有难度的形势下，把可再生能源应用于建筑节能是必然的发展趋势。加快推广太阳能、生物能、风能直接或间接为建筑物提供热水、采暖、空调、动力以及照明等，不仅可以代替有限的传统能源，提高城乡居民的生活质量和住宅舒适度，还可以大幅降低传统一次能源的消耗，是建筑领域碳达峰碳中和的重要途径。

4. 加大小区绿化和城市绿地面积以提高碳汇能力

如期实现碳达峰碳中和目标，一个重要方面在于提升生态碳汇能力。与建筑节能密切相关的是城市绿化，全面提升城市森林、草地和湿地碳汇功能，大力发展城市立体绿化，加强城市森林固碳和碳汇能力，也是建筑领域实现碳达峰碳中和目标的重要助力。2020 年，我国城市建成区绿化覆盖率不足 40%，到 2030 年要使全国 70% 的城市林木覆盖率达到 40% 以上，按照发达国家 85% 城市绿化上限目标，加大小区绿化和城市绿地面积，提高碳汇能力，还有很大潜力可挖。

本 章 知 识 结 构 图

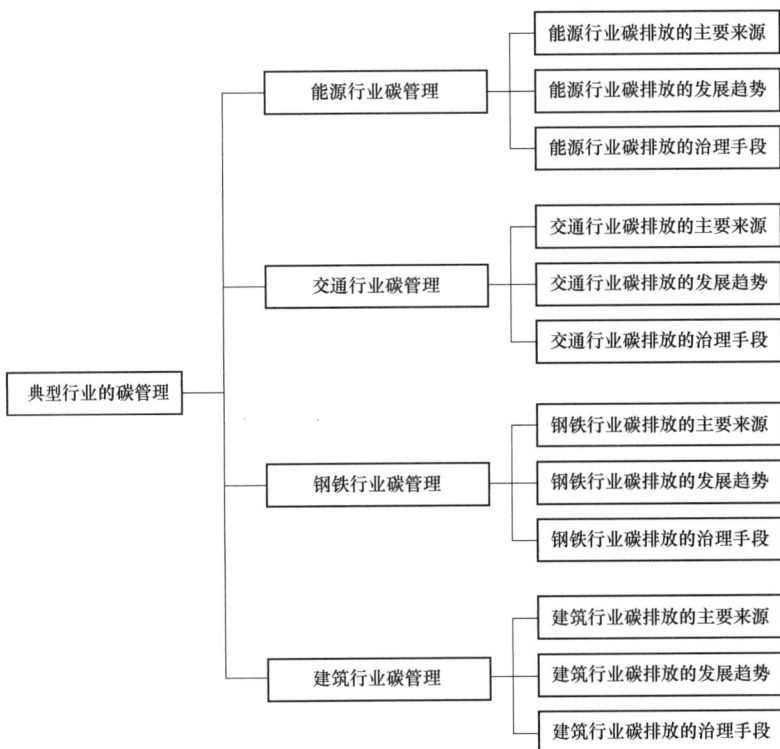

能源行业碳管理
- 能源行业碳排放的主要来源
- 能源行业碳排放的发展趋势
- 能源行业碳排放的治理手段

交通行业碳管理
- 交通行业碳排放的主要来源
- 交通行业碳排放的发展趋势
- 交通行业碳排放的治理手段

典型行业的碳管理

钢铁行业碳管理
- 钢铁行业碳排放的主要来源
- 钢铁行业碳排放的发展趋势
- 钢铁行业碳排放的治理手段

建筑行业碳管理
- 建筑行业碳排放的主要来源
- 建筑行业碳排放的发展趋势
- 建筑行业碳排放的治理手段

思　考　题

1．能源行业的减排手段有哪些？CCUS 技术在其中起到什么作用？

2．碳排放权交易未来发展趋势如何？碳排放权交易会一直存在吗？

3．清洁能源在未来能源体系中占什么地位？

4．交通行业最主要的碳排放来源是什么？有哪些治理手段？

5．未来交通运输网络呈现什么特征？

6．钢铁行业碳排放的主要来源有哪些？其中碳排放占比最大的是哪一个？

7．为了形成绿色循环的钢铁产业生态可以在哪些方面做出努力？

8．针对钢铁行业碳排放的治理手段有哪些？

9．目前建筑行业碳排放主要来源于哪些方面？

10．未来实现"双碳"目标，目前建筑行业面临哪些挑战？

参 考 文 献

[1] 张瑜. 中国的"碳"都在哪里 [EB/OL]. (2021-04-20) [2022-06-28]. http://www.tanpaifang.com/tanguwen/2021/0421/77554.html.

[2] 刘仁厚，王革，黄宁，丁明磊. 中国科技创新支撑碳达峰、碳中和的路径研究 [J]. 广西社会科学，2021（08）：1-7.

[3] 秦大河. 中国气候与环境演变 [EB/OL]. (2007-07-05) [2022-06-28]. https://www.gmw.cn/01gmrb/2007-07/05/content_634147.htm.

[4] 腾讯研究院. 碳排放的宏观考察、规律总结与数字减排"三大效应"研究 [EB/OL]. (2021-06-08) [2022-06-28]. https://www.tisi.org/18752.

[5] 李翔，黄栋. 竞争优势视角下的城市碳管理战略研究 [J]. 湖北经济学院学报，2010，8（04）：83-87.

[6] 林霄. 城市碳管理体系构建与应用研究 [D]. 长安大学，2013.

[7] 吴宏杰. 碳资产管理 [M]. 北京：清华大学出版社，2018.

[8] 陈红敏. 国际碳核算体系发展及其评价 [J]. 中国人口·资源与环境，2011，21（09）：111-116.

[9] 蒋旭东，王丹，杨庆. 碳排放核算方法学 [M]. 北京：中国社会科学出版社，2021.

[10] Zhang D，Zhang Q，Qi S，et al. Integrity of firms' emissions reporting in China's early carbon markets [J]. Nature Climate Change，2019，9：164-169.

[11] 王文治. 我国省域消费侧碳排放责任分配的再测算——基于责任共担和技术补偿的视角 [J]. 统计研究，2022，39（06）：3-16.

[12] 魏景赋，辛增诚. 基于 MRIO 模型的国际贸易隐含碳排放格局变动研究 [J]. 经济论坛，2021（07）：35-43.

[13] 张彬，李丽平，赵嘉，等. 贸易隐含碳责任问题分析与驱动因素研究 [J]. 城市与环境研究，2021（04）：61-75.

[14] 徐丽笑，王亚菲. 我国城市碳排放核算：国际统计标准测度与方法构建 [J]. 统计研究，2022，39（07）：12-30.

[15] Chen G，Shan Y，Hu Y，et al. Review on City-Level Carbon Accounting [J]. Environmental Science & Technology，2019，53（10）：5545-5558.

[16] 中华人民共和国国家发展和改革委员会. 省级温室气体清单编制指南：2011.

[17] 刘明达，蒙吉军，刘碧寒. 国内外碳排放核算方法研究进展 [J]. 热带地理，2014，34（02）：248-258.

[18] 刘学之，孙鑫，朱乾坤，等. 中国二氧化碳排放量相关计量方法研究综述 [J]. 生态经济，2017，33（11）：21-27.

[19] 王萍萍，赵永椿，张军营，等. 双碳目标下燃煤电厂碳计量方法研究进展 [J]. 洁净煤技术，2022，28（10）：170-183.

[20] 渠慎宁，杨丹辉. 中国废弃物温室气体排放及其峰值测算 [J]. 中国工业经济，2011，11：37-47.

[21] Zhang X H，Schreifels J. Continuous emission monitoring systems at power plants in China：Improving SO_2 emission measurement [J]. Energy Policy，2011，39（11）：7432-7438.

［22］Tang L，Qu J B，Mi Z F，et al. Substantial emission reductions from Chinese power plants after the introduction of ultra-low emissions standards［J］. Nature Energy，2019，4（11）：929-938.

［23］Liu X，Gao X，Wu X B，et al. Updated Hourly Emissions Factors for Chinese Power Plants Showing the Impact of Widespread Ultralow Emissions Technology Deployment［J］. Environmental Science & Technology，2019，53（5）：2570-2578.

［24］Chen X J，Liu Q Z，Sheng T，et al. A high temporal-spatial emission inventory and updated emission factors for coal-fired power plants in Shanghai，China［J］. Science of the Total Environment，2019，688：94-102.

［25］中华人民共和国生态环境部. HJ/T 397—2007. 固定源废气监测技术规范，2007.

［26］中华人民共和国生态环境部. H/JT 75—2007. 固定污染源烟气排放连续监测技术规范（试行）.

［27］中华人民共和国生态环境部. HJ 76—2017. 固定污染源烟气（SO$_2$、NO$_x$、颗粒物）排放连续监测系统技术要求及检测方法，2017.

［28］中华人民共和国生态环境部. HJ 75—2017. 固定污染源烟气（SO$_2$、NO$_x$、颗粒物）排放连续监测技术规范，2017.

［29］中华人民共和国生态环境部. 污染源自动监测设备比对监测技术规定（试行），2010.

［30］中国证券监督管理委员会. JR/T 0244—2022 中华人民共和国金融行业标准——碳金融产品：2022.

［31］段雅超. 碳资产管理业务中的风险及应对措施［J］. 中国人口·资源与环境，2017，27（S1）：327-330.

［32］温素彬，石路凤，陈晨. 碳资产管理绩效评价及其在企业的应用［J］. 会计之友，2017，14：132-136.

［33］庞军，高笑默，石媛昌，等. 基于 MRIO 模型的中国省级区域碳足迹及碳转移研究［J］. 环境科学学报，2017，37（05）：2012-2020.

［34］杨东，刘晶茹，杨建新，等. 基于生命周期评价的风力发电机碳足迹分析［J］. 环境科学学报，2015，35（03）：927-934.

［35］张社荣，庞博慧，张宗亮. 基于混合生命周期评价的不同坝型温室气体排放对比分析［J］. 环境科学学报，2014，34（11）：2932-2939.

［36］姚文韵，叶子瑜，陆瑶. 企业碳资产识别、确认与计量研究［J］. 会计之友，2020，09：41-46.

［37］徐苗，张凌霜，林琳. 碳资产管理［M］. 广州：华南理工大学出版社，2015.

［38］张志红，戚杰. 资产评估视角下碳排放权的"资产观"研究［J］. 经济与管理评论，2015，31（05）：58-65.

［39］齐绍州，程思，杨光星. 全球主要碳市场制度研究［M］. 北京：人民出版社，2019.

［40］段茂盛，庞韬. 碳排放权交易体系的基本要素［J］. 中国人口·资源与环境，2013，23（03）：110-117.

［41］蒋惠琴. 碳排放权初始配额分配研究［D］. 浙江工业大学，2019.

［42］生态环境部. 碳排放权交易管理办法［EB/OL］. 2021-1-5. https：//www.mee.gov.cn/xxgk2018/xxgk/xxgk02/202101/t20210105_816131.html.

［43］生态环境部. 碳排放权交易管理暂行条例（草案修改稿）［EB/OL］. 2021-3-30. https：//www.mee.gov.cn/xxgk2018/xxgk/xxgk06/202103/t20210330_826642.html.

［44］生态环境部. 碳排放权交易管理规则（试行）［EB/OL］. 2021-5-14. https：//www.mee.gov.cn/xxgk2018/xxgk/xxgk01/202105/t20210519_833574.html.

［45］生态环境部. 碳排放权登记管理规则（试行）［EB/OL］. 2021-5-14. https：//www.mee.gov.cn/xxgk2018/

xxgk/xxgk01/202105/t20210519_833574.html.

［46］生态环境部．碳排放权结算管理规则（试行）［EB/OL］．2021-5-14．https：//www.mee.gov.cn/xxgk2018/
xxgk/xxgk01/202105/t20210519_833574.html.

［47］国家发展改革委．全国碳排放权交易市场建设方案（发电行业）［EB/OL］．2017-12-18．https：//
www.ndrc.gov.cn/xxgk/zcfb/ghxwj/201712/t20171220_960930.html?code=&state=123.

［48］世界银行．2022年碳定价发展现状与未来趋势［R］．华盛顿：世界银行，2022.

［49］苏明，傅志华．中国开征碳税问题研究［R］．北京：财政部财政科学研究所，2009.

［50］谭广权．国际主要碳市场定价机制及对我国的启示［J］．西部金融，2022，07：68-73+79.

［51］彭晓洁，钟永馨．碳排放权交易价格的影响因素及策略研究［J］．价格月刊，2021，12：25-31.

［52］张倩云．2021国内碳价格形成机制研究报告［R］．上海：上海环境能源研究所，2022.

［53］张益纲．碳排放配额供给机制研究［D］．吉林大学，2017.

［54］汪中华，胡垚．我国碳排放权交易价格影响因素分析［J］．工业技术经济，2018，37（02）：128-136.

［55］孙永平．碳排放权交易概论［M］．北京：社会科学文献出版社，2016.

［56］孙悦．欧盟碳排放权交易体系及其价格机制研究［D］．吉林大学，2018.

［57］李佐军．中国碳交易市场机制建设［M］．北京：中共中央党校出版社，2014.

［58］冯天天．绿证交易及碳交易对电力市场的耦合效应分析模型研究［D］．华北电力大学，2016.

［59］李伟．我国碳排放权交易问题研究综述［J］．经济研究参考，2017，42：36-48.

［60］陈远新，陈卫斌，吴远谋，等．国际碳交易经验对我国碳交易市场和标准体系建立的启示［J］．中
国标准化，2013，4：65-68.

［61］王际杰．《巴黎协定》下国际碳排放权交易机制建设进展与挑战及对我国的启示［J］．环境保护，
2021，49（13）：58-62.

［62］Kennedy S，Sgouridis S．Rigorous classification and carbon accounting principles for low and Zero
Carbon Cities［J］．Energy Policy，2011，39（09）：5259-5268.

［63］蔡博峰．国际城市 CO_2 排放清单研究进展及评述［J］．中国人口·资源与环境，2013，23（10）：
72-80.

［64］IPCC，2018：Global Warming of 1.5℃．An IPCC Special Report on the impacts of global warming of 1.5℃
［R］．Cambridge University Press，Cambridge，UK and New York，NY，USA，616 pp.

［65］耿涌，董会娟，郗凤明，等．应对气候变化的碳足迹研究综述［J］．中国人口·资源与环境，2010，
20（10）：6-12.

［66］石敏俊，王妍，张卓颖，等．中国各省区碳足迹与碳排放空间转移［J］．地理学报，2012，10：1327-1338.

［67］刘红光，范晓梅，刘卫东．城市活动碳足迹计量及其对城市规划的启示——以北京市为例［J］．城
市规划，2012（10）：45-50.

［68］Chavez A，Ramaswami A．Progress toward low carbon cities：approaches for transboundary GHG
emissions' footprinting［J］．Carbon management，2011，2（04）：471-482.

［69］Chavez A，Ramaswami A．Articulating a trans-boundary infrastructure supply chain greenhouse gas
emission footprint for cities：Mathematical relationships and policy relevance［J］．Energy Policy，2013，
54：376-384.

［70］Ramaswami A，Hillman T，Janson B，et al．A demand-centered，hybrid life-cycle methodology for city-scale greenhouse gas inventories［J］. 2008，42（17）：6455-6461.

［71］Davis S J，Peters G P，Caldeira K. The supply chain of CO_2 emissions［J］. Proceedings of the National Academy of Sciences，2011，108（45）：18554-18559.

［72］Harstad B. Buy coal! A case for supply-side environmental policy［J］. Journal of Political Economy，2012，120（01）：77-115.

［73］Lebel L，Garden P，Banaticla M R N，et al. Integrating carbon management into the development strategies of urbanizing regions in Asia［J］. Journal of Industrial Ecology，2007，11（02）：61-81.

［74］邹才能，熊波，薛华庆，等. 新能源在碳中和中的地位与作用［J］. 石油勘探与开发，2021，48（02）：411-420.

［75］张晟义，张杰，王童，等. 我国农业生物质发电潜力评估及环境效益分析［J］. 云南农业大学学报（社会科学），2021，15（04）：51-60.

［76］赵震宇，姚舜，杨朔鹏，王小龙. "双碳"目标下：中国 CCUS 发展现状、存在问题及建议［J］. 环境科学，2023，44（02）：1128-1138.

［77］周健，李晓源，邓一荣. 中国碳中和发展现状及关键策略展望［J］. 环境科学与管理，2022，47（08）：5-9.

［78］常青，申文君. 澳大利亚提高 2030 减排目标［J］. 生态经济，2022，38（08）：1-4.

［79］张士宁，马志远，杨方，刘昌义，谭新，侯方心，张骞. 全球可再生能源发电减排技术及投资减排成效评估分析［J］. 全球能源互联网，2020，3（04）：328-338.

［80］贺婷婷. 不同可再生能源发电方式的成本效益分析［D］. 中国石油大学（北京），2019.

［81］魏宁，姜大霖，刘胜男，聂立功，李小春. 国家能源集团燃煤电厂 CCUS 改造的成本竞争力分析［J］. 中国电机工程学报，2020，40（04）：1258-1265+1416.

［82］张贤，李阳，马乔，刘玲娜. 我国碳捕集利用与封存技术发展研究［J］. 中国工程科学，2021，23（06）：70-80.

［83］Keith D W，Ha-Duong M，Stolaroff J K. Climate strategy with CO_2 capture from the air［J］. Climatic Change，2006，74：17-45.

［84］Nikulshina V，Hirsch D，Mazzotti M，et al. CO_2 capture from air and co-production of H_2 via the Ca（OH）$_2$–$CaCO_3$ cycle using concentrated solar power–Thermodynamic analysis［J］. Energy，2006，31（12）：1715-1725.

［85］王鼎，张杰，杨伯伦，吴志强. 直接空气捕集 CO_2 典型工艺分析及技术经济研究进展［J/OL］. 煤炭科学技术，2023：1-8.

［86］Fajardy M，Morris J，Gurgel A，et al. The economics of bioenergy with carbon capture and storage（BECCS）deployment in a 1.5 C or 2 C world［J］. Global Environmental Change，2021，68：102262.

［87］中国致公党上海市委会课题组. 加快构建我国现代能源体系，统筹实现"双碳"目标［J］. 中国发展，2022，22（03）：3-9.

［88］龙飞，祁慧博. 基于企业减排的森林碳汇需求决策机理与政策仿真［J］. 系统工程，2019，37（05）：41-50.

［89］保罗·萨缪尔森，威廉·诺德豪斯，经济学（第十七版）［M］. 北京：人民邮电出版社，2004，279pp.

［90］［美］丹尼尔·F. 史普博，监管与市场［M］，余晖，等译. 上海：三联出版社，1999.

［91］Oecd P E. The OECD report on regulatory reform［R］. 1997.

［92］Cui J，Wang Z，Yu H. Can International Climate Cooperation Induce Knowledge Spillover to Developing Countries? Evidence from CDM［J］. Environmental & Resource Economics，2022，82（04）：923-951.

［93］Lehmann I. When cultural political economy meets "charismatic carbon" marketing：A gender-sensitive view on the limitations of Gold Standard cookstove offset projects［J］. Energy Research & Social Science，2019，55：146-154.

［94］Zou Y H. The Challenge and Response of Our Country's Carbon Audit［C］//2016 International Conference on Management，Economics and Social Development（icmesd 2016）. Lancaster：Destech Publications，Inc，2016：876-879［2022-08-29］.

［95］Tang R，Guo W，Oudenes M，et al. Key challenges for the establishment of the monitoring，reporting and verification（MRV）system in China's national carbon emissions trading market［J］. Climate Policy，2018，18：106-121.

［96］孙祥. 中国试点碳市场 MRV 体系建设实践及启示［J］. 中国市场，2017，24：230-231.

［97］饶雨舟，李越胜，姚顺春，卢伟业，徐嘉隆，卢志民. 碳排放在线检测技术的研究进展［J］. 广东电力，2015，28（08）：1-8.

［98］北京航天慧海系统仿真科技有限公司，曾安里，高雨青. 基于遥感、卫星定位导航和无人机的三维空间碳排放监测系统：CN201110007828.6［P］. 2012-07-18.

［99］深圳市恒富盛科技有限公司. 一种挥发性有机物在线监测仪：CN202121089482.4［P］. 2022-02-25.

［100］赫普能源环境科技股份有限公司. 一种用户电表耦合碳排放量监测系统和方法：CN202010150589.9［P］. 2020-06-05.

［101］赵杰，牟宗杰，桑亮光. 国际"监管沙盒"模式研究及对我国的启示［J］. 金融发展研究，2016，12：56-61.

［102］Allen H J. Regulatory Sandboxes［J］. George Washington Law Review，2019，87（03）：579-645.

［103］余晓钟，魏新. 论低碳文化的科学内涵、功能及建设方法［J］. 贵州社会科学，2012，08：136-138.

［104］谈新敏. 低碳文化和低碳文化自觉［J］. 郑州大学学报（哲学社会科学版），2012，45（06）：33-37.

［105］俞鼎，陈玲. "低碳文化"概念的基本思想、运行操作及文明前景［J］. 科技管理研究，2014，34（10）：224-228.

［106］易艳. 论低碳文化的建构［J］. 武汉理工大学学报（社会科学版），2013，26（04）：659-664.

［107］杨国枢. 中国人的价值观——社会科学观点［M］. 中国台北：桂冠图书公司，1994.

［108］Cialdini，R B.，Melanie R. T［M］. Social influence：Social norms，conformity and compliance. Boston：McGraw-Hill，1998.

［109］余晓钟，杨林，杨洋. 论低碳文化的十大特征［J］. 贵州社会科学，2015，11：82-85.

［110］Koslowsky M，Schwarzwald J，Ashuri S. On the relationship between subordinates' compliance to power sources and organisational attitudes［J］. Applied Psychology，2001，50（03）：455-476.

［111］余晓钟，侯春华. 论低碳文化的培育和建设过程——基于政府的视角［J］. 贵州社会科学，2013，11：162-164.

［112］Gifford R，Nilsson A. Personal and social factors that influence pro-environmental concern and behaviour：A review［J］. International Journal of Psychology，2014，49（03）：141-157.

［113］Giudice M D，Gangestad S W，Kaplan H S．Life history theory and evolutionary psychology ［M］．American Cancer Society，2015．

［114］Allcott H．Social norms and energy conservation ［J］．Journal of Public Economics，2011，95（09）：1082-1095．

［115］Cialdini R B．Crafting normative messages to protect the environment ［J］．Current Directions in Psychological Science，2003，12（04）：105-105．

［116］Datta S，Miranda Montero J J，Zoratto L D C，et al．A behavioral approach to water conservation：evidence from Costa Rica ［J］．Social Science Electronic Publishing，2016，7283．

［117］Shen M，Young R，Cui Q．The normative feedback approach for energy conservation behavior in the military community ［J］．Energy Policy，2016，98（11）：19-32．

［118］Schultz P W，Nolan J M，Cialdini R B，et al．The constructive，destructive，and reconstructive power of social norms ［J］．Psychological Science，2007，18（05）：429-434．

［119］Schultz P W，Messina A，Tronu G，et al．Personalized normative feedback and the moderating role of personal norms：A field experiment to reduce residential water consumption ［J］．Environment & Behavior，2014，48（05）：686-710．

［120］Nolan J M，Schultz P W，Cialdini R B，et al．Normative social influence is underdetected ［J］．Personality & Social Psychology Bulletin，2008，34（07）：913-923．

［121］Kurz T，Donaghue N，Walker I．Utilizing a social-ecological framework to promote water and energy conservation：A field experiment1 ［J］．Journal of Applied Social Psychology，2010，35（06）：1281-1300．

［122］Schultz P W，Wesley P．Changing behavior with normative feedback interventions：A field experiment on curbside recycling ［J］．Basic and Applied Social Psychology，1999，21（01）：25-36．

［123］Nomura H，John P C，Cotterill S．The use of feedback to enhance environmental outcomes：A randomised controlled trial of a food waste scheme ［J］．Local Environment，2011，16（07）：637-653．

［124］Loschelder D D，Siepelmeyer H，Fischer D，et al．Dynamic norms drive sustainable consumption：Norm-based nudging helps café customers to avoid disposable to-go-cups ［J］．Journal of Economic Psychology，2019，75：102-146．

［125］李彦斌．管理学 ［M］．北京：机械工业出版社，2011．

［126］Dixon-Fowler H R，Slater D J，Johnson J L，et al．Beyond 'does it pay to be green?' A meta-analysis of moderators of the CEP-CFP relationship ［J］．Journal of Business Ethics，2013，112（02）：353-366．

［127］Unsworth K L，Davis M C，Russell S V，et al．Employee green behavior：How organizations can help the environment ［J］．Current Opinion in Psychology，2020，42：1-6．

［128］Ones D S，Dilchert S．Environmental Sustainability at Work：A call to action ［J］．Industrial & Organizational Psychology，2012，5（04）：444-466．

［129］Norton T A，Parker S L，Zacher H，et al．Employee green behavior ［J］．Organization & Environment，2015，28（01）：103-125．

［130］Eisenberger R，Huntington R，Hutchison S，et al．Perceived organizational support ［J］．Journal of Applied Psychology，1986，71（03）：500-507．

［131］Lamm E，Tosti-Kharas J，King C E．Empowering employee sustainability：Perceived organizational support toward the environment ［J］. Journal of Business Ethics，2015，128（01）：207-220.

［132］揭俐. 中国能源开采业碳排放脱钩效应情景模拟［J］. 中国人口·资源与环境，2020，30（07）：47-56.

［133］范文虎. 以煤炭开采洗选业为首的重点行业碳排放情况 LMDI 分析——以山西省为例［J］. 中国经贸导刊（理论版），2018，08：26-28.

［134］任世华. 煤炭开发过程碳排放特征及碳中和发展的技术途径［J］. 工程科学与技术，2022，54（01）：60-68.

［135］刘初春，杨维军，孙琦. 中国炼油行业碳减排路径思考［J］. 国际石油经济，2021，29（08）：8-13.

［136］李庆祥. 我国水路运输碳排放现状及减碳路径分析［J］. 交通节能与环保，2021，17（02）：1-4+12.

［137］任南琪，许志成，鲁垠涛，姚宏. 铁路运营期碳排放特征及减排路径思考［J］. 铁道标准设计，2022，66（07）：1-6.

［138］刘建国，朱跃中，田智宇.“碳中和”目标下我国交通脱碳路径研究［J］. 中国能源，2021，43（05）：6-12+37.

［139］任佳，陈昆龙. 钢铁企业生产过程碳排放核算模型的研究及应用［J］. 冶金自动化，2022，46（S1）：28-31.

［140］王刚，张怡，李万超，袁迪. 基于双碳目标的钢铁行业低碳发展路径探析［J］. 金融发展评论，2022，02：17-28.

［141］郑明月. 钢铁产业发展趋势及碳中和路径研究［J］. 冶金经济与管理，2022，01：4-6.

［142］杨雪. 钢铁行业“双碳”实现路径［J］. 中国资源综合利用，2022，40（04）：177-179+182.

［143］汪江波. 江苏省建筑业低碳发展的治理机制研究［D］. 东南大学，2019.

［144］朱立.“双碳”战略下房地产转型发展的挑战与机遇［J］. 建筑施工，2022，44（05）：1136-1139.

［145］杨碧玉，陈仲伟，张晓刚. 双碳目标下建筑行业“碳中和”的实现路径［J］. 中国经贸导刊，2022，06：56-57.

教育部碳中和能源管理课程
虚拟教研室推荐用书

碳管理学

主编　李彦斌

中国电力出版社
CHINA ELECTRIC POWER PRESS